园林绿化技术培训用书

园林绿化养护管理

李娜 主编

YUANLIN
LÜHUA
YANGHU
GUANLI

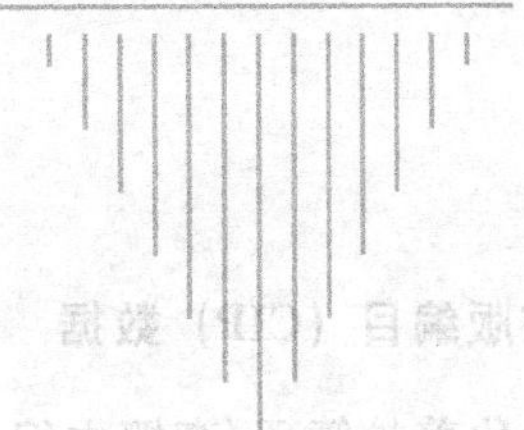

化学工业出版社
·北京·

本书共计7章，分别为园林绿化概论，园林草坪的养护管理，园林花卉的养护管理，园林树木的养护管理，绿篱、色带和色块的养护管理，垂直绿化与屋顶绿化的养护管理，园林绿地的各种危害及防治等。

本书不仅具有实用性，而且具有很强的可操作性，可作为园林景观工程工作人员现场施工技术指导，也可作为园林景观绿化工人岗位培训机构以及技工学校、职业高中和各种短期培训班的专业教材，同时也适合园林景观工作人员自学使用。

图书在版编目（CIP）数据

园林绿化养护管理/李娜主编. —北京：化学工业出版社，2014.6（2021.1重印）

园林绿化技术培训用书

ISBN 978-7-122-20333-5

Ⅰ.①园… Ⅱ.①李… Ⅲ.①园林植物-园艺管理-技术培训-教材 Ⅳ.①S688.05

中国版本图书馆CIP数据核字（2014）第071609号

责任编辑：董　琳　　文字编辑：刘莉珺

责任校对：陶燕华　　装帧设计：史利平

出版发行：化学工业出版社（北京市东城区青年湖南街13号　邮政编码100011）

印　　装：北京盛通数码印刷有限公司

787mm×1092mm　1/16　印张14　字数345千字　2021年1月北京第1版第4次印刷

购书咨询：010-64518888　　售后服务：010-64518899

网　　址：http://www.cip.com.cn

凡购买本书，如有缺损质量问题，本社销售中心负责调换。

定　　价：48.00元

编写人员

主　编　李　娜

副主编　李春秋　胡汇芹　刘丽颖

编　委　李　娜　李春秋　胡汇芹　刘丽颖

李春平　陈桂香　陈东旭　陈文娟

陈愈义　宁　平　宁荣荣　梁海丹

孙艳鹏　谭　续　朱菲菲　程　灵

刘雨晴　李　霞　张水金　杨艳春

姚丽丽　魏　超　李　新

作为城市发展的象征，园林绿化既是物质的载体，又是反映社会意识形态的空间艺术。植物是园林绿化营造的主要素材，而且是唯一具有生命力特征的园林要素，不仅可以调节小气候、创造优美的环境，还能使园林空间体现生命的活力。随着社会的不断发展，人们对生存环境建设的要求也越来越高，园林事业的发展呈现出时代的、健康的、与自然和谐共存的趋势。

基于此，我们特组织一批长期从事园林工作的专家学者，并走访了大量的园林施工现场以及相关的园林规划设计单位和园林施工单位，经过了长期精心的准备，编写了本套《园林绿化技术培训用书》。

本套丛书共分5册，即：

1.《园林绿化苗木繁育》

2.《园林植物景观配置》

3.《园林绿化养护管理》

4.《园林树木移植与整形修剪》

5.《园林景观植物栽培》

本套丛书依据园林行业对人才的知识、能力、素质的要求，注重全面发展，以常规技术为基础，关键技术为重点，先进技术为导向，理论知识以“必需”、“够用”、“管用”为度，坚持职业能力培养为主线，体现与时俱进的原则。具体来讲，本套丛书具有以下几个特点。

(1) 本丛书在内容上，将理论与实践结合起来，力争做到理论精炼、实践突出，满足广大园林工作者的实际需求，帮助他们更快、更好地领会相关技术的要点，并在实际的工作过程中能更好地发挥建设者的主观能动性，在原有水平的基础上，不断提高技术水平，更好地完成园林景观建设任务。

(2) 本丛书所涵盖的内容全面而且清晰，真正做到了内容的广泛与结构的系统性相结合，让复杂的内容变得条理清晰，主次明确，有助于广大读者更好地理解与应用。

(3) 本丛书涉及园林生产过程中的各种技术问题，内容翔实易懂，最大限度地满足了广大园林建设工作者对园林绿化养护相关方面知识的需求。

(4) 本丛书资料翔实、图文并茂，注重对园林建设工作人员管理水平和专业技术知识的培训，文字表达通俗易懂，适合现场管理人员、技术人员随查随用。

本丛书在编写时参考或引用了部分单位、专家学者的资料，得到了许多业内人士的大力支持，在此表示衷心的感谢。限于编者水平有限和时间紧迫，书中疏漏及不当之处在所难免，敬请广大读者批评指正。

编者

2014年5月

目录
CONTENTS

第一章 园林绿化概论

第一节 园林绿化工程

一、园林绿化工程的基本概念

1. 园林绿化工程的概念

园林绿化工程是建设风景园林绿地的工程。园林绿化是为人们提供一个良好的休息、文化娱乐、亲近大自然、满足人们回归自然愿望的场所，是保护生态环境、改善城市生活环境的重要措施。园林绿化泛指园林城市绿地和风景名胜区中涵盖园林建筑工程在内的环境建设工程，包括绿化工程和园林附属工程等，它是应用工程技术来表现园林艺术，使地面上的工程构筑物和园林景观融为一体。

2. 园林绿化工程的特点

（1）园林绿化工程是一种公共事业，是在国家和地方政府领导下，旨在提高人们生活质量、造福于人民的公共事业。

园林绿化工程是根据法律实施的事业。目前我国已出台了许多相关的法律、法规，如：《土地法》、《环境保护法》、《城市规划法》、《建筑法》、《森林法》、《文物保护法》、《城市绿化规划建设指标的规定》、《城市绿化条例》等。

（2）随着人民生活水平的提高和人们对环境质量的要求越来越高，对城市中的园林绿化要求亦多样化，工程的规模和内容也越来越大，工程中所涉及的面也越来越广泛，高科技已深入到工程的各个领域，如光-机-电一体的大型喷泉、新型的铺装材料、新型的施工方法以及施工过程中的计算机管理等，无不给从事此项事业的人带来新的挑战。

（3）园林绿化工程在现阶段的工作往往需要多部门、多行业协同作战。

二、城市园林绿化企业资质等级标准

城市园林绿化企业，是指从事各类城市园林绿地规划设计，组织承担城市园林绿化工程施工及养护管理，城市园林绿化苗木、花卉、盆景、草坪生产、养护和经营，提供有关城市园林绿化技术咨询、培训、服务等业务的所有企业，包括全民所有制企业、集体所有制企业、中外合资企业、中外合作经营企业、联营及股份制企业、私营企业和其他企业，均应纳

入城市园林绿化行业管理范围，进行资质审查管理。

资质，是指企业的人员素质、技术及管理水平、工程设备、资金及效益情况、承包经营能力和建设业绩等。

城市园林绿化企业资质等级标准目前分为四级，即一级资质、二级资质、三级资质及三级资质以下。

1. 一级资质

城市园林绿化企业一级资质的资质标准与经营范围，见表1-1。

表1-1 城市园林绿化企业一级资质的资质标准与经营范围

类别	主要内容
资质标准	(1)注册资金且实收资本不少于2000万元；企业固定资产净值在1000万元以上；企业园林绿化年工程产值近三年每年都在5000万元以上。 (2)6年以上的经营经历，获得二级资质3年以上，具有企业法人资格的独立的专业园林绿化施工企业。 (3)近3年独立承担过不少于5个工程造价在800万元以上的已验收合格的园林绿化综合性工程。 (4)苗圃生产培育基地不少于200亩，并具有一定规模的园林绿化苗木、花木、盆景、草坪的培育、生产、养护能力。 (5)企业经理具有8年以上的从事园林绿化经营管理工作的资历或具有园林绿化专业高级技术职称，企业总工程师具有园林绿化专业高级技术职称，总会计师具有高级会计师职称，总经济师具有中级以上经济类专业技术职称。 (6)园林绿化专业人员以及工程、管理、经济等相关专业类的专职管理和技术人员不少于30人。具有中级以上职称的人员不少于20人，其中园林专业高级职称人员不少于2人，园林专业中级职称人员不少于10人，建筑、给排水、电气专业工程师各不少于1人。 (7)企业中级以上专业技术工人不少于30人，包括绿化工、花卉工、瓦工(或泥工)、木工、电工等相关工种。企业高级专业技术工人不少于10人，其中高级绿化工和/或高级花卉工总数不少于5人
经营范围	(1)可承揽各种规模以及类型的园林绿化工程，包括：综合公园、社区公园、专类公园、带状公园等各类公园，生产绿地、防护绿地、附属绿地等各类绿地。 (2)可承揽园林绿化工程中的整地、栽植及园林绿化项目配套的500m² 以下的单层建筑(工具间、茶室、卫生设施等)、小品、花坛、园路、水系、喷泉、假山、雕塑、广场铺装、驳岸、单跨15m以下的园林景观人行桥梁、码头以及园林设施、设备安装项目等。 (3)可承揽各种规模以及类型的园林绿化养护管理工程。 (4)可从事园林绿化苗木、花卉、盆景、草坪的培育、生产和经营。 (5)可从事园林绿化技术咨询、培训和信息服务

2. 二级资质

城市园林绿化企业二级资质的资质标准与经营范围，见表1-2。

表1-2 城市园林绿化企业二级资质的资质标准与经营范围

类别	主要内容
资质标准	(1)注册资金且实收资本不少于1000万元；企业固定资产净值在500万元以上；企业园林绿化年工程产值近三年每年都在2000万元以上。 (2)5年以上的经营经历，获得三级资质3年以上，具有企业法人资格的独立的专业园林绿化施工企业。 (3)近3年独立承担过不少于5个工程造价在400万元以上的已验收合格的园林绿化综合性工程。 (4)企业经理具有5年以上的从事园林绿化经营管理工作的资历或具有园林绿化专业中级技术职称，企业总工程师具有园林绿化专业高级技术职称，总会计师具有中级以上会计师职称，总经济师具有中级以上经济类专业技术职称。

续表

类别	主 要 内 容
资质标准	(5)园林绿化专业人员以及工程、管理、经济等相关专业类的专职管理和技术人员不少于20人。具有中级以上职称的人员不少于12人,其中园林专业高级职称人员不少于1人,园林专业中级职称人员不少于5人,建筑、给排水、电气工程师各不少于1人。 (6)企业中级以上专业技术工人不少于20人,包括绿化工、花卉工、瓦工(或泥工)、木工、电工等相关工种。企业高级专业技术工人不少于6人,其中高级绿化工和/或高级花卉工总数不少于3人
经营范围	(1)可承揽工程造价在1200万元以下的园林绿化工程,包括:综合公园、社区公园、专类公园、带状公园等各类公园,生产绿地、防护绿地、附属绿地等各类绿地。 (2)可承揽园林绿化工程中的整地、栽植及园林绿化项目配套的200m² 以下的单层建筑(工具间、茶室、卫生设施等)、小品、花坛、园路、水系、喷泉、假山、雕塑、广场铺装、驳岸、单跨10m以下的园林景观人行桥梁、码头以及园林设施、设备安装项目等。 (3)可承揽各种规模以及类型的园林绿化养护管理工程。 (4)可从事园林绿化苗木、花卉、盆景、草坪的培育、生产和经营,园林绿化技术咨询和信息服务

3. 三级资质

城市园林绿化企业三级资质的资质标准与经营范围,见表1-3。

表1-3 城市园林绿化企业三级资质的资质标准与经营范围

类别	主 要 内 容
资质标准	(1)注册资金且实收资本不少于200万元,企业固定资产在100万元以上。 (2)具有企业法人资格的独立的专业园林绿化施工企业。 (3)企业经理具有2年以上的从事园林绿化经营管理工作的资历或具有园林绿化专业初级以上技术职称,企业总工程师具有园林绿化专业中级以上技术职称。 (4)园林绿化专业人员以及工程、管理、经济等相关专业类的专职管理和技术人员不少于10人,其中园林专业中级职称人员不少于2人。 (5)企业中级以上专业技术工人不少于10人,包括绿化工、瓦工(或泥工)、木工、电工等相关工种;其中高级绿化工和/或高级花卉工总数不少于3人
经营范围	(1)可承揽工程造价在500万元以下园林绿化工程,包括:综合公园、社区公园、专类公园、带状公园等各类公园,生产绿地、防护绿地、附属绿地等各类绿地。 (2)可承揽园林绿化工程中的整地、栽植及小品、花坛、园路、水系、喷泉、假山、雕塑、广场铺装、驳岸、单跨10米以下的园林景观人行桥梁、码头以及园林设施、设备安装项目等。 (3)可承揽各种规模以及类型的园林绿化养护管理工程。 (4)可从事园林绿化苗木、花卉、草坪的培育、生产和经营

4. 三级资质以下

三级资质以下企业只能承担50万元以下的纯绿化工程项目、园林绿化养护工程以及劳务分包,并限定在企业注册地所在行政区域内实施。具体标准由各省级主管部门参照《城市园林绿化企业资质等级标准》(建城[2009]157号)的规定自行确定。

三、园林绿化工程施工准备

(1)施工单位应依据合同约定,对园林绿化工程进行施工和管理,并应符合下列规定:

① 施工单位及人员应具备相应的资格、资质。

② 施工单位应建立技术、质量、安全生产、文明施工等各项规章管理制度。

③ 施工单位应根据工程类别、规模、技术复杂程度，配备满足施工需要的常规检测设备和工具。

(2) 施工单位应熟悉图纸，掌握设计意图与要求，应参加设计交底，并应符合下列规定：

① 施工单位对施工图中出现的差错、疑问，应提出书面建议，如需变更设计，应按照相应程序报审，经相关单位签证后实施。

② 施工单位应编制施工组织设计（施工方案），应在工程开工前完成并与开工申请报告一并报予建设单位和监理单位。

(3) 施工单位进场后，应组织施工人员熟悉工程合同及与工程项目有关的技术标准。了解现场的地上地下障碍物、管网、地形地貌、土质、控制桩点设置、红线范围、周边情况及水源、水质、电源、交通情况。

(4) 施工测量应符合下列要求：

① 应按照园林绿化工程总平面或根据建设单位提供的现场高程控制点及坐标控制点，建立工程测量控制网。

② 各个单位工程应根据建立的工程测量控制网进行测量放线。

③ 施工测量时，施工单位应进行自检、互检双复核，监理单位应进行复测。

④ 对原高程控制点及控制坐标应设保护措施。

第二节 园林绿地

一、园林绿地的含义

园林绿地是为改善城市生态，保护环境，供居民户外游憩，美化市容，以栽植树木花草为主要内容的土地。简单来说凡是生长绿色植物的地块统称为绿地。它是构成优美居住环境和城市功能的基础，也是城市社会活动与经济活动的纽带与脉搏，是人们了解一个城市、感受城市景观特色与城市风情的重要窗口。它包括以下3种含义。

(1) 广义的绿地　指城市行政管理辖区范围内由公共绿地、专用绿地、防护绿地、园林生产绿地、郊区风景名胜区、交通绿地等所构成的绿地系统。

(2) 狭义的绿地　指小面积的绿化地段，如街道绿地、居住区绿地等，有别于面积相对较大，具有较多游憩设施的公园。

(3) 作为城市规划专门术语　指在用地平衡表中的绿化用地，是城市建设用地的一个大类，下分为公共绿地和生产防护绿地两个种类。

二、园林绿地的分类

1. 我国园林绿地主要的分类依据

(1) 按服务对象　分为公共绿地、私用绿地、专用绿地等。公共绿地是供市民游乐的绿地，如公园、游园等；私用绿地是供某一单位使用的绿地，如学校绿地、医院绿地、工业企业绿地等；专用绿地是供科研、文化教育、卫生防护及发展生产的绿地，如动物园、植物园、苗圃、花圃、禁猎禁伐区等。

(2) 按位置划分　分为城内绿地和郊区绿地。前者指市区范围内的绿地，后者指位于郊区的绿地。

(3) 按功能划分　分为文化休息绿地、美化装饰绿地、卫生防护绿地和经济生产绿地等。文化休息绿地指供居民进行文化娱乐休息的绿地，如风景游览区、公园、游园等；美化装饰绿地指以建筑艺术上的装饰作用为主的绿地；卫生防护绿地指主要在卫生、防护、安全上起作用的绿地；经济生产绿地指以经济生产为主要目的的绿地。

(4) 按规模划分　分为大型、中型、小型绿地，大型绿地面积在 $50hm^2$ 以上，中型在 $5\sim50hm^2$，小型在 $5hm^2$ 以下。

(5) 按服务范围划分　分为全市性绿地、地区性绿地和局部性绿地。

(6) 按功能系统分　分为生活绿地系统、游憩绿地系统、交通绿地系统。生活绿地系统如居住区绿地、大中小学校绿地、医院绿地、文化机构绿地、防风林等；游憩绿地系统如各类大小公园、动植物园、名胜古迹绿地、广场绿地、风景休疗养区绿地等；交通绿地系统如道路和停车场绿地、站前广场绿地、港湾码头及机场绿地、对外交通的公路铁路绿地等。

2. 我国市园林绿地主要划分种类

(1) 公共绿地　也称公共游憩绿地，是指由市政建设投资修建，经过艺术布局，向公众开放并具有一定的设施和内容，以供群众进行游览、休息、娱乐、游戏等活动的绿地。它包括市区级综合公园、儿童公园、动物园、植物园、体育公园、纪念性园林、名胜古迹园林、游憩林荫带等。如图 1-1 所示。

图 1-1　公共绿地

(2) 街道绿地　泛指道路两侧的植物种植。在城市规划中，专指公共道路红线范围内除铺装路面以外全部绿化及园林布置的内容，它对改善环境、减少污染、美化环境和提高交通效率和安全率有一定的意义。包括行道树、市区级道路两旁、分车带、交通环岛、立交口、桥头、安全岛等绿地。如图 1-2 所示。

(3) 风景区游览绿地　指位于市郊具有较大面积的自然风景区或文物古迹名胜的地方，经有关部门开发建设，设有一定的游览、休息和食宿服务设施，可供人们休疗养、狩猎、野营等活动的绿地。包括风景游览区、休养疗养区绿地等。如图 1-3 所示。

(4) 生产绿地　生产绿地是指为城市绿化提供苗木、花草、种子的苗圃、花圃、草圃等圃地。生产绿地可能不为园林部门所属，但它必须为城市服务，并具有生产的特点。因此，一些季节性或临时性的苗圃，如从事苗木生产的农田，单位内附属的苗圃，学校自用的苗圃，还有城市中临时性存放或展示苗木、花卉的用地，如花卉展销中心等都不能作为生产绿地。如图 1-4 所示。

图 1-2 道路两旁的绿地

图 1-3 风景区游览绿地

图 1-4 生产绿地

(5) 专用绿地 私人住宅和工厂、企业、机关、学校、医院等单位范围内庭院绿地的统称，由单位和群众负责建造、使用和管理。专用绿地是在城市分布最为广泛的绿地形式，对改善城市生态环境作用明显，它包括居住区绿地、公共建筑及机关学校用地内的绿地、工业企业和仓库用地内的绿地等。如图 1-5 所示。

(6) 防护绿地 防护绿地是指城市中具有卫生、隔离和安全防护功能的绿地。包括卫生隔离带、道路防护绿地、城市高压走廊绿带、防风林、城市组团隔离带、水土保持林、水源涵养林等。其功能是对自然灾害和城市公害起到一定的防护或减弱作用，因此不易兼作公园绿地使用。如图 1-6 所示。

图 1-5　专用绿地

图 1-6　防护绿地

（7）其他绿地　是指位于城市建设用地以外生态、景观、旅游和娱乐条件较好或亟待改善的区域。一般是植被覆盖较好、山水地貌较好或应当改造好的区域。这类区域对城市居民休闲生活的影响较大。其功能有：①可以为本地居民的休闲生活服务；②为外地或外国人提供旅游观光服务；③一些优秀景观可以成为城市的景观标志。其主要功能偏重于生态环境保护、景观培育、建设控制、减灾防灾、观光旅游、郊游探险、自然和文化遗产保护等。其他绿地不能替代或折扣成为城市建设用地中的绿地。它只能起到功能上的补充、景观上的丰富和空间上的延续等作用。

三、园林绿地的功能

1. 保护城市环境

（1）净化空气　空气是人类赖以生存和生活不可缺少的物质，是重要的外环境因素之一。为了保持平衡，需要不断地消耗二氧化碳和放出氧气，生态系统的这个循环主要靠植物来补偿。植物的光合作用，能大量吸收二氧化碳并放出氧气。其呼吸作用虽也放出二氧化碳，但是植物在白天的光合作用所制造的氧气比呼吸作用所消耗的氧气多 20 倍，所以森林和绿色机物是地球上天然的吸碳制氧工厂。人们正是利用绿色植物消耗二氧化碳，制造氧气的特点，种草植树，改善二氧化碳和氧气的平衡状态，使空气新鲜。

（2）吸收有害气体　工业生产过程中污染环境的有害气体种类甚多，最大量的是二氧化硫，其他主要有氟化氢、氮氧化物、氯、氯化氢、一氧化碳、臭氧以及含汞、铅的气体等。这些气体对人体有害，对植物也有害。然而，许多科学实验证明，在一定浓度范围内，植物对有害气体是有一定的吸收和净化作用。

（3）吸收放射性物质　绿地中的树木不但可以阻隔放射性物质和辐射的传播，并且可以起到过滤吸收作用。据美国试验，用不同剂量的中子-伽玛混合辐射照射5块栎树林，发现剂量在15Gy以下时，树木可以吸收而不影响枝叶生长；剂量为40Gy时，对枝叶生长量有影响；当剂量超过150Gy时，枝叶才大量减少。因此在有辐射性污染的厂矿周围，设置一定结构的绿化林带，在一定程度内可以防御和减少放射性污染的危害。在建造这种防护林时，要选择抗辐射树种，针叶林净化放射性污染的能力比常绿阔叶林低得多。

（4）吸滞粉尘　大气中的粉尘污染也是很有害的。一方面粉尘中有各种有机物、无机物、微生物和病原菌，吸入人体容易引起各种疾病；另一方面粉尘可降低太阳照明度和辐射强度，特别是减少紫外线辐射，对人体健康有不良影响。

森林绿地对粉尘有明显的阻滞、过滤和吸附作用，从而能减轻大气的污染。树木之所以能减尘，一方面由于树冠茂密，具有降低风速的作用，随着风速降低，空气中携带的大颗粒灰尘便下降；另一方面由于叶子表面不平，多绒毛，有的还能分泌黏性油脂或汁液，空气中的尘埃，经过树木，便附着于叶面及枝干的下凹部分，起过滤作用。

草坪的减尘作用也是很显著的，草覆盖地面，不使尘土随风飞场，草皮茎叶也能吸附空气中的粉尘。据测定，草地足球场比裸土足球场上空的含尘量可减少2/3～5/6。

（5）净化水体　城市水体污染源，主要有工业废水、生活污水、降水径流等。工业废水和生活污水在城市中多通过管道排出，较易集中处理和净化。而大气降水，形成地表径流，冲刷和带走了大量地表污物，其成分和水的流向均难以控制，许多则渗入土壤，继续污染地下水。

许多水生植物和沼生植物对净化城市污水有明显的作用，草地可以大量滞留许多有害的重金属，可以吸收地表污物，树木的根系可以吸收水中的溶解质，减少水中的细菌含量。

（6）净化土壤　植物的地下根系能吸收大量有害物质而具有净化土壤的能力。如有的植物根系分泌物能使进入土壤的大肠杆菌死亡。有植物根系分布的土壤，好气性细菌比没有根系分布的土壤多几百倍至几千倍，故能促使土壤中的有机物迅速无机化，因此，既净化了土壤，又增加了肥力。研究证明，含有好氧性细菌的土壤，有吸收空气中一氧化碳的能力。

草坪是城市土壤净化的重要地被物，城市中一切裸露的土地，种植草坪后，不仅可以改善地上的环境卫生，而且也能改善地下的土壤卫生条件。

（7）改善城市小气候　小气候主要指地层表面属性的差异性所造成的局部地区气候。其影响因素除太阳辐射和气温外，直接随作用层的狭隘地方属性而转移，如小地形、植被、水面等，特别是植被对地表温度和小区气候的温度影响尤其大。人类大部分活动也正是在离地2m的范围内进行的，也正是这一层最容易给人以积极的影响。人类对气候的改造，实质上目前还限于对小气候条件进行改造，在这个范围内最容易按照人们需要的方向进行改造。改变地表热状况，是改善小气候的重要方法。

（8）降低噪声　研究表明，植树绿化对噪声具有吸收和消声的作用，可以减弱噪声的强度。其衰减噪声的机理，目前一般认为是噪声波被树叶向各个方向不规则反射而使声音减弱；另一方面是由于噪声波造成树叶微振而使声音消耗。因此，树木减噪因素，是林冠层。树叶的形状、大小、厚薄、叶面光滑与否、树叶的软硬，以及树冠外缘凸凹的程度等，都与减噪效果有关。

要消除和减弱噪声，根本办法是在声源上采取措施。然而，采取和加强城市绿化，合理布置绿化带，建造防噪声林带等辅助措施，对减弱噪声也能起到良好的作用。

（9）保持水土　树木和草地对保持水土有非常显著的功能。树木的枝叶茂密地覆盖着地面，当雨水下落时首先冲击树冠，然后穿透枝叶，不会直接冲击土壤表面，可以减少表土的流失。树冠本身还积蓄一定数量的雨水，不使降落地面。同时，树木和草本植物的根系在土壤中蔓延，能够紧紧地“拉着”土壤而不让其被冲走。加上树林下往往有大量落叶、枯枝、苔藓等覆盖物能吸收数倍于本身的水分也有防止水土流失的作用，这样便能减少地表径流，降低流速，增加渗入地中的水量。森林中的溪水澄清透彻，就是保持了水土的证明。

如果破坏了树林和草地，就会造成水土流失、山洪暴发，使河道淤浅、水库阻塞、洪水猛涨。有些石灰岩山地，当暴雨时冲带大量泥沙石块而下，便形成“泥石流”，能破坏公路、农田、村庄，对人民生活和生产造成严重危害。

2. 文教和游憩功能

城市中的公共绿地是体现环境美的重要地段。对美好环境的向往和追求是人们的天性和愿望，到公园中去休息、活动，也是居民的生活内容之一。

公园中常设有各种展览馆、陈列馆、纪念馆、博物馆等。还有专类公园如动物园、植物园、水族馆等。它使人们在游憩参观中受到社会科学、自然科学和唯物论的教育以及爱国主义教育。

我国风景区不论自然景观或人文景观均非常丰富，园林绿地和园林艺术的水平很高，被誉为“世界园林之母”。桂林山水、黄山奇峰、泰山日出、峨眉秀色、庐山避暑、青岛海滨、西湖胜境、太湖风光、苏州园林、北京宫殿、长安古都等均是历史上形成的旅游胜地，也是国内外游客十分向往的地方。

在城市郊区的森林、水域或山地，利用风景优美的绿化地段，来安排为居民服务的休疗养地，或从区域规划的角度，充分利用某些特有的自然条件，如海滨、水库、高山、矿泉、温泉等，统一考虑休疗养地的布局，在休疗养区中结合体育和游乐活动，组成一个特有的绿化地段。

3. 城市美化的景观功能

许多风景优美的城市，不仅有优美的自然地貌和良好的建筑群体，园林绿地的好坏对城市面貌常起决定性的作用。青岛这个海滨城市，尖顶红瓦的建筑群，高低错落在山丘之中，只有和林木掩映的绿林相互衬托，才显得生机盎然，没有树木，整个城市都不会有生气。广州市的街道绿化，大量采用开花乔木作行道树，许多沿街的公共建筑和私家庭院，建筑退后红线，使沿街均有前庭绿地，种植各类花草，春华秋实，不但美化了自己的环境，同时美化了街景，从而使广州获得“花城”的美称。

四、园林绿地的布局

1. 布局的原则

（1）城市园林绿地系统规划应结合城市其他部分的规划，综合考虑，全面安排。绿地在城市中分布很广，潜力较大，园林绿地与工业区布局、公共建筑分布、道路系统规划应密切配合、协作，不能孤立地进行。

（2）城市园林绿地系统规划，必须因地制宜，从实际出发。我国地域辽阔、幅员广大，各地区城市情况错综复杂，自然条件及绿化基础各不相同。因此城市绿地规划必须结合当地自然条件，现状特点。各种园林绿地必须根据地形、地貌等自然条件、城市现状和规划远景进行选择，充分利用原有的名胜古迹、山川河湖，组成美好景色。

（3）城市园林绿地应均衡分布，比例合理，满足全市居民休息游览需要。城市中各种类型的绿地担负有不同的任务，各具特色。以公共绿地中的公园为例，大型公园设施齐全，活动内容丰富，可以满足人民在节假日休息游览、文化体育活动的需要。而分散的小型公园、街头绿地，以及居住小区内的绿地，则可以满足人们经常的休息活动的需要，各类景观在城市用地范围内大体上应均匀分布。公园绿地的分布，应考虑一定的服务半径，根据各区的人口密度来配置相应数量的公共绿地，保证居民能方便地利用。

我们可以将绿地的分布归纳为4个结合：即点（公园、游园、花园）、线（街道绿化、游憩林荫带、滨水绿地）、面（分布广大的专用绿地）相结合；大中小相结合；集中与分散相结合；重点与一般相结合，构成一个有机的整体。由于各种功能作用不同的绿地相连成系统之后，才能起到改善城市环境及小气候的作用。

（4）城市园林绿地系统规划既要有远景的目标，也要有近期的安排，做到远近结合。

规划中要充分研究城市远期发展的规模，根据人民生活水平逐步提高的要求，制订出远期的发展目标，不能只顾眼前利益，而造成将来改造的困难。同时还要照顾到由近及远的过渡措施。

2. 布局形式

（1）带状绿地布局　这种布局多数由于利用河湖水系、城市道路、旧城墙等因素，形成纵横向绿带、放射状绿带与环状绿地交织的绿地网，如哈尔滨、苏州、西安、南京等地。带状绿地的布局形式容易表现城市的艺术面貌。

（2）块状绿地布局　若干封闭的、大小不等的独立绿地，分散布置在规划区内。目前我国多数城市情况属此。这种绿地布局形式，可以做到均匀分布，居民方便使用，但对构成城市整体的艺术面貌作用不大，对改善城市小气候条件的作用也不显著。

（3）楔形绿地布局　凡城市中由郊区伸入市中心的由宽到狭的绿地，称为楔形绿地，如合肥市。一般都是利用河流、起伏地形、放射干道等结合市郊农田防护林来布置。引入郊区新鲜空气，对改善城市小气候作用明显，并且也有利于城市景观的提升。

（4）混合式绿地布局　是前3种形式的综合运用。可以做到城市绿地点、线、面结合，组成较完整的体系。可以使生活居住区获得最大的绿地接触面，方便居民游憩，有利于小气候的改善，有助于城市环境卫生条件的改善，有利于丰富城市总体与各部分的艺术面貌。

3. 布局的目的与要求

（1）布局目的

① 满足全市居民方便地进行文化娱乐、休息游览的要求。

② 满足城市生活和生产活动安全的要求。

③ 满足工业生产卫生防护的要求。

④ 满足城市艺术面貌的要求。

（2）布局要求

① 布局合理。按照合理的服务半径，均匀分布各级公共绿地和居住区绿地，使全市居

民都能欣赏到别具一格的园林绿地。结合城市各级道路及水系规划，开辟纵横分布于全市的带状绿地，把各级各类绿地联系起来，相互衔接，组成连续不断的绿地网。

② 指标先进。城市绿地各项指标不仅要分别近期与远期的，还要分别列出各类绿地的指标。

③ 质量良好。城市绿地种类不仅要多样化，以满足城市生活与生产活动的需要，还要有丰富的景观植物种类，较高的景观艺术水平，充实的文化内容，完善的服务设施。

④ 环境改善。在居住区与工业区之间要设置卫生防护林带，设置改善城市气候的通风林带，以及防止有害风向的防风林带，起到保护与改善环境的作用。

五、园林绿地的特点

1. 栽培面积小，植物种类多

城市园林绿地与农作物大田、一般林地不同，前者植物种类繁多，一般栽培面积不大且分散交错种植，植物种类少则十余种，多则上百种，对各种管理措施，如施肥、浇水、修剪等措施要求也相对复杂；后者栽培面积大，植物种类不多，甚至单一，管理措施相对简单。

2. 生态系统复杂，人为影响大

城市生态系统是一个特殊、多变且以人为核心的生态系统，在园林绿地的附近区域往往人口密集，因而更容易受到人为因素的影响。所以，园林绿地的生态系统比一般农田及林地系统要复杂很多，各种景观植物生长周期长短不一，立地条件复杂，小环境、小气候多样化，以及一些生物种群关系经常被打乱。另外，城市绿地植物也容易受工业“三废”的污染，病虫害的种类也要复杂得多。

3. 类型多，差异大

园林绿地的类型非常多，有些位于道路两侧，有些则位于喧闹的市中心，还有些位于城镇建筑物的周边。无论位于什么地方，它们都有各自的环境条件，有些绿地的环境条件好，土壤、水分、坡度、坡向、光照等条件能够满足植物生长的需求，而有的相对较差。所以，为了植物的健壮生长和良好的景观效果，必须对不同类型的园林绿地采取不同的养护管理措施。

4. 设计不合理

有些园林绿地在设计选择植物时，只重视其表面效果，而不考虑其生态效应，把大多数绿地做成了“装饰画”，或者为了达到立竿见影的效果，采取了“拆东墙补西墙”的做法，具体体现在进行大量的大树移植、大面积的草坪种植，或者大面积采用色带、色块等造景方法。这些做法给这些绿地的后期养护带来了不便。只有建设节约型、生态型园林，才能从根本上扭转目前园林绿地养护的尴尬局面。

5. 施工存在误区

土建施工方面普遍存在的种植穴过小、穴下管线密布、种植土层过浅、土质不合要求、栽植过深或过浅、未设支撑木、池壁接缝处跑水漏水等，大大增加了养护的成本。同时，有些绿地为了应付检查或赶进度，而采取了“反季节绿化”的方式，如北方地区在干旱的夏季与寒冷的冬季种植裸根植树，其成活率很难保证，即使存活，其生命力也非常弱，容易诱发各种生理性或侵染性病害。

6. 受自然因素制约较大

植物生长在一定的自然环境中，既受生物学和生态学等方面特性的影响，又受到自然环境条件的制约。虽然在植物的引种和驯化方面可以使植物的分布范围得以扩大，但对有些植物而言，其分布范围还是有限的。如近几年，北方地区引种栽植的海桐、桂花、石楠、棕榈、珊瑚树等在不同的城镇环境以及同一城镇的不同小气候下，表现出了较大的差异。因而在养护管理上必须采取因地制宜的特殊措施。

第三节 园林绿地养护管理

一、园林绿地养护管理的重要性

园林绿化工程养护管理工作在园林绿化工程工作中起着举足轻重的作用，它是一种持续性、长效性的工作，有较高的技术要求，园林绿化工程养护管理工作内容包括整体面貌维护、植物保护、绑扎修剪、浇水施肥、花坛花境的花卉种植、环境保洁、日常管理等内容。园林绿地的建成并不代表园林景观的完成，俗话说“三分种，七分养”，只有高质量、高水平的养护管理，园林景观才能逐渐达到完美的景观效果。

城市园林绿地的发展对改善城市投资环境、美化市容、提升城市形象、促进社会经济可持续发展起到了重要作用。城市公共绿地管理是提高绿化景观效果、美化城市的必要手段，而园林绿化养护管理是一项专业性、特殊性、持续性的工作，要想获得理想的绿地景观效果，绿化施工和养护过程中科学的养护和管理工作非常重要。

园林绿地的主体材料是有生命的植物，而有生命的植物需要浇水、施肥等养护管理，并且需要连续的而不是间断的养护和管理。只有在全过程中重视了养护和管理工作，景观植物造景效果才能真正实现；绿化工程的建造成本才能降低；有限的植物材料资源才能被充分利用。并且只有通过精心养护，才能在保持现有绿化成果的基础上，充分体现绿化的生态价值、景观价值和人文价值。如何让园林绿地持续地发挥作用，绿地的养护管理是关键。

1. 影响当前园林绿化工程养护管理水平的因素

（1）对园林绿化工程养护管理工作缺乏足够的重视和认识　园林绿化工程养护管理工作需要投入大量的人力、财力、物力，由于目前市场竞争比较激烈，很多施工单位在施工招投标时期都把免费养护一年，甚至两年作为一种优惠条件承诺于建设单位，所以造成很多园林绿化工程养护管理没有收入，只有投入，而其生态效益和社会效益又不直接体现为货币价值，换句话说就是不能给企业创造经济效益，很多施工单位领导没有高度重视，没有充分认识到园林绿化工程养护管理是实现园林价值向使用价值的转换，是提高园林绿化景观效果必不可少的持续性、长效性的工作。虽然现在政府部门、机关团体、企事业单位包括园林绿化施工单位本身都普遍特别重视绿化工作，但往往只是重建设而轻管理，苗木成活率低，养护管理不到位，养护质量较差，导致绿化景观效果差而难以收到预期的效果。

（2）占绿毁绿现象严重　当前社会保护园林绿化的法律法规还不够完善，园林执法部门的职责不够明确，管理权限又受到限制，占绿毁绿现象在城市很多地方表现严重，很多居民破墙毁坏市政道路绿化、私自开辟一块绿地种蔬菜、乱砍滥伐大树、向绿地内乱扔垃圾、乱折花草树木、小区内居民擅自在树上拴绳子晾衣服，这些恶劣的现象都给园林绿化养护管理工作带来极大的困难。

（3）经营管理制度自身的矛盾 当前社会园林绿化是一项社会公益事业，政府机关对园林绿化养护企业实行费用包干，园林绿地养护管理单位普遍存在着政府给多少钱，做多少事，管理职责不明确，没有主动性、积极性、能动性。很多国有、集体甚至部分民营园林绿化养护企业管理机制不够灵活，管理过于混乱、松散，职工工作责任心普遍不够强，干好干坏一个样，没有很好的实现按劳分配、多劳多得的原则，很难提升工作积极性。

2. 提高园林绿化工程养护管理水平的主要措施

（1）科学规划设计，精心组织施工 是提高园林养护管理水平的关键。设计单位设计人员的设计理念、思路直接影响到整个园林绿化工程的成败。

园林绿地要根据其不同的使用功能和性质进行科学设计，合理布局，以乡土树种为主，乔木、灌木、地被、草坪应该按照生态学的原理进行合理配置，常绿与落叶相搭配，满足植物各自生长所需的立地条件。

在实际工作过程中，很多设计人员往往脱离实际，闭门造车，设计出来的方案往往不是不符合实际使用功能，就是出现部分品种苗木购买困难的现象，究其原因主要是因为目前设计人员的素质良莠不齐，没有事先和建设单位沟通，了解建设单位的理念，也没有进行必要的苗木市场调查分析，造成方案一改再改，甚至推倒重来，费时费力。

园林绿地植物只有严格按照规范、标准科学合理地设计、施工，从而达到较高的施工质量和效果，为后期的养护管理提供良好的基础条件。

园林绿化施工工作是体现设计理念的重要手段，只有高质量的施工工艺才能把设计师在整个项目中的设计意图、理念、思路充分体现出来。施工时必须对绿地的土壤进行改良、粗平整、细平整、选苗、起苗、包装、运输，以及放线定位，打坑、栽植、填土、浇水、打桩等一系列施工步骤都要精心组织实施，对盐碱地做到合理改良土壤，平整场地严格按照图纸施工，标高到位，地形平顺饱满，放样线条流畅富有艺术性，苗木粗壮、健康、形态优美、树形完美，种植技术娴熟、科学、合理，后续技术措施到位，如此方能做到种一棵活一棵，种一片活一片，只有花木成活生长旺盛，园林景观的整体效果才能充分体现。

（2）制定园林绿化工养护管理的技术标准和操作规范 使养护管理科学化、规范化。园林主管部门应制定统一的园林绿化养护管理的技术标准和操作规范，使养护管理工作目标明确。作为园林绿化施工单位，应该严格遵循园林绿化工养护管理的技术标准和操作规范实施具体工作，制定出一套合理、高效、科学、全面的绿化养护管理制度，标准化、科学化管理园林绿化养护工作，只有这样才能使园林绿地的景观效果和质量有一个大的提升和质的飞跃。

（3）园林绿化养护管理机械化 是提高园林绿化养护管理水平的重要保证。使用简单方便、功能齐全的园林机械，如起苗机、挖坑机、绿篱修剪机、割草机、自动喷灌设备等，省时省力，效率高。因此要大力推广使用园林机械，实现养护机械化管理。

（4）推行目标管理 实行班组承包或个人岗位承包责任制，建立完善的园林绿化养护管理质量检查、考评制度，奖惩分明，提高职工积极性。根据下属各养护组负责养护管理的绿地，统一进行养护管理，制定不同的养护管理考核评分制度，严格实行三定（定人、定岗、定任务），三查（周查、月查、季查），一评比（年终总评）的管理制度，全面提高养护质量水平，实现园林绿化养护的长效管理。

（5）重视园林科学研究，加强职工培训，提高业务水平 重视对各养护组职工的业务技能培训，定期组织职工进行培训、学习，并与兄弟单位进行交流，取长补短，使职工掌握更多的养护知识和经验，为更好地进行养护管理工作打下扎实的基础。

（6）加强宣传力度，依法制绿，提高全民爱绿、护绿的意识 国家颁发了《城市规划法》、《城市绿化条例》、《城市建设技术政策要点》、《城市园林绿化当前产业政策实施办法》等一系列法规，使城市园林绿化的建设管理走向法制化、规范化。

园林绿化是现代化城市的重要标志，是改善生态环境的重要途径，园林绿化工程养护管理是园林绿化事业的核心工作，只有努力提高园林绿化养护管理的水平，才能使园林绿化发挥更大的生态效益和社会效益。

二、园林绿地的养护管理标准

1. 总则

为高效优质地管理城市绿地，使绿地整洁美观，树木花草繁茂，充分发挥其绿化、净化、美化环境的绿地效果，制定本标准。

2. 管理的要求和标准

（1）灌木的管理 灌木管理的标准是植物生长旺盛，枝繁叶茂，修剪工艺应精细，具有立体感、艺术感，造型美观。灌木无残缺，绿篱无断层；灌木丛中无垃圾、无病枝枯枝和落叶杂物堆积，无厚重粉尘覆盖。

① 生长势。灌木须生长势好，生长势达到该种类规格的平均年生长量；枝壮叶健、植株丰满、无枯枝断枝。

② 修剪。灌木的修剪须符合植物的生长特性，既造型美观又能适时开花，花多色艳，残花应及时修剪、摘除；绿篱和花坛整形须与周围环境协调，增强园林美化效果。

③ 清除杂草、松土、覆土。须经常清除杂草和松上，操作时注意保护根系，尽量不伤根，根系不能裸露，土壤无板结现象。

④ 浇灌、施肥。灌木应根据立地条件、生长势及开花特性进行合理浇灌和施肥。每日应至少浇水一次，要求浇足浇透，干旱季节早晚各浇水一次；须在每年春、秋季重点施肥3次，平时根据实际情况适量施肥。肥料不得裸露，可采用埋施或水施等不同方法，埋施时应先挖穴或开沟，施肥后回填土、踏实、浇足水。化学肥料和有机肥料应交替使用以防止土壤板结和肥力衰退。

⑤ 补植。及时拔除死苗、补植缺株、更换过于衰弱的植株或病株。补植苗木的品种和规格应与原来的品种、规格一致，以保证优良的景观效果。补植应按照种植规范进行，施足基肥并加强浇水、养护等管理措施。

⑥ 病虫害防治。及时做好病虫害防治工作，根据预防为主、综合防治的原则，早发现早处理。发生病虫害，最严重的受害面积控制在8%以下。严禁使用国家明令禁止的剧毒、高毒、高残留农药，提倡使用生物农药。

（2）乔木的管理 乔木管理的标准是生长旺盛、枝叶健壮、树形美观、行道树上缘线和下缘线基本整齐、修剪适度、干直冠美、无死树缺株、无厚重粉尘覆盖、景观效果好。

① 生长势。乔木须生长势良好，生长势达到该树种该规格平均年生长量；树壮叶健、叶色浓绿、无枯枝断枝、行道树树干应挺直、倾斜度不超过5%。

② 修剪。乔木的修剪须考虑其生长特点如萌芽期、花期等，原则上在萌芽前或花芽萌动前进行修剪，特殊树种的修剪应根据该树种的生物学特性和景观需要而定。对严重影响景观和植物生长的果实应及时剪除。乔木整形应与周围环境协调，以增强园林美化效果；行道树修剪应保持树冠完整美观，主侧枝分布均匀和数量适宜，内膛不空又通风透光；应修剪掉树冠上的枯枝、病虫枝、交叉枝、下垂枝、徒长枝。根据不同路段车辆的情况确定下缘线高度，行道树下垂枝尖端不得低于 2m，树高控制在高压线下 2m 以上，不能遮挡路灯和交通指示牌；修剪应按操作规程进行，尽量减小伤口，切口要平，略向下斜，同时不能留有树钉，直径超过 10cm 的伤口要进行保护处理；下缘线下的萌蘖枝须及时剪除。每年应至少整形修剪一次。

③ 浇灌、施肥。乔木须根据生长季节的天气情况和植物种类适当浇水，在每年的春、秋季重点施肥 2 次。施肥量根据树木的种类和生长情况而定，同一道路中生长较弱和新补植的树木应适当增加施肥次数和施肥量。肥料应埋施，施肥穴的规格一般为 30cm×30cm×40cm，位置一般是树冠外缘的投影线（行道树除外），每株树挖对称的两穴。

④ 松土、覆土。乔木每年松土、覆土不少于两次。树穴大小为植株地径的 5 倍，要求边缘线整齐，树穴内无杂草、垃圾、杂物。

⑤ 刷白。乔木须于每年十月份进行一次树干刷白，刷白高度为 1.2m。刷白应均匀细致，树皮的裂隙应全部粉刷，粉刷材料不得滴溅到路面或树穴内地被植物。

⑥ 补植。及时拔除死苗、补植缺株、更换过于衰弱的植株。品种和规格应与原来品种、规格一致。至少保留三级分枝，行道树一级分枝点不得低于 2m，以保证优良的景观效果。补植应按照树木种植规范进行，施足基肥并加强浇水、养护等管理措施。

⑦ 防台风。须做好防台风工作。台风季节来临前加强管理，合理修剪，加固护树架，以增强抵御台风的能力。台风期间应迅速清理倒树断枝，疏通道路。台风后及时扶正倾斜树，补植缺株，清除断枝、落叶和垃圾，使绿化景观尽快恢复。

⑧ 病虫害的防治。及时做好病虫害防治工作，根据“预防为主、综合防治”的原则，早发现早处理。发生病虫害，最严重的受害面积控制在 8%以下。严禁使用国家明令禁止的剧毒、高毒、高残留农药，提倡使用生物农药。

(3) 地栽花卉的管理 地栽花卉的管理标准是生长旺盛，花繁叶茂，色彩艳丽，图案新颖美观，具有立体感、艺术感。

① 生长势。生长势好，着花率高，花期一致，花朵的大小和颜色应与该品种的生物学特性相符，花朵分布均匀，花色纯正，冠幅整齐，不小于 20cm，花盖度≥85%，无缺枝败叶，叶色正常无不良症状，生长协调美观，无病虫害、折损、擦伤、压伤、冷害、水渍、药害、灼伤、斑点、褪色、倒伏、徒长。

② 修剪、整理。地栽花卉在花朵、花序处于盛花后期应将其及时摘除，有碍观瞻的叶片、枝条也应及时修剪，以免影响观赏效果。

③ 清除杂草、松土。须经常清除杂草，不得有明显高于地栽花卉的杂草；松土时注意保护根系，尽量不伤根，根系不能裸露。

④ 浇灌、施肥。地栽花卉要根据植物的生长和开花特性进行合理浇灌和施肥。每日应至少浇水一次，要求浇足浇透，干旱季节早晚各浇水一次；一般应在第一次换花时增施有机肥料做底肥，平时根据实际情况再施加磷钾肥，也可用根外追肥方式施肥。化学肥料和有机肥料应交替使用以防止土壤板结和肥力衰退。

⑤ 补植。须及时补植缺株和已衰退的植株。品种、规格与原品种、规格一致，以保证优良的景观效果。补植应按照种植规范进行，施足基肥并加强浇水、养护等管理措施。

⑥ 病虫害的防治。及时做好病虫害防治工作，根据“预防为主、综合防治”的原则，早发现早处理。发生病虫害，最严重的受害面积控制在8%以下，严禁使用国家明令禁止的剧毒、高毒、高残留农药，提倡使用生物农药。

(4) 草坪和地被植物的管理　草坪和地被植物管理的标准是植物生长旺盛，整齐美观，覆盖率达98%以上，杂草率低于5%，草坪四季常绿，无厚重粉尘覆盖，无坑洼积水，无垃圾、落叶、杂土堆，无卫生死角。

① 生长势。草坪和地被植物须生长势好，生长势达到该植物该规格的平均年生长量；叶片健壮，色相一致，无明显枯黄叶。

② 修剪。草坪和地被植物的修剪须根据季节特点和植物的生长发育特性，草坪修剪春夏季20天一次，秋冬季40天一次。高度控制在：马尼拉草、台湾草5cm以下，大叶油草、假俭草10cm以下；地被植物修剪应高度一致，边缘整齐。

③ 浇灌、施肥。根据草坪和地被植物的生长需要进行浇水和施肥。每日应至少浇水一次，要求浇足浇透，干旱季节早晚各浇水一次；每年施肥不少于四次，肥料的施用应适量、均匀，不得因过量或不均匀引起肥害。化学肥料和有机肥料应交替使用以防止土壤板结和肥力衰退。

④ 清除杂草。清除杂草是一项日常工作，应做到杂草率低于5%，不得有明显高于草坪和地被植物的杂草。

⑤ 填平坑洼。及时填平坑洼地，无坑洼积水，平整美观。

⑥ 补植。及时补植被破坏的草坪和地被植物，保持完整，无裸露地。补植密度适宜，补植后应加强养护管理，确保恢复原景观效果。

⑦ 病虫害防治。及时做好病虫害防治工作，根据“预防为主、综合防治”的原则，早发现早处理。发生病虫害，最严重的受害面积控制在8%以下，根据地下害虫发生规律及时进行防治。严禁使用国家明令禁止的剧毒、高毒、高残留农药，提倡使用生物农药。

(5) 水池和水生植物的管理　水池和水生植物管理的标准是保持水面及水池内清洁，水质良好水量适度。须及时清除杂物，定期清洗水池，控制好水的深度，管好水闸开关，节约用水。水生植物须生长旺盛，叶色浓绿，能适时开花，花多色艳，无病叶、枯叶。

(6) 环境卫生的管理　环境卫生管理标准是绿地清洁，无垃圾杂物，无石头砖块（景石除外），无干枯枝叶，无卫生死角，应定期“灭四害”，及时清除鼠洞和蚊蝇滋生物。

① 清洁、保洁。须在每日上午8：00、下午2：30前清除绿地的垃圾杂物，包括生活垃圾、景石外的石头砖块和干枝枯叶等。清除后应注意及时巡查、随时清理、保洁。花坛及垃圾桶应定期清洗（每周至少一次）。

② 清运。归集后的垃圾杂物应及时清运，不准过夜，不准焚烧。保洁器具应放在隐蔽处。

(7) 绿地的维护　绿地维护的标准是绿地红线不被侵占，绿地完整，花草树木不受破坏，无乱摆乱卖、乱停乱放等现象。

① 保护。保护绿地不被侵占，经上级批准临时占用的绿地，不准超过规定面积，如有违反，须立即上报。应及时劝阻、制止侵占和破坏绿地的行为。

② 监管。绿地内不准堆放东西，禁止各种车辆驶入和停放，不准摆摊设点。不准在绿

地上进行有损花草树木的体育活动，不准在树上张挂标语、晾晒衣物等。

③ 补植。绿地如遭人为破坏，应及时修复，保证绿地的完整。

(8) 设施的维护 设施维护的标准是设施完好，无残缺和歪斜。

① 保护。保护护栏、支撑架等绿化设施，对任何人的破坏行为应加以制止并及时报告主管单位，如有损坏，应及时修复；保护水电设施，及时关锁好水电闸门开关，节约用水用电，防止盗用绿化用水。

② 维修。遭人为破坏的设施应及时修补维护，保证设施的完整。

第四节 园林绿地种植设计

植物是构成绿地景观的主要素材，植物本身在大小、形态、色彩、质地以及全部的性格特征上，都各有变化。所以，合理应用乔木、灌木、藤本植物、草本花卉等植物来创造景观，既能给人们提供和产生有益于人类生存的生态效应，又能充分发挥植物本身形体、线条、色彩等自然美，配置成丰富完美的景观图。

一、种植设计的依据与原则

1. 种植设计的依据

(1) 以总体规划为依据 园林绿地植物的种植设计，应以国家、省、市有关的城市总体规划、城市详细规划、城市绿地系统规划、园林规划设计规范、园林绿化施工规范等为依据来确定。景观设计者必须牢牢把握总体规划，才能合理安排各个细节景点。

(2) 以总体设计意图为依据 园林绿地植物的种植设计，必须依据总体的设计方案布局和创作立意来确定，合理地选择所需的植物材料进行配置。

(3) 以设计场地的环境条件为依据 园林绿地植物的种植设计必须依据具体的环境条件进行设计，充分发挥各自的优势，因地制宜地创造景观。一般，设计场地的自然条件包括气象、植被、土壤、温度、湿度、年降水量、污染情况、风频玫瑰图等。同时还应考虑人文基础资料，做到以人文本。

2. 种植设计的原则

(1) 功用性 要符合绿地的性质和功能要求。设计的植物种类来源有保证，并且具备必需的功能特点，能满足绿地的功能要求，符合绿地的性质。比如街道绿地植物的主要功能是庇荫、组织交通、美化市容等；综合公园植物的主要功能是布置活动场地和遮阴，多用草坪草、乔、灌木等；烈士陵园多用松柏类常绿植物，以突出庄重的纪念意境；医院绿化多植密林以隔离噪声，多植花灌木和草花供病人休息、观赏。

(2) 科学性 以科学性为原则，首先表现为“适地适树”。应认真考虑植物本身的生态习性与栽植环境，要使两者基本一致，满足植物的最佳生长条件。例如行道树要选择枝干平展、主干高，并且树形美观、易成活、生长快、耐灰尘的树种；墓地周围的植物要选择具有象征意义的树种。其次，植物搭配及种植密度要合理。因为植物种植的密度直接影响绿化功能的发挥，从长远考虑，应根据成年树冠大小决定种植株距。如果想在短期内取得较好的绿化效果，可先密植，将来再移植。注意常绿树与落叶树、速生树与慢生树、乔木与灌木、木本植物与草本花卉之间的搭配。另外，还应做到按季相变化丰富植物种类，使每个季节都有代表性的植物或特色景观可欣赏。

（3）艺术性　园林绿地植物种植设计应遵循艺术构图的原则。植物的形、色、姿态的搭配应符合大众的审美习惯，能够做到植物形象优美，色彩协调，景观效果良好。具体有以下几个艺术原则。

① 统一和变化原则。就是要在树形、色彩、线条、质地及比例上要有一定的差异和变化，显示其多样性；还可选择彼此间有相似性的植物，体现其统一感。但遵循这一原则的同时应注意，不可变化太多，使整体杂乱，也不可相似度太大，使其单调呆板。

② 对比和调和原则。植物景观设计时，用差异和变化可产生对比的效果，具有强烈的刺激感，形成兴奋、热烈和奔放之感。并且也常用对比的手法来突出主题或引人注目。相反，利用植物的相似性可体现调和的原则，使人具有柔和、平静、舒适和愉悦的美感。另外，色彩构图中红、黄、蓝三原色中任一原色同其他两原色混合成的间色组成互补色，从而产生一明一暗、一冷一热的对比色。它们并列时相互排斥，对比强烈，呈现跳跃新鲜的效果。用得好，可以突出主题，烘托气氛。如红色与绿色为互补色，黄色与紫色为互补色，蓝色和橙色为互补色。

③ 韵律和节奏原则。植物配置中单体有规律地重复，有间隙地变化，在序列重复中产生节奏，在节奏变化中产生韵律。如路旁的行道树用一种或两种以上植物的重复出现形成韵律。一种树等距离排列称为“简单韵律”；两种树木尤其是一种乔木与一种花灌木相间排列，或带状花坛中不同花色分段交替重复等，产生活泼的“交替韵律”。另外，还有植物色彩搭配，随季节发生变化的“季相韵律”；植物栽植由低到高，由疏到密，色彩由淡到浓的“渐变韵律”等。

④ 均衡原则。这是植物配置时的一种布局方法，有对称式均衡和自然式均衡两种。因各种景观植物会表现出不同的质量感，比如色彩浓重、体量大、数量多、质地粗、枝叶茂密的植物种类，给人以重的感觉。反之，则给人以轻柔的感觉。根据周围环境的不同，应设计不同的布局方式。在一般情况下，植物配置不可能是绝对对称均衡的，但仍然要获得总体景观上的均衡。

（4）经济性　要做到“花钱少，效果好”。苗木规格、价格档次与实际需要相吻合，量大的植物采用价格档次较低的，量少的重点植物用价格档次比较高的；在城市绿化中，要尽可能选用本地区培育的苗木，因当地苗木栽植成活率高、生长好且运输费少，苗木价格低；并且宜将快速生长树和慢生长树结合起来，快速生长树能在短期内产生好的效果；多用乡土树种，因乡土树种对当地环境条件较适应，能保证成活，生长良好且成本低。另外，苗木数量的统计要准确，做到以最低的成本，获得最高的观赏价值。

二、种植设计的形式与类型

1. 种植设计形式

（1）规则式种植　规则式种植给人以庄严、雄伟、整齐之感。比如树木以整形修剪为主的绿篱、绿柱和模纹景观；花卉以图案为主的花坛、花带；草坪以平整为主并具有规则的几何形体。规则式种植布局均整、秩序井然，具有统一、抽象的艺术特点。在平面上，中轴线大致左右对称，具一定的种植株行距，并且按固定方式排列。在平面布局上，根据其对称与否可分为两种：一种是有明显的轴线，轴线两边严格对称，组成几何图案，称为规则式对称；另外一种是有明显的轴线，左右不对称，但布局均衡，称为规则式不对称，这类种植方式在严谨中流露出某些活泼。

在规则式种植中，草坪往往被严格控制高度和边界，修剪得像熨平而展开的绒布，没有丝毫褶皱起伏，使人不忍心踩压、践踏。花卉布置成以图案为主题的模纹花坛和花境，有时布置成大规模的花坛群，来表现花卉的色彩和群体美，利用植物本身的色彩，营造出大手笔的色彩效果，增加人的视觉刺激。乔木常以对称式或行列式种植为主，有时还刻意修剪成各种几何形体，甚至动物或人的形象。灌木也常常等距直线种植，或修剪成规整的图案作为大面积的构图，或作为绿篱，具有严谨性和统一性，形成与众不同的视觉效果。另外，绿篱、绿墙、绿门、绿柱等绿色建筑也是规则式种植中常用的方式，以此来划分和组织空间。因此，在规则式种植中，植物并不代表本身的自然美，而是刻意追求对称统一的形体，错综复杂的图案，来渲染、加强设计的规整性。规则式的植物种植形成的空间氛围是整齐、庄严、雄伟、开朗的。

如法国著名园林设计师勒·诺特尔（Andre Le Notre）1661 年设计的孚·勒·维贡府邸（Vaux-Le-Vicomte）就大量使用了排列整齐、经过修剪的常绿树。如毯的草坪以及黄杨等慢生灌木修剪的复杂、精美的图案。这种规则式的种植方式，正如勒·诺特尔自己所说的那样，是“强迫自然接受匀称的法则”。欧洲的一些沉床园、建筑等，我国皇家园林主要殿堂前也多采用规则式的栽植手法，以此与规则式的建筑的线条、外形，乃至体量相协调，以此来体现端庄、严肃的气氛。如图 1-7 所示。

图 1-7 法国凡尔赛宫的规则式园林

规则式的种植讲究对比，一种是“形”的对比，同样的植物材料通过修剪和点、线、面的组合，形成富有节奏韵律的构图，仿佛到了欧洲某个小镇。另一种是“姿态”的对比，如利用整形成球形、圆柱形的金叶榕与姿态舒展、优美的大王椰子形成对比，形成一收一放的对比效果。

随着社会、经济的发展，这种刻意追求形体统一、错综复杂的图案装饰效果的规则式种植方式已显得古板和烦琐，尤其需要花费大量的劳力和资金养护的整形修剪种植更不宜提倡。但是，在园林设计中，规则式种植作为一种设计形式仍是不可缺少的，只是需赋予新的含义，避免过多的整形修剪。例如，在许多人工化的、规整的城市空间中规则式种植就十分合宜，而稍加修剪的规整图案对提高城市街景质量、丰富城市景观也不无裨益。

(2) 自然式种植　自然式种植以模仿自然界森林、草原、草甸、沼泽等景观及农村田园风光，结合地形、水体、道路来组织植物景观，不要求严整对称，没有突出的轴线，没有过多修剪成几何形的树木花草，是山水植物等自然形象的艺术再现，显示出自然的、随机的、富有山林野趣的美。布局上讲究步移景异，利用自然的植物形态，运用夹景、框景、障景、对景、借景等手法，形成有效的景观控制。植物种植上，不成行列式，以反映自然界植物群落的自然之美为主。自然式种植所要追求的是自然天成之趣，巧夺天工之美，是具象化的自然风韵之美，它在营造过程中具有自身的一些特点。从平面布局上看，自然式种植没有明显的轴线，即使在局部出现一些短的轴线，也布置得错落有致，从整体上看仍是自然曲折、活泼多样的。在种植设计中注重植物本身的特性和特点，以及植物间或植物与环境间生态和视觉上关系的和谐，创造自然景观，用种群多样、竞争自由的植被类型来绿化、美化。花卉布置以花丛、花群为主，树木配植以孤植、树丛、树群、树林为主，不用修剪规则的绿篱、绿墙和图案复杂的花坛。当游人畅游其间时可充分享受到自然风景之美。自然式的种植体现宁静、深邃、活泼的气氛。植物栽植要避免过于杂乱，要有重点、有特色，在统一中求变化，在丰富中求统一。如图 1-8 所示。

图 1-8　自然式园林

随着科学及经济社会的飞速发展，人们艺术修养的不断提高，加之不愿再将大笔金钱浪费在养护管理这些整形的植物景观上，人们向往自然，追求丰富多彩、变化无穷的植物美，所以，提倡自然美，创造自然的植物景观已成为新的浪潮。

（3）混合式种植　混合式种植既有规则式，又有自然式。

在某些公园中，有时为了造景或立意的需要，往往规则式和自然式的种植相结合，比如在有明显轴线的地方，为了突出轴线的对称关系，两边的植物也多采用规则式种植。

一般情况下，其园林艺术主要在于开辟宽广的视野，引导视线，增加景深和层次，并能充分表现植物美和地形美。一方面利用草坪空间、水域空间、广场空间等形成规整的几何形，按照整形式或半整形式的图案栽植观赏植物以表现植物的群体美；另一方面，保留自然式园林的特点，利用乔灌木、绿篱等围定场地、划分空间、营造屏障，或引导视线于景物焦点。周边植物以自然形式进行围合，利用灌木修剪成各种图案来分割空间。

如纽约的中央公园，是美国建造的第一个公共园林，设计者更加注重植物景观的整体艺术效果，而不是将植物作为独立的科学标本进行展示。整个园子的植物种植方式既有自然式又有规则式，中心区设计或保留了大面积的开阔的草坪空间，边界形成田园牧场风光，而在局部和节点空间的处理上则延续了欧洲古典园林的规则式处理，如规则的林荫道景观。

由于不同民族的思维方式和文化内涵不同，所以在植物的种植方式上也有所不同。西方人把天、地、自然看作是与人相对立的异己力量，重于对自然的征服，认为人定胜天，强化人造的力量，所以在种植方式上，多用规则式，喜欢按照人的意志去塑造树形，把植物修剪成各种形状，规则地、对称地种植。中国人则是在天人合一思想的支配下，力求最大限度地让自然山水渗入生活的周围，所以在种植方式上力求以仿效自然为最高追求，多用自然式，不刻意修剪植物，多成丛成群、自然灵活地种植。

2. 种植设计类型

园林绿地的植物种植设计类型，根据不同的分类方法，有不同的类型。具体分类如下：

（1）按园林绿地植物应用类型分类

① 乔灌木的种植设计。在景观植物的种植设计中，乔木、灌木是绿地的骨干植物。所占的比重较大。在植物造景方面，乔木往往成为园林中的主景，可界定空间、提供绿荫、调节气候等；灌木可供人观花、观果、观叶、观形等，它与乔木有机配置，使植物景观有层次感，形成丰富的天际轮廓线。

② 花卉的种植设计。花卉的种植设计是指利用姿态优美、花色艳丽、具有观赏价值的草本和木本植物进行植物造景，以表现花卉的群体色彩美、图案装饰美，起到烘托气氛的作用。主要包括花坛设计、花境设计、花台设计、花丛设计、花池设计等。

③ 草坪的种植设计。草坪是指用多年生矮小草本植物密植，并经人工修剪成平整的人工草地。草坪好比是绿地的底色，对于绿地中的植物、山石、建筑物、道路广场等起着衬托的作用，能把一组一组的绿地景观统一协调起来，使绿地具有优美的艺术效果，此外还具有提供游憩场地、使空气清洁、降温增湿的作用。

（2）按植物生境分类

① 陆地种植设计。大多数绿地植物都是在陆地生境中生存的，种类繁多。绿地陆地生境的地形有山地、坡地和平地 3 种。山地多用山野味比较浓的乔木、灌木；坡地利用地形的起伏变化，植以灌木丛、树木地被和缓坡草地；平地宜做花坛、草坪、花境、树丛、树林等。

② 水体种植设计。水体种植设计主要是指湖、水池、溪涧、泉、河、堤、岛等处的植物造景。水体植物不仅增添了水面空间的层次，丰富了水面空间的色彩，而且水中、水边植物的姿态、色彩所形成的倒影，均加强了水体的美感，丰富了绿地水体景观内容，给人以幽静含蓄、色彩柔和之感。

（3）按植物应用空间环境分类

① 建筑室外环境的种植设计。建筑室外环境的植物种类多、面积大，并直接受阳光、土壤、水分的影响，设计时不但考虑植物本身的自然生态环境因素，而且还要考虑它与建筑的协调，做到使园林绿地的建筑主题更加突出。

② 建筑室内的种植设计。室内植物造景是将自然界的植物引入居室、客厅、书房、办公室等建筑空间的一种手段。室内的植物造景必须选择耐阴植物，并给予特殊的养护与管理，要合理设计与布局，并考虑采光、通风、水分、土壤等环境因子对植物的影响，做到既有利于植物的正常生长、又能起到绿化作用。

③ 屋顶种植设计。屋顶的生态环境与地面相比有很大差别，无论是风力上、温度上，还是土壤条件上均对植物的生长产生了一定影响，因此在植物的选择上，应该仔细考虑以上因素，要选择那些耐干旱、适应性强、抗风力强的树种。在屋顶的种植设计中，人们根据不同植物生存所必需的土层厚度，尽可能满足植物生长的基本需要。一般植物的最小土层厚度是：草本（主要是草坪、草花等）为 15cm；小灌木为 25～35cm；大灌木为 40～45cm；小乔木为 55～60cm；大乔木浅根系为 90～100cm、深根系为 125～150cm。

第二章

园林草坪的养护管理

那些株丛密集、低矮，覆盖于地表的植物材料就是地被植物。在园林绿地中，草坪占有相当大的面积，是人们最为熟悉的地被植物，并且根据各种条件可分为多种类型的草坪。它们在环境绿化中，不仅发挥良好的生态效益，更是具有无限的观赏价值。所以，只有经常保持科学的养护管理，才能使草坪保持青翠茂盛、价值永存。

第一节 草坪的概述

一、草坪的概念

草坪又称草皮或草地，通常是指应用低矮、丛生，或匍匐蔓生、再生能力强的多年生禾本科草或其他质地纤细的植被覆盖地面，形成整齐、平展的绿地。

草坪的养护管理离不开对草坪草的认识与掌握。草坪草是指构成草坪的植物。具体而言，是指能形成草皮或草坪，并能耐受定期修剪和人、物通行的一些草本植物及品种。其特性是叶丛低矮而密集，具有爬地生长的匍匐茎或分生能力较强的根状茎，繁殖容易、生长迅速、形成草坪快、适应性强、分布广、再生能力强、损坏后易恢复。

二、草坪的分类

1. 按草坪草的生长气候分

(1) 暖季型草坪　主要由能忍耐高温和高降水量但不抗低温的草坪草组成（图 2-1）。生长最适温度为 26～32℃，当温度低于 10℃以下时就进入休眠状态。主要分布在热带和亚热带地区，多种植于我国长江流域及以南地区。

(2) 冷季型草坪　主要由能在寒冷的气候条件下正常生长发育的草坪草组成（图 2-2）。生长最适温度为 15～25℃，气温高于 30℃，则草坪草生长缓慢，并且易发生问题。主要分布于我国华北、东北、西北等地区。

2. 按草坪组成分

(1) 纯种草坪　又称单纯草坪或单一草坪，是指由一种草本植物组成的草坪（图 2-3）。这种草坪生长整齐美观，高矮、稠密、叶色等一致，需要科学种植和精心保养才能实现。园林绿地中普遍受到人们青睐的纯种草坪草是细叶结缕草（天鹅绒草）。

图 2-1　暖季型草坪

图 2-2　冷季型草坪

图 2-3　纯种草坪

（2）混合草坪　是指由两种以上禾本科草本植物混合播种组成的草坪。可按照草坪植物的性能和人们的需要，选择合理的混合比例。如耐热性强和耐寒性强的草种混合，宽叶草种和细叶草种混合；耐践踏和耐强修剪的草坪混合。混合草坪不仅延长了绿色观赏期，而且能提高草坪的使用效果。

（3）缀花草坪　在以禾本科草本植物为主体的草地上混种（混生）少量开花艳丽的多年生草本植物，构成缀花草坪（图 2-4）。例如在草地上自然地点缀种植水仙、鸢尾、石蒜、葱兰、红花酢浆草等草本及球根地被植物。这些植物的种植面积，一般不超过草坪总面积的1/3。

图 2-4　缀花草坪

3. 按草坪的用途分

（1）游憩草坪　这类草坪随（地）形植草，一般面积较大，管理粗放，供人们散步、休息、游戏之用（图 2-5）。其特点是可在草坪内配植孤植树、树丛、点缀石景，能容纳较多的游憩者。

(2) 观赏草坪　又称装饰性草坪（图 2-6）。如布置在广场雕塑、喷泉周围和建筑纪念物前等处，作为主景的装饰和陪衬。这类草坪，不允许游人入内践踏，专供观赏之用。

图 2-5　游憩草坪

图 2-6　观赏草坪

(3) 花坛草坪　混生在花坛中的草坪称花坛草坪（图 2-7）。实际上它是花坛植物的一部分，常作花坛的填充或镶边材料。

(4) 疏林草坪　树木与草坪配植称为疏林草坪（图 2-8）。多利用地形排水，管理粗放，造价低。一般建植在城市近郊或工矿区周围，与疗养区、风景区、森林公园或防护林带相结合。它的特点是夏天可庇荫，冬天有阳光，可供人们活动和休息。

图 2-7　花坛草坪

图 2-8　疏林草坪

(5) 运动场草坪　供开展体育活动用的草坪称运动场草坪。如足球场、网球场、高尔夫球场及儿童游戏活动场草坪等。

(6) 飞机场草坪　为保持驾驶员的视野，避免栖林飞鸟以及气流扬起灰尘杂物而种植的草地。

(7) 放牧草坪　在森林公园或郊野公园与风景区内以放牧为主的草地。

三、草坪草的特性

为了适应不同地区、不同气候、不同立地环境以及不同用途的需要，必须全面了解草坪植物的特性，选择相应的草种。

1. 草坪植物的耐践踏性

草坪耐践踏性是衡量草坪质量好坏的主要标志，是评价草坪承载能力大小的依据之一。一般来说，矮生、茎叶密集、宿根丛生的草坪植物耐践踏性强；根茎少而长、根丛疏散的草种耐践踏性差。

2. 草坪植物的抗寒性

抗寒性是指草坪植物维持正常生长能忍耐最低温度的能力。

3. 草坪植物的抗旱性

抗旱性是指草坪植物抗旱的能力。我国北方大多数地区春季、初夏雨水少，气候干燥，选择抗旱性能强的草种对其有着重大意义。

4. 草坪植物的耐热性

耐热性是指草坪植物维持正常的生理活动所能忍耐最高气温的能力。

第二节　草坪的种植设计

草坪是园林绿地中应用最广泛的观赏植物之一。用多年生矮小草本植株密植，并经人工修剪成平整的人工草地称为草坪，不经修剪的长草地域称为草地。

一、草坪的作用

城市的建筑物有高有低，形式各异。如有足够的绿色草皮，就能对城市景色起净化、美化的效果。一片绿茵茵的草坪上，阳光或月光将城市景物投影其上，会形成一幅幅虚幻的风景画。

在草坪上种植树木花卉分割草坪空间，以便游人进行不同的游憩活动，而丛植、孤植的花木可增加草坪的层次与景深，扩大空间感。在城市建立大大小小的草坪，可作为建筑物的底景，增加其艺术表现力，软化建筑物的生硬、乏色。

草坪本身的设计形式、地面起伏、边缘处理等，都给城市带来难以估量的美感与吸引力。城市中，特别是在公园中，草坪设计得有气魄、自然，建筑物少，以体现以植物造景为主的特色。造景犹如绘画，在起伏地形上的草坪，可造千万青山叠翠的山岗之景；大面积的平远草坪，可产生大草原的气魄，也可将其分割成大小空间，给人以幽静、亲切的气氛。

植物与建筑不同，它有四季变化，有不同成长期变化，可根据不同形态、生态特征进行草坪的林缘线与林冠线的设计，创造出丰富多彩的理想景观。结合树丛、花卉、灌木的组合、搭配，以及植物形态，以表现四季不同的季相，但要注意解决偏枯偏荣的问题。然而对于草皮本身的地面装饰也很重要，如在地形起伏的草坪中，镶嵌几块相宜的石头，既可产生山岳余脉的感觉，又似浮在宽阔海洋中的几个希望之岛。草坪冬枯期的荒凉可用地栽盆花的方式加以解决。

在城市中心区，设置宽阔的草坪，并与花卉植物相衬托，更能显示城市的气魄与特色。西方国家多在草坪上织成各种图案的花带，而我国则以红绿草组成各种平面、斜面及立体的景观，它不但有层次感，且能体现一个城市的文化生活水平。

二、草坪种植设计形式与原则

1. 草坪的设计形式

草坪的设计形式多种多样，按草坪的用途可设计为游憩草坪、体育草坪、观赏性草坪和护坡草坪等；按草坪植物组成不同可设计为纯种草坪、混合草坪和缀花草坪；按草坪草的生活习性可有暖季型草坪和冷季型草坪；按设计形式可有规则式草坪和自然式草坪。

2. 草坪草种的选择原则

（1）气候环境适应性原则（包括土壤适应性原则） 选择草种决定性因素是气候的适应性原则。基于对气候条件与植物分布时效性关系的不断认识，并根据植物对生存环境的反应，草坪草可以划分为冷季型和暖季型两大类，这也是人们常用的草坪草分类原则，冷季型草坪草的最适生长温度为15～25℃，其生长主要受到高温的胁迫、高温持续时间及干旱环境的制约，其主要特点是绿色期长，色泽浓绿，管理需精细，可供选择的种类较多，包括高羊茅、黑麦草、早熟禾等；暖季型草耐热不耐寒，最适生长温度为25～35℃，其生长主要受极端低温和持续时间的限制，主要分布在热带及亚热带地区，其特点是耐热性强，抗病性好，耐粗放管理，可供选择的品种：狗牙根、结缕草、画眉草等。土壤适应性原则：不同的草坪草种对土壤的适应性不同，大多数草坪草种适宜排水良好的酸性-中性土壤，部分草种有一定的耐瘠薄、耐盐碱、抗酸性能力。另外光照对草坪草的选择也有重要影响，不同种类的草种具有不同的耐阴性能。

（2）优势互补及景观一致性原则 对于草坪草种选择来说，遵循景观一致性原则是达到优美草坪的必要条件。为了增强草坪草对环境条件胁迫的抵御能力，主要采用混播的方式进行播种，主要优势在于混合群体比单一群体更具有广泛的遗传背景，因而具有更强的对外界的适应性，达到优势互补。混合播种的组分和比例受景观一致性原则的制约。例如：高羊茅＋草地早熟禾，在这一混合组分中，由于高羊茅的丛生特性和相对较粗的叶片质地，高羊茅必须是混播的主要成分，其比例一般在80％～90％之间，从而形成的草坪才能达到景观一致的效果；多年生黑麦草常用于混播组分中，在中、低养护条件下多年生黑麦草的比例不宜超过30％。

另外多年生黑麦草还用于暖季型草坪草的冬季补播。除以上原则外，选择草坪草种还应考虑：对草坪的质量要求，包括草坪的颜色、质地、绿色期、高度、密度、耐磨性、耐践踏性及再生力等；所需的养护管理强度、预算等。

三、草坪的植物配置

1. 草坪主景的植物配置

绿地中的主要草坪，尤其是自然式草坪一般都有主景。具有特色的孤植树或树丛常作为草坪的主景配置在自然式园林绿地中。

2. 草坪配景植物的配置

为了丰富植物景观，增加绿量，同时创造更加优美、舒适的景观环境，在较大面积的草坪上，除主景树外，还有许多空间是以树丛（树林）的形式作为草坪配景配置的。配景树丛（树林）的大小、位置、树种及其配置方式，要根据草坪的面积、地形、立意和功能而定。

3. 草坪边缘的植物配置

草坪边缘的处理，不仅是草坪的界限标志，同时又是一种装饰。自然式草坪由于其边缘也是自然曲折的，其边缘的乔木、灌木或草花也应是自然式配置的，既要曲折有致，又要疏密相间，高低错落。草坪与园路最好自然相接，避免使用水泥镶边或用金属栅栏等把草坪与园路截然分开。草坪边缘较通直时，可在离边缘不等距处点缀山石或利用植物组成曲折的林冠线，使边缘富于变化，避免平直与呆板。

4. 花卉的配置

绿树成荫的园林中，布置艳丽多姿的露地花卉，可使园林更加绚丽多彩。露地花卉，群体栽植在草坪上，形成缀花草坪，除其浓郁的香气和婀娜多姿的形态可供人们观赏之外，它还可以组成各种图案和多种艺术造型，在园林绿地中往往起到画龙点睛的作用。常用的花卉品种有水仙、鸢尾、石蒜、葱兰、三色堇、二月兰、假花生、野豌豆等。

5. 色彩搭配与季相变化

（1）草坪植物的色彩搭配　草坪本身具有统一而柔和的色彩，一年中大部分时间为绿色。从春至夏，色彩由浅黄、黄绿到嫩绿、浓绿，颜色逐渐加深，入冬后变为枯黄。草坪上植物色彩的搭配也要以草色为底色，根据造景的需要选择和谐统一的色彩。由于绝大多数植物的叶片是绿色的，配置在以绿色为底色的草坪上时，草坪与植物之间、相邻的植物之间在色度上要有深浅差异，在色调上要有明暗之别。为了突出主景，主景树有时选用常年异色叶、彩叶或秋色叶树种。丛植或片植时，各树种之间要根据色度分出层次。一般从前到后、由低到高逐层配置，相邻层次有一定的高差，植物色度也相应从浅到深，色调由明到暗。对于相近层次的色调，在需要突出不同花色时，应选用对比色或色度相差大的植物。

（2）草坪植物配置的季相变化　植物从早春萌芽、展叶，到开花、结实与落叶，各个季节都随着季节的变化而呈现出周期性的相貌和色彩变化。北方的草坪在植物配置时，就要使春季花团锦簇、夏季浓荫覆地、秋季果实累累、冬季玉树琼枝。这些北方园林中特有的季相变化被充分展现出来，使各季都能呈现不同的风姿与妙趣，充分体现北方植物多彩多姿的季相美。需要注意的是草坪上植物配置的季相是针对一个地区或一个园林景观而言的，更多的是突出某一季的特色，并不是要求园林中的每一块草坪都要兼顾各季的景观变化，尤其是在较小的范围内，如果将各季的植物全都配置在一起，就会显得杂乱无章。合理的草坪植物配置将使特定地区、特定园林植物景观既丰富又统一。

6. 草坪与园路的配置

主路两旁配置草坪，显得主路更加宽广，使空间更加开阔。在次路旁配置草坪，需借助于低矮的灌木，以抬高园路的立面景观，将园路与地形结合设计成曲线，便可营造“曲径通幽”的意境。若借助于观花类植物的配置，则可营造丰富多彩、喜庆浪漫的气氛，还有夹道欢迎之意。小路主要是供游人散步休息的，它引导游人深入园林的各个角落，因此，草坪结合花、灌、乔木往往能创造多层次结构的景观。

另外，在路面绿化中，石缝中嵌草或草皮上嵌石，浅色的石块与草坪形成的对比，可增强视觉效果。此时还可根据石块拼接不同形状，组成多种图案，如方形、人字形、梅花形等图案，设计出各种地面景观，以增加景观的韵律感。

7. 草坪与水体的配置

园林绿地中的水体可以分为静水和流水。平静的水池，水面如镜，可以映照出天空或地面景物，如在阳光普照的白天，池面水光晶莹耀眼，与草坪的暗淡形成强烈的对比，蓝天、碧水、绿地，令人心旷神怡。草坪与流水的组合，清波碧草，一动一静的对比更能烘托园林绿地的意境。

8. 草坪与建筑的配置

景观建筑是绿地中利用率高、景观明显、位置和体型固定的主要要素。草坪低矮，贴近地表，又有一定的空旷性，可用来反衬人工建筑的高大雄伟；利用草坪的可塑性可以软化建筑的生硬线条，丰富建筑的艺术构图。要创造一个既是对身体健康有益的生产生活环境，又是一个幽静、美丽的景观环境，这就要求建筑与周围环境十分协调，而草坪由于成坪快、效果明显，成为调节建筑与环境的重要素材之一。

四、草坪的坡度设计

草坪的坡度与排水因草坪的设计形式不同而有着不同的要求。见表 2-1。

表 2-1　不同形式草坪的坡度

草坪设计形式		坡度要求	排水要求
游憩草坪		自然式草坪坡度以 5%～10%为宜，小于 15%	自然排水坡度为 0.2%～0.5%
体育草坪	足球场草坪	中央向四周以小于 1%为宜	自然排水坡度为 0.2%～1%，如果场地具有地下排水系统，则草坪坡度可以更小
	网球场草坪	中央向四周的坡度为 0.2%～0.8%，纵向坡度大，横向坡度小	
	高尔夫球场草坪	因具体使用功能不同而变化较大，如发球区小于 0.5%，障碍区有时达 15%	
	赛马场草坪	直道坡度为 1%～2.5%，转弯处为 7.5%，弯道为 5%～6.5%，中央场地为 15%或更高	
观赏草坪		平地观赏草坪坡度不小于 0.2%，坡地观赏草坪坡度不超过 50%	自然安息角以下和最小排水坡度以上

第三节　草坪的养护管理

一、草坪的灌溉与排水

草坪的需水量也是相当大的，尤其是在干旱的地区，一旦草坪不能及时得到浇灌，极易造成生长不良或是在短期内大面积死亡，有时还会因缺水导致病虫害的感染。当然，水过多也不利于草坪的生长发育，因此，排水问题也应考虑在内。正确的灌溉方法和适当的灌溉时间是保证草坪生长、实现草坪建植目的的重要条件。

1. 灌溉

适当的灌溉可促进草坪植物的生长，提高茎叶的耐踏和耐磨性能，并能促进养分的分解和吸收。土壤的封冻期除外，其他时期都应该让草坪土壤保持湿润，尤其是保水性差的草坪。不同类型的草坪具有不同的灌溉时间，冷季型草坪主要灌水时间是 3～6 月份、8～11 月份，暖季型草坪是 4～5 月份、8～10 月份，苔草类主要是 3～5 月份、9～10 月份。一天中灌水的时间应在无风、湿度高和温度较低的夜间或清晨为宜，此时，灌溉的水分损失最少，而中午灌溉则会使草坪冠层湿度过大，易导致病害的发生。

灌溉的次数依据各类草坪的不同需水量而定。土壤保水性好的，只需每周一次，而保水性较差的沙土则应每周两次，每 3 天左右浇一次，对壤土和黏壤土，灌溉的基本原则是“一次浇透，干透再灌溉”。应当避免频繁和过量的灌溉，土壤过湿，易使草坪感染病害，降低抵抗力。

草坪的灌溉方法有漫灌和喷灌，漫灌极易造成局部水量不足或局部水分过多，甚至“跑水”，所以，常用的方法是喷灌（图 2-9）。现有的喷灌有移动式、固定式和半固定式三种。移动式喷灌不需要埋设管道，但要求喷灌区有天然水源（池塘、小溪、河流等），利用可移动的动力水泵和干管、支管进行灌溉，使用方便灵活。固定式喷灌有固定的泵站（自来水），干管和支管均埋于地下，喷头固定，操作方便、不妨碍地面活动、无碍观赏，但投资大，易被损坏。因此，最好临时安装喷头进行灌溉。半固定式喷灌其泵站和干管固定，支管可移动，适用范围广。

图 2-9　草坪的喷灌

2. 排水

草坪的排水问题应在兴造草坪的时候就开始，平整地面时，不应该有低凹处，以避免积水。理想的平坦草坪的表面是中部稍高，逐渐向四周或边缘倾斜。因此，草坪一般都是利用缓坡排水，主要是在一定面积内修一条缓坡地沟道（图 2-10），最低的一边设口接纳排出的地面水，使其从地下管道或其他接纳的河、湖排走。还有的草坪设计的排水设施是用暗管组成一个系统与自由水面或排水管网相连接。

图 2-10　草坪排水

二、草坪的施肥管理

对草坪的自身生长和长期美丽外观的维持而言，施肥是必不可少的。一般，草坪草需要的营养元素有氮、磷、钾、钙、镁、硫、铁等，只有充分合理地进行施肥，才能促使草坪生长良好、紧密均匀、根系发达、叶片浓绿和抵抗性强，才能展示优质的景观效果。

1. 施肥时间

草坪兴造开始时，土壤就应施入一定量的有机肥料做基肥，之后每年应追施 1～2 次肥。冷季型草坪每年施肥两次，时间为早春和早秋；暖季型草坪应在早春和仲夏进行，北方以春施为主，南方以秋施为主。春季施肥有利于加速草坪草的返青速度和增强夏季草坪的长势，秋季施肥有利于延长绿期，促进第二年生长新的分蘖枝和根茎。另外，还可根据草坪草的外观特征来确定施肥时间，如当草坪颜色褪绿变浅、暗淡、发黄发红、老叶枯死时，就应进行及时的施肥。

2. 施肥的原则

(1) 根据草坪草种类与需要量施肥　即按不同草坪草种、生长状况施肥，有的草坪草需氮较多，比如禾本科、莎草科、百合科等单子叶草种，则应以氮肥为主，配合施用磷钾肥。有的草坪植物根具有根瘤，有固氮能力，氮肥需要量相对少，而磷钾肥需要量相对多，比如豆科类。冷季型草坪一般春季轻施，夏季少施，秋季多肥。

(2) 根据土壤肥力合理施肥　一般黏重土壤前期多施用速效肥，但用量不能过多，沙性土壤应多施有机肥，应少施和勤施化肥。

(3) 肥料种类要合理搭配　不单独施用某一或两种营养元素，满足植物生长中需要的各种营养元素。

(4) 灌溉与施肥相结合　在干旱的地区，施肥要结合灌溉或降水，才能保证肥效的充分发挥，一般情况下每追 1 次肥相应灌水 1 次。

(5) 根据肥料的特性施肥。酸性肥料应施入碱性土壤中，碱性肥料应施入酸性土壤中，这样就可以充分发挥肥效和改良土壤。

3. 施肥方式

草坪的施肥方法主要是撒施、叶面喷肥和局部补肥。选择适当的施肥方法才能使肥料发挥最好的效用，有利于促进草坪的良好生长。

(1) 撒施　一般是用手撒或用机器撒，原则为撒匀，为了达到要求可以把总肥量分成 2 份，分别以互相垂直方向分 2 次分撒。切忌有大小肥块落于叶面或地面。避免叶面潮湿时撒肥，撒肥后必须及时灌水。

(2) 叶面喷肥　在整个生长期间都可用此法施肥，根据肥料种类不同，溶液浓度为 0.1%～0.3%，选用好的喷洒器，喷洒应均匀。一般小面积的草坪可人工喷洒，大面积的草坪可用机器固定喷洒（图 2-11）。

图 2-11　叶面喷肥

(3) 局部补肥　草坪中的某些局部长势会明显弱于周边，这时，应及时增施肥料，就叫补肥。补肥种类以氮肥和复合化肥为主，补肥量依草坪的生长情况而定，通过补肥，使衰弱的局部与整体的生长势达到一致。

4. 施肥产生肥害及补救措施

科学的施肥能够提高草坪的品质，能够促使草坪返青提前，绿期延长，品质提高。然而，施入过量的化肥或未充分腐熟的有机肥，会导致肥害的产生，如不及时补救，会对草坪产生极大的危害。

当施入无机肥过量时，会造成土壤溶液浓度过高，使作物对养分和水分的吸收受阻，造成生理干旱，根系吸水困难。一般肥害的症状为：叶片出现水状斑，细胞失水死亡后留下枯死斑点，叶肉组织崩坏，叶绿素解体，叶脉间出现点、块状黑褐色伤斑，并发生烂根、根部变褐、叶片变黄等现象。如果将未充分腐熟的鸡粪、猪粪、人粪尿等施入田间，会分解释放出有机酸和热量，根系由于受到高酸、高温的影响，容易引起植株失水萎蔫。

当草坪发生肥害而不及时补救时，1～2 周后草坪逐渐死亡。因此，在施肥时必须注意严格掌握好浓度，切不可超过规定而任意加大。一旦出现肥害，应立即采取相应措施。如果是土壤浓度过高引起的，可立即浇一次水，进行缓解，使其逐渐恢复生机。如果是根外追肥时浓度过高引起的，浇水后需追喷一次 600～800 倍的 PA-101 溶液，再结合浇一次小水，即可缓解。若草坪因喷农药或生长抑制剂过多，而出现生长异常现象时，也可喷洒 600～800 倍的 PA-101 溶液进行解救。

三、草坪的修剪、除草

草坪的修剪是所有草坪养护管理中最基本又最重要的，如果不修剪，草坪草徒长，枯草层增厚，病虫害滋生，就很难保持致密的草皮，并且缺少弹性，草坪退化加快。要使其保持整洁美丽的外观，充分发挥其所有功能，则必须有相对多的定期修剪（图 2-12）。

图 2-12　草坪的修剪

1. 修剪时间及频率

就全年而论，草坪修剪的时间一般都在 4～11 月。因为春季是草坪根系生长量最大的季节，进行过度修剪，会减少营养物质的合成，从而阻止草坪根系纵向和横向的发育。春季贴地面修剪会形成稀而浅的根系，这必将减弱草坪草在整个生长期的生长。所以，无论是冷季型草还是暖季型草，都不需多次修剪。

修剪的时间、次数都应该按照不同草生长状况的不同而定。对于修剪的次数而言，修剪高度对其有很大影响。一般情况下要求修剪得越低，修剪次数就越多；要求修剪得越高，修剪次数就会相应地越少。不同用途草坪草的修剪频率及次数见表 2-2。

2. 修剪的高度

留茬高度是指修剪之后测得的地面上枝条的高度。一般草坪的留茬高度为 3～4cm，足球场的草坪留茬高度为 2～4cm，耐阴草坪的留茬高度可能会更低些。修剪高度范围是由草种的特性决定的，剪去的部分应小于叶片原本高度的 1/3。通常草坪草长到 6cm 时就应修剪，如果超过这个限度，将导致草坪直立生长，而无法形成致密的草坪。每一草种都有一定的修剪高度范围，不同草种的草坪草适宜的留茬高度见表 2-3。

表 2-2 不同用途草坪草的修剪频率及次数

利用地	草坪草种类	修剪频率/(次/月)			年修剪次数
		4～6月	7～8月	9～11月	
庭园	细叶结缕草	2～3	1	5～6	15～20
	剪股颖	2～3	4～5	2～3	15～20
公园	细叶结缕草	1	2～3	1	10～15
	剪股颖	2～3	4～5	2～3	20～30
竞技场、校园	细叶结缕草、狗牙根	2～3	4～5	1～3	20～30
高尔夫球座	细叶结缕草	4～5	8～9	4～5	30～50
高尔夫球穴	细叶结缕草	13～14	18～20	13～14	70～90
	剪股颖	18～20	13～14	18～20	100～150

表 2-3 不同草种的草坪草适宜的留茬高度

种类	留茬高度/cm	种类	留茬高度/cm
细弱剪股颖	1.3～2.5	匍匐剪股颖	0.5～1.5
普通狗牙根	1.3～3.8	细叶草茅	3.8～6.4
草地早熟禾	3.8～6.4	结缕草	1.3～5.0
多年生黑麦草	3.8～6.4	野牛草	1.8～5.0
假俭草	2.5～5.0	高羊茅	3.8～7.6

草坪草的修剪高度是有限度的，否则会产生不良效应。修剪过低时，草坪草的茎部受伤害，大量的生长茎叶被剪除，使草丧失了再生能力；而且大量茎叶被剪除，植物的光合作用受到限制，草坪处于亏供状态，导致根系减少，贮存养分耗尽，草坪衰退，产生草坪“秃斑”。

草坪修剪过高，将产生一种蓬乱、极不整洁的感觉，同时芜枝层密度增加，嫩苗枯萎，顶端弯曲，叶质粗糙，使草坪的密度大大下降。

3. 修剪方式

同一草坪应使用不同的方式修剪，防止它在同一地点、同一方向的多次重复修剪，否则很可能造成该处的草坪长势弱，使草叶定向生长。采用“之”字形修剪法是草坪修剪中常用的方法，即在一定面积的草坪上来回修剪。这样，草的茎叶的倾斜方向不同，对光线的反射方向发生变化，在视觉上产生明暗相间的条纹状，增加草坪的美学外观。

剪草机类型的选择也能影响草坪的修剪质量。通常，剪草机分为两种，一种是旋刀式剪草机，另一种是滚筒式剪草机。要选择最佳的剪草机往往应考虑到草坪品质、留茬高度、草坪草类型及品质、刀刃设备、修剪宽度及配套动力等因素，实则就是选用经济实用的机型。滚筒式剪草机，滚轴旋转时叶片被卷进锋利的刀床并被剪断，它可以将草剪割得十分干净，是高质量草坪最适用的机型，但其价格和保养标准都很高。因此最流行的还是旋刀式剪草机。但是旋刀式剪草机的剪割不是十分整齐、干净，故多用于低保养草坪的修剪。

当然，修剪后，留在草坪上的草屑应将其清除，否则不仅影响美观，而且还容易滋生病菌。但是如果较少时就不需要清理，因为它们落到地表会增加土壤肥力。

4. 防除杂草

我国常见的单子叶一年生草坪杂草有狗尾草、马唐、画眉草、虎尾草等，多年生杂草有香附子、冰草、白茅等，双子叶一年生草坪杂草有灰菜、苋菜、龙菜、马齿苋、蒺藜、鸡眼草、萹蓄等，二年生草坪杂草有萎陵菜、夏至草、附地菜、臭蒿、独行菜等，多年生草坪杂草有苦菜、田旋花、蒲公英、车前草等。杂草与草坪争水、争肥、争光照，不但危害草坪草的生长，同时还会使草坪的品质、艺术价值或功能显著退化，尤其是在公园中，杂草将大大地影响草坪的外观形象。所以，必须及时防除杂草。

人工除草是草坪除草常用的方式，比较灵活，不受时间与天气的限制，用手拔草既能将杂草拔除，又不影响草坪的美观。对于大型草坪，定期的修剪也能抑制杂草的生长，减弱杂草的生存竞争能力，以达到防除杂草的目的。

还有一种方式就是化学除草。有专门防除杂草的化学除草剂，如2,4-D类，二甲四氯类化学药剂 750～1125mL/km^2 能杀死双子叶植物，而对单子叶植物很安全。用量 0.2～1.0mL/m^2。还有有机砷除草剂、甲砷钠等药剂，可防除1年生杂草。使用化学除草剂，应在杂草正处于旺盛的状态时，最好气温是 18～29℃时，效果会相对较好。此外，还应注意用药量及安全。

四、草坪的更新复壮

1. 草坪退化的主要原因

(1) 自然原因　一般来说，引起草坪退化，使其进入更新改造时期的自然因素有以下几种：

① 草坪的使用年限已达到草坪草的生长极限，草坪就已进入更新改造时期。

② 由于建筑物、高大乔木或致密灌木的遮阴，使部分区域的草坪因得不到充足阳光而难以生存。

③ 病虫害侵入造成秃斑。

④ 土壤板结或草皮致密，致使草坪长势衰弱。

(2) 建坪及管理因素

① 盲目引种造成草坪草不能安全越夏、越冬，选用的草种习性与使用功能不一致，致使草坪生长不良。

② 没有经过改良的坪床，不能给草坪草的生长发育提供良好的水、肥、气、热等土壤条件。

③ 坪床处理不规范（包括坡度过大、地面不平、精细不一）造成雨水冲刷、凹陷。

④ 播种不均匀，造成稀疏或秃斑。

⑤ 不正确地使用除草剂、杀菌、灭虫剂，以及不合理地施肥、排灌、刈割造成的伤害。

(3) 人为因素

① 过度使用的运动场区域，如发球区和球门附近，常因过度践踏而破坏了草坪的一致性。

② 在恶劣气候下进行运动，对草坪造成破坏。

③ 草坪边缘被严重践踏。

④ 粗暴的破坏行为。

2. 草坪更新复壮的方法

更新复壮是保证草坪持久不衰的一项重要的护理工作，作为养护管理工作者，当发现草坪已退化时，可采取以下几种措施进行更新：

(1) 带状更新法　对具有匍匐茎分节生根的草，如野牛草、结缕草、狗牙根等，长到一定年限后，草根密集老化，蔓延能力退化，可每隔 50cm 挖走 50cm 宽的一条，增施泥炭土或堆肥泥土，重新垫平空条土地，过一两年就可长满，然后再挖走留下的 50cm，这样循环往复，4 年就可全面更新一次。若草坪退化的主要原因是土壤酸度或碱度过大，则应施入石灰或硫黄粉，以改变土壤的 pH 值。石灰用量以调整到适于草坪生长的范围为度，一般是每平方米施 0.1kg（图 2-13）。

图 2-13　带状施肥更新法

(2) 断根更新法　针对由于过度践踏而造成土壤板结，引起的草坪退化，我们可以定期在建成的草坪上，用打孔机将草坪地面扎成许多洞孔（图 2-14）。孔的深度约 10cm，洞孔内施入肥料，促进新根生长。另外，也可用齿长为三四厘米的钉筒滚压，也能起到疏松土壤、切断老根的作用，然后在草坪上撒施肥土，促其萌发新芽，达到更新复壮的目的。

图 2-14　打孔施肥

针对一些枯草层较厚、土壤板结、草坪草稀密不均、生长期较长的地块，可采取旋耕断根栽培措施。方法是用旋耕机普旋一遍，然后浇水施肥，既达到了切断老根的效果，又能使草坪草分生出许多新苗。

(3) 铺植草皮法　对于轻微的枯秃或局部杂草侵占，将杂草除掉后及时进行异地采苗补植。移植草皮前要修剪，补植后要踩实，使草皮与土壤结合紧密。如果退化草坪处于地形变化大或土壤难以改造的地块时，应采用铺设草块的方法来恢复（图 2-15）。

图 2-15 铺设草块法

具体铺设时应注意：铲除受损草坪；挖松或回填土壤，施入肥料，尤其是过磷酸钙；草皮铺设，高出健康坪面 6mm 左右，铺设间距 1cm 左右；用堆肥、沙土各 50%的混合物填入草坪间隙；铺设后确保 2～3 周内草坪不干，通常 3 天后，草坪卷长出新根，故第一周内保持土壤湿润最为重要；较大地块应适当进行镇压。

（4）一次更新法 如草坪退化枯秃达 80%以上，可采取补播法或用匍匐茎无性繁殖法。播种前，应把裸露地面的草株沿斑块边缘切取下来，垫入肥沃土壤，厚度要稍高于周围的草坪土层，然后平整地面；播种时，所播草种需与原来草种一致，并对种子进行处理；植草后浇透水，等晾干用磙子压实地面，使其平整。对修复的草坪应精心养护，使之早日与周围草坪的颜色一致。

第四节 草坪的病虫害防治与杂草的防除

草坪草在其生活过程中，遭到有害的生物或非生物或不良环境因素的侵袭，使之在生理上、组织上、形态上表现出不正常的变化，这种现象就称为草坪病害。随着草坪业的迅速发展，病害逐渐成为影响草坪质量、降低草坪利用价值和缩短使用年限的重要因素之一，轻则限制某个草种或品种的成功建植与推广，重则成片死亡，难以利用，浪费大量的人力、物力。草坪草病害的发生应该是 3 种因素共同作用的结果，即草坪草本身的抵抗能力、引发寄主发病的病原体和适宜病原体发病的环境条件（包括人类的生产和社会活动），3 种因素中的任何一个都缺一不可。因此，草坪草病害的预防和防治就主要从这三方面着手，即增加草坪草的抗病性、控制病原体的活动和改变适于病原体生长的环境条件，通过独立的或相互配合的方法，都可以有效地控制病害。

一、草坪病害的防治

1. 草坪病害发生的原因与分类

草坪病害是指草坪草在受到病原生物的侵染或不良环境的作用时，发生一系列生理生化、组织结构和外部形态的变化，其正常的生理功能偏离到不能或难以调节复原的程度，生长发育受阻甚至死亡，最终破坏景观效果并造成经济损失的现象。

与其他的伤害或者虫害有所不同，草坪病害并不是在瞬间突然形成的，它有一个病理变化的过程；另外，草坪病害的概念是建立在经济观点上的，有的草坪尽管受到了各种因素的影响而发生了病理变化，但是在经济上并没有损失，反而增加了人们的经济效益，因此不能包括在草坪病害的范畴内，也不需要进行防治。

（1）草坪病害发生的原因　草坪病害是草坪草、病原在环境条件（包括生物环境、非生物环境和人的活动）的影响下相互斗争的结果，因此感病寄主、病原、环境条件是草坪病害发生的基本因素。对于生长健壮的草坪来说，如果环境条件改变很可能会导致病害的发生，因此，应该说，环境条件的变化是病害发生的主要因素。如：床土板结、排水不良；草坪温度过高；草坪表面空气流通状态的恶化；不适当的修建；不适当的肥料的施用；床土酸碱性的强烈变化等都将影响草坪草的生长发育状况，从而导致病害的发生。

（2）草坪病害的分类　草坪病害从不同的角度可进行不同的分类，从病原的性质可分为侵染性病害和非侵染性病害，是草坪病害的一种主要的分类方式。侵染性病害是由生物因素引起的，又称传染性病害。侵染性病害又可根据病原生物的种类分为真菌病害、细菌病害、病毒病害等。非侵染性病害是由非生物因素引起的，又称非传染性病害或生理性病害。也可以按病害的传播途径分，可分为气流、雨水、土壤、种苗、昆虫传播等病害。按草坪草的生长发育阶段又可以分为苗期病害、成株期病害等。下面就非侵染性病害和侵染性病害的发生原因和症状作以具体的区分，以便为病害的预防和控制提供一定的标准。

① 非侵染性病害。不适的环境条件，是非侵染性病害的病原，其中营养不适包括各种大量元素及微量元素的过多或不足，而气候不适包括温度的冷暖不适，温度的过高或过低，光照过强、过弱、过长或过短，而土壤的酸碱度、含盐量及水分含量也是影响非侵染性病害的重要因子，其次由栽培管理措施之中的施肥、修剪、农药以及一些环境污染而带来的有毒物质等都是引起草坪草生病的原因。

非侵染性病害是由上述原因引起的，因而没有病症，但它的症状与病毒病、类病毒病、类菌原体很相似，只不过非侵染性病害是非传染的，且发病一致、集中。

② 侵染性病害。侵染性病害是由各类病原物引起的，有真菌、细菌、病毒、线虫等，一旦草坪某处发生此类病害，它具有较强的传染性，可以迅速地向周围蔓延。

各类病原物能从活的有机体之中得到营养物质，即为寄生，它有3种寄生类型：

a. 活体寄生，如锈菌、白粉菌等只能从活的组织中得到养分；

b. 半活体寄生，即病原物不但可以从活的组织中吸取营养，也可在组织死之后继续生存和繁殖；

c. 杀主寄生，即先杀死寄主细胞，然后在死去的细胞和组织内腐生生活，像丝核菌。

（3）病原物的致病性和草坪草的抗病性

① 病原物的致病性。病原物侵入寄主后，不但产生酶、毒素、生长调节剂等物质，还吸收寄主的养分，从而对寄主的生理活动和组织结构产生干扰和破坏，因此具有致病性。致病性是病原物对寄主植物的破坏能力，病原物除了从寄主植物中吸取营养物质和水分，从而影响寄主的生理活动外，还产生酶、毒素、生长调节剂等物质。

细胞壁由纤维素、半纤维素、果胶质、碳水化合物、蛋白质等成分组成，许多病原物都有降解这些物质的酶，像果胶酶、纤维素酶、蛋白酶、木质素酶等，这些酶可以使病原物直接侵入寄主。

毒素是病原物产生的除酶和生长调节素外，在低浓度下即能诱发草坪草病害的有毒物质，不同种类的毒素对寄主影响不同，那些只对病原物原来的寄主起作用的称为寄主专化毒素，如果它还对其他的不是寄主植物也有毒害作用的称为非寄主专化毒素。

生长调节剂的异常可由病原物入侵引起，也可由病原物自身产生，它可造成寄主植物的徒长、矮缩等畸形症状。

但是，致病性和寄生性不一定一致，有时寄生性强的活体寄生，其破坏性弱，致病性也弱，而有时寄生性弱的杀主寄生，其致病性却很强。病原物的致病性有一定的稳定性，但是也可能通过病原物的有性杂交、异核现象、准性重组、突变等产生新的致病类型。

② 草坪草的抗病性。当然，草坪草对于病害也有一定的抗性，特别是发育健壮、生长良好、管理措施到位的草坪。抗病性是指草坪草抵抗病原物侵染危害的一种特性，如果在适宜发病的环境条件下，草坪草却不发病或无可见症状，就表示草坪草已经具有免疫能力。而如果发病症状轻微，病原物被局限在很小范围内不能扩展，就表示草坪草抵抗病原物所产生的抗害，而如果发病症状严重就称为感病。

草坪草的抗病性有其自身固有的结构抗性，如角质层、茸毛、木栓质、叶片硅质程度及气孔的多少、大小、开闭时间等，它们能够影响和限制病原物的入侵；还有其自身固有的化学抗性，如草坪草表面及组织内的化学物质——酚类、葡聚糖酶、单丁等抑制或破坏了病原物的入侵；另外，有些病原物入侵也能够诱发结构抗性，像乳突、侵填体、组织木栓化、凝胶等，当然，有些病原物入侵也可诱发化学抗性。

(4) 草坪病害的流行　草坪病害的流行是指从病原物接触侵入到下一轮开始发生，经历病原物与草坪草的相互接触到病原物侵入到病原物在寄主体内发生发展直到寄主发病的过程。其中病原物的侵入可以是直接侵入的，也可以是从自然孔口（气孔、水孔等）、伤口等侵入的，可见草坪病害流行需要经过病原物渡过不良的外界环境条件阶段，再到健康小草上，再从发病点到新的发病点，最后又渡过不良的外界环境条件等3个阶段。其中渡过不良的外界环境条件的方法有：

① 带有病原物的繁殖材料。

② 病株或其残体。

③ 土壤或土壤中的病残体中潜存。

④ 病原物混入沤肥、堆肥等有机肥中。

(5) 草坪病害的病原　引起草坪草非侵染性病害的病原是非生物因素。引起草坪草侵染性病害的病原是生物因素，包括真菌、细菌、线虫、病毒、植原体等。

① 非侵染性病害的病原。草坪草须在一定的环境条件下生长发育，如果环境条件中的非生物因素对草坪草的作用超过了草坪草的忍受极限，草坪草就发生病害。当然，不同的草坪草品种和不同强度的草坪管理措施对这些非生物因素的要求标准是不一样的。这些非生物因素包括：

a. 营养不适。草坪草的生长发育需要各种大量元素和微量元素，如氮、磷、钾、镁、钙、硫、硼、锰、锌、铜、铁、钼等。无论任何元素过多或不足或受土壤酸碱度影响不利于吸收，都会引起草坪草缺素症或某种元素过多症。像缺钾症，草叶发红，老叶衰退，整株草生长缓慢，严重时草坪草就会死亡；像多氮症，草色浓绿，茎秆粗大，节间变长，从而导致草坪草的抗性减弱。

b. 温度不适。温度对草坪草体内的一切生理活动都有影响，草坪草的不同生长发育阶段也都需要不同的温度范围，过高或者过低都不利于草坪草生长。当然，短时间的温度极限可能只会暂时阻碍草坪草的生长发育，但如果长时间的温度极限就会使草坪草受到伤害，甚至造成草坪草死亡。

c. 水分不适。水分是草坪草生长不可缺少的因素，水分过多会导致土中缺氧，从而会损害根系的呼吸作用，使草坪草变色、枯萎、烂根，甚至死亡，但如果水分不足，草坪草叶片会黄化、枯萎，甚至干死。

d. 光照不适。光照不足，会导致草坪草黄化，而光照过强，草坪草颜色会发红，尤其是在温度高、水分不足时会更加严重，此时，草坪草叶片会在短时间内由正常的草绿色变为灰色，叶片也会发生卷曲，此时如不及时浇水，则会很快变为发白的枯草色。

e. 有毒物质。环境污染带来的有毒物质存在于空气中或土壤中。另外，化肥、农药及其他化学药物的不当施用，也会引起草坪草中毒。

② 侵染性病害的病原。

a. 草坪草病原真菌。真菌种类多，分布广，结构上有细胞核，无叶绿素，一般都能进行无性繁殖和有性繁殖，产生孢子，营养体多是丝状分枝结构，常常吸收营养。真菌大部分腐生，少数寄生在植物上引起病害，成为病原真菌。真菌有各种各样的形态特征，有进行营养生长的营养体和由营养体生长发育到一定阶段形成的繁殖体。

进行营养生长的菌体——营养体，多为丝状体，也被称为菌丝体，也有极少数是单细胞或原生质团。一些真菌菌丝分化形成吸器、假根、附着枝等，菌丝一般是由孢子萌发产生的芽发展而来的，可以生长延伸，而且还产生很多分枝，形成交结的菌丝体。寄生真菌菌丝从寄主细胞吸收养分和水分，并且每一小段断裂的菌丝可以继续生长。

真菌的菌丝交织形成疏松的菌组织——疏丝组织，或紧密的菌组织——拟薄壁组织，由这两种菌组织形成菌核、菌索和子座等菌组织体。菌核是营养贮藏结构，又是繁殖结构，是渡过不良环境的休眠体，条件适宜时菌核萌发产生菌丝或子实体，一般不直接产生孢子，典型的菌核内层为疏丝组织，外层是拟薄壁组织，表层细胞壁厚，颜色深。菌索是菌丝平行排列组成的索状物，在不良条件下呈休眠状态，条件适宜则恢复生长，菌索外层是拟薄壁组织，内层是疏丝组织的髓部，顶端是生长点，与高等植物的根相似。子座，一般为垫状，由菌丝密集而成，紧密附着在基物上，一般不休眠，或休眠后发育，子座成熟后，其上或其内形成产生孢子的结构。

真菌在经过营养阶段后进入繁殖阶段，即从营养体上产生繁殖体，繁殖体是指各种类型的孢子，无性繁殖是直接从营养体上产生孢子，由营养体裂殖、芽殖、断裂方式繁殖或由子实体产生孢子等产生菌丝片断、节孢子、厚垣孢子、芽孢子、游动孢子、孢囊孢子、分生孢子等无性孢子，条件适宜时无性孢子可重复产生多次，但无性孢子在不利环境条件下易失去生活力。有性繁殖指两个性细胞的结合而产生孢子，其过程有质配、核配和减数分裂，从而产生一个新的个体。有性孢子包括两种：一种是两性细胞结合后，有双倍体核的有性孢子，像卵孢子、接合孢子；另一种是双倍体核减数分裂后最初形成的孢子，如子囊孢子、担子孢子等。卵孢子是异型配子囊交配受精形成的厚壁休眠孢子。接合孢子是同型配子囊接触之间细胞壁溶解内容物融合之后，发育而成的一个厚壁休眠孢子。子囊孢子是异型配子囊或同型配子囊接触配合，减数分裂，在子囊内形成 8 个子囊孢子。但孢子是由性别不同的双核菌丝并膨大成担子，两性细胞核在担子内结合并减数分裂形成菌丝结合成 4 个外生担子孢子。真菌生活史：是指真菌从一个孢子开始，经过萌发，生长发育，最后又产生同一种孢子的过程。典型的真菌生活史是真菌营养生长长到一定时期就开始无性繁殖，可重复多次产生无性孢子，在真菌生长的后期进行有性繁殖，产生一次有性孢子。

b. 草坪草病原细菌。草坪草病原细菌是原核生物，单细胞，不含叶绿素，很小，杆状，结构较简单，由细胞壁、细胞质膜、细胞质、核质组成，大多数有鞭毛，能游动，一般不产生芽孢。细菌没有营养体与繁殖体的分化，细菌生长到一定时期时开始裂殖，且细菌的繁殖速度很快。

植物病原细菌适宜生长在 26～30℃的温度范围内，达到或者超过 50℃以上多会死亡，在 0～5℃的范围内则处于休眠状态。植物病原细菌基本上是好氧的，也有兼性厌氧的，适于中性或微碱性条件，生长所需的营养物质有碳、氮、生长素、矿质元素等，通过酶作用实现物质和能量的转化，这是一种生物化学过程。不同细菌有不同生化特征，也具有不同的酶，对营养物质的需求也不同。植物病原细菌可人工培养，在固体平面培养基表面培养，出现肉眼可见的细菌集团叫菌落，在固体斜面培养基表面上画直线接种培养出菌苔，还可以在液体培养基中生长。在马铃薯上培养，薯块变软，菌苔出现，还可以进行革兰氏染色反应，根据不同的生化反应鉴别不同的细菌。草坪草染上细菌病后，草坪草组织坏死、萎蔫、畸形，并且发病部位有脓状物，特别是在潮湿气候下脓状物更明显。

c. 草坪草病原病毒。草坪草病原病毒是不具备细胞形态的生物，是一种核酸蛋白体，所含核酸只有一种，具有传染性，带有病毒的遗传信息，病毒的核酸、蛋白质分别在寄主体内形成。绝大多数病毒无完整的酶系统，必须依靠活的寄主细胞才能进行一系列的新陈代谢、和复制活动，在活体外无生命特征。病毒增殖就是核酸复制。核酸有两种，就是核糖核酸和脱氧核糖核酸。蛋白质构成核酸外壳，保护核酸。

草坪草病毒具有传染性，主要是通过直接接触草坪草伤口或摩擦出微伤等非介质传播，还有的可以通过蚜虫等所依附的生物体传播的介体传播来完成病毒的传播。病毒有 3 种物理属性，即失毒温度、稀释限点和体外保毒期。失毒温度是指将有病毒的植物汁液放在不同温度中处理 10min，能使病毒失去致病力的最低温度。稀释限点是指将有病毒的植物汁液用灭菌水稀释至仍有致病力的最大倍数。体外保毒期则是指将有病毒的植物汁液离体放在室温下能保持致病力的最长时间。不同的细菌以上几种属性表现不同。

草坪草染上病毒病后，没有病症，只有病状，即出现变色（花叶褪绿）、组织坏死、畸形（矮化、卷叶、曲顶、瘤突等）。

d. 草坪草病原线虫。草坪草病原线虫是不分节的透明线形体。有些种的雌虫梨形或柠檬形。线虫虫体分头部、颈部、腹部、尾部等 4 个部分。头部位于虫体前端，包括唇、口腔、口针和侧器等，颈部是从口针基部球到肠管前端的一段体躯，包括食道、神经环和排泄孔。腹部是从后食道球到肛门间的一段体躯，包括肠和生殖器官等。尾部是从肛门到虫体末端的部分，包括尾腺、侧尾腺、肛门等，线虫缺乏呼吸系统，其功能由体液完成。

草坪线虫生活史简单，少数线虫孤雌生殖，绝大多数线虫在经过两性交配后雌虫排出成熟卵，卵多在土壤中，也有的存在于植物体内，卵孵化为幼虫，再蜕 3～4 次皮后成为成虫。线虫完成一代所需时间不同，这与线虫种类和环境条件有很大关系。

草坪草线虫多数专性寄生，少数兼营腐生。对寄主，有的专一寄生一种寄主，而有的则可寄生多种寄主。草坪草的地上地下部位均可被线虫危害，根部被害后形成肿瘤状或过度分枝，根组织坏死或腐烂，根尖停止生长，地上部顶芽、花芽也就坏死，茎叶卷曲，组织坏死，形成叶瘿或种瘿，导致整株草发育缓慢，植株矮小，变色早衰，从而影响整块草坪的观赏效果。

草坪草发生病害后一般都有症状，根据症状看是否传染，是否有发病中心，是否全株或部分发病，是否是因环境因子或管理措施不当造成的，来判断是否侵染性病害或者非侵染性病害。如是非侵染性病害则要根据不同原因来合理改善施肥、浇水、修剪和改良土壤及空气流通等条件。如是侵染性病害，则需对症下药。当然，针对发病主体，草坪草品种不同，其都有不完全相同的病害。如多年生黑麦草草坪上常发生炭疽病、枯萎病、褐斑病、冠锈病等，而草地早熟禾草坪上则常发生夏枯病、粉霉病、茎锈病、黑粉病等。因此，在草坪草发生了病害后，不但要能认清草坪的病害，对症下药，还需要在草坪的日常栽培管理中，针对具体的一种或者几种草坪草品种的常见病害进行预防管理，断绝病害发生的外界条件，防患于未然。另外，对于从国外新引进的新品种草种，则必须深入了解其特性，掌握好可靠的数据，进行栽培管理。

2. 草坪病害的常见症状类型

症状是指草坪草生病后肉眼可见的不正常表现（或病态）。症状由病状和病症两部分组成。草坪草本身的不正常表现称为病状，发病部位病原物的表现称为病症。

草坪草生病后，草的本身都会出现一些不正常的表现，即为病状，但不一定有病症。

（1）病状　病状是病害病理过程的综合表现，对于每一种草坪病害都有其一定的稳定性和特异性，所以病状是病害诊断的重要依据。

常见的病害病状可归成5大类型，即变色、坏死、腐烂、萎蔫和畸形。

① 变色。病部发生颜色变化，但细胞并未死亡。变色又分均匀变色和不均匀变色，前者如褪绿、黄化、白化、红化、银叶等；后者如花叶、斑驳、明脉等。变色多发生在草坪草的叶片上。

② 坏死。发病部位的细胞和组织死亡，但仍保持原有细胞和组织的外形轮廓。最常见的是斑点（或称病斑），其形状、颜色、大小不同，一般具有明显的边缘。根据形状可分为圆斑、角斑、条斑、环斑，网斑、轮纹斑等，根据颜色可分为褐（赤）斑、铜色斑、灰斑、白斑等。坏死类病状是草坪草病害病状的主要类型之一。

③ 腐烂。指发病部位较大面积的死亡和细胞解体。植株各个部位都可发生腐烂，幼苗或多肉的组织更容易发生。如禾草芽腐、根腐、根颈腐和雪腐病等。

④ 萎蔫。各种原因如茎基坏死、根部腐烂或根的生理功能失调引起的草坪草萎蔫，匍匐剪股颖细菌性萎蔫等。

⑤ 畸形。整株或部分细胞组织生长过度或不足，表现为全株或部分器官呈不正常状态。如禾草线虫病可导致植株生长矮小、根短、毛根多、根上有小肿瘤等。

（2）病症　病症类型有：霉状物、粉状物、锈状物、点（粒）状物、线（丝）状物、溢脓等。

3. 草坪病害的识别及防治

草坪病害多种多样，根据植物体不同部位发生的病害也会不同。常见的病害主要有以下几种。

（1）根部和茎基部病害

① 褐斑病。广泛分布于世界各地，可以侵染所有草坪草，如草地早熟禾、高羊茅、多年生黑麦草、剪股颖、结缕草、野牛草、狗牙根等250余种禾草。以冷季型草坪草受害最重。

a. 病症表现。草坪褐斑病又叫立枯丝核病，是草坪上的主要病害之一。该病主要侵染草坪植株的叶鞘、茎，引起叶片和茎基的腐烂。一般根部不受害或受害很轻。在冷季型草坪中，高温高湿条件下最易感染该病。发病初期，染病叶片呈现水渍状，边缘呈红褐色，后期变成褐色，最后干枯、萎蔫。受害草坪有近圆形的褐色枯草斑块，条件适宜时，病情快速蔓延，枯草斑块可从几厘米迅速扩大到2m左右。由于枯草斑中心的瘸株比边缘病株恢复得快，因此枯草斑就出现中央呈绿色、边缘呈枯黄色的环状，形成“蛙眼”状，清晨有露水或高湿时，有“烟圈”。在病叶鞘、茎基部有初为白色、以后变成黑褐色的苗核形成，易脱落。另外，该病在冷凉的春季和秋季还可以引起黄斑症状（也称为冷季或冬季型褐斑）。褐斑病的症状随草种类型、不同品种组合、不同立地环境和养护管理水平、不同气象条件以及病原菌的不同株系等影响变化很大。

b. 发生规律。引起草坪褐斑病的病原是立枯丝核菌、禾谷丝核菌、水稻丝核菌和玉米丝核菌。不同的病原对不同的草坪种类和品种以及因草坪管理水平的差异表现不同的症状，因此，要根据不同的草坪种类和品种仔细观察。丝核菌以菌核或在草坪草残体上的菌丝形式渡过不良的环境条件，是土壤习居菌，主要以土壤传播。枯草层较厚的老草坪，菌源量大，发病重。建坪时填入垃圾土、生土，土质黏重，地面不平整，低洼潮湿，排水不良；田间郁蔽，小气候湿度高；偏施氮肥，植株旺长，组织柔嫩；冻害；灌水不当等因素都有利于病害的发生。全年都可发生，但以高温高湿多雨炎热的夏季危害最重。由于丝核菌是一种寄生能力较弱的菌，所以处于良好生长环境中的草坪草，只能发生轻微的侵染，不会造成严重的损害。只有当草坪草生长在高温条件且生长停止时，才有利于病菌的侵染及病害的发展。

褐斑病是一种流行性很强的病害，如果条件适宜，只要有几片叶片或几株植株受害，就会很快造成草坪大面积受害，因此一旦发病就要及时防治。在枯草层较厚的老草坪，病菌较多，发病较多较重。高温高湿，排水不良，过量施用氮肥，使植株徒长，组织幼嫩，都极易造成褐斑病的流行。

c. 防治方法。氮肥施得过多，草坪长势弱易受病菌侵害，所以要均衡施肥，增施磷钾肥，避免偏施氮肥。病菌喜欢酸性土壤，因此所用土质pH值应适中。加强草坪的透水性和通气性。修剪草坪后，要把带有病原菌的草屑去掉。

在发病初期，及时用敌菌灵、代森锰锌和百菌清进行防治，连续喷施3次，每隔7～10天喷施一次。

药剂防治：用三唑酮、三唑醇、五氯硝基苯等杀菌剂拌种，用量为种子重量的0.2%～0.3%。发病草坪春季及早喷洒12.5%烯唑醇超微可湿性粉剂2500倍液、25%丙环唑（敌力脱）乳油1000倍液、50%灭霉灵可湿性粉剂500～800倍液。

② 霍霉枯萎病（油斑病）。霍霉枯萎病又称油斑病、絮状疫病。是一种毁灭性病害。在全国各地普遍发生，是草坪上的重要病害。所有草坪草都会感染此病，其中冷季型草坪受害最重，如草地早熟禾、匍匐剪股颖、高羊茅、细叶羊茅、粗茎早熟禾、多年生黑麦草、意大利黑麦草和暖季型的狗牙根、红顶草等。

a. 病症表现。该病主要造成芽腐、苗腐，幼苗猝倒和整株腐烂死亡。尤其在高温高湿季节，对草坪的破坏虽大。常会使草坪突然出现直径2～5cm的圆形黄褐色枯草斑。清晨有露水时，病叶呈水浸状，暗绿色，变软、黏滑，连在一起，有油腻感，故得名为油斑病。当湿度很高时，尤其是在雨后的清晨或晚上，腐烂叶片成簇趴在地上且出现一层绒毛状的白色菌丝层，在枯草病区的外缘也能看到白色或紫灰色的菌丝体。

b. 发生规律。腐霉枯萎病是腐霉属真菌危害引起的病害。此菌能在冷湿环境中侵染危害，也能在天气炎热潮湿时猖獗流行。当高温高湿时，它能在一夜之间毁坏大面积的草皮。

主要有两个发病高峰阶段：一个是在苗期，尤其是秋播的苗期（8月20日至9月上旬左右）；另一个是在高温高湿的夏季，后者对草坪的危害最大。夏季当白天最高温30℃以上，夜间最低温20℃以上，空气相对湿度高于90%，且持续14h以上，腐霉枯萎病就可以大发生。在高氮肥下生长茂盛稠密的草坪最敏感，受害尤重；碱性土壤比酸性土壤发病重。

c. 防治方法。建立良好的立地条件。给草坪营建良好的立地条件，使之能健壮生长，是防止腐霉病的关键。建植前的土壤要深耕过筛，清除石块等杂质，对过黏或沙性过大的土壤要改良，使之有20～30cm的优质土壤，而且质地要一致，在施工中挖过管沟的地方，回填时应灌水润实，防止以后塌陷积水。床面整理应稍呈龟背形，使排水通畅。草坪面积过大，应设积水井埋管排水，以减少地表积水，保证草坪的健壮生长。

(a) 精心管护幼苗。腐霉菌的菌体种类繁多，几乎是无处不在，其中20余种腐霉菌体都能对草坪产生危害，特别是它能侵染草坪的各个部位，从种子到成株都可受害，染病的时间越早，其危害就越大。种子萌发时，如果感染此病，将出现胚芽发霉而不出苗，如果出苗后感染此病，会使幼苗猝倒。因此，主动及早预防十分必要。方法是在播种前用代森锰锌、恶霜锰锌（杀毒矾）、消菌灵或移栽灵600～800倍液喷施床面，消毒灭菌。也可将草坪种子浸泡一昼夜，晾干水分，在种子表皮稍湿时用代森锰锌0.5～1kg拌种子1kg，使种子包上一层薄薄的药粉，这对防止前期病害极为有利。小苗出土后10天至半个月要开始喷药防病。可用0.1%的多苗灵加0.05%的百菌清喷施。以后如果苗正常，则可少喷或不喷，如发现小苗叶尖发黄，则应隔一星期补喷一次。小苗出土后，应勤拔杂草，降低小苗的空气湿度，加强小苗的通风透光，减少染病机会。

(b) 采用混播方式建植草坪。冷季型各草种特性优劣不一。黑麦草色泽好，只要密度合适，草坪也较细腻，管理粗放，成坪快，唯一的缺点是特别容易感染腐霉菌。高羊茅的特性和黑麦草相近，但草质粗，抗腐霉枯萎病略强于黑麦草，也属于易感品种，而早熟禾对腐霉菌的抗性较强，草质好，但成坪慢，幼草期与杂草竞争的能力太弱。综合它们的优势，可以把早熟禾、黑麦草、高羊茅按一定比例进行混播，这样黑麦草和高羊茅先成坪，提高与杂草竞争的能力，成坪后适当低修剪控制黑麦草、高羊茅的生长，给早熟禾留出空间，使各品种的优势都能得到充分发挥。

(c) 加强草坪养护管理。合理灌水，要求土壤见干见湿。要灌透水，尽量减少灌水次数，降低草坪小气候相对湿度。灌水时间最好在清晨或午后，任何情况下都要避免傍晚和夜间灌水。及时清除枯草层，高温季节有露水时不修剪，以避免病菌传播。平衡施肥，避免施用过量氮肥，增施磷肥和有机肥。氯肥过多会造成徒长，因而加重腐霉枯萎病的病情。

(d) 预防为主。腐霉菌在6～9月份，只要空气湿度大就容易引发病害。不要等草坪出现病害才打药，而是细心观察气温及湿度的变化。此种病高温和高湿两种条件缺一不可。在草坪易染病的时期，应细心观察，草坪发病前地面上会出现6cm左右大小像蜘蛛网一样的菌丝，这时就应及时打药预防。最好是在下午5点以后，这时打药不易被风吹干，浸润时间长，灭菌效果好。所以在大雨后的晚上无论如何也应该打一遍药。打药一般两次就换一种，以免使病菌产生抗药性，影响药效。常用的药品有：三乙膦酸铝（乙膦铝）、甲霜灵、百菌清、三唑酮、甲霜灵锰锌、恶霜锰锌（杀毒矾）、灭霉灵等。

(e) 病后治疗。每天早晨露水未干时，染病植株上白色菌丝体很显眼，对白色菌丝体用药水喷洗病区，往往能限制病菌的扩散，下午再喷药预防。只要在整个高温高湿的早晨都对开始发病的地方喷药，就不会产生病害蔓延。同时将病后枯草进行手工修剪，加强病区的通风透光，能有效地阻止病菌感染根茎，使草能及时发出新芽。

③ 夏季斑枯病（夏季斑）。夏季斑枯病又称夏季斑或夏季环斑病，在1998年国内首次报道，是由Magnaporthe poae引起的一种严重的真菌性病害。可以侵染多种冷季型禾草，其中以草地早熟禾受害最严重，造成整株死亡，使草坪出现大小不等的斑秃，严重影响草坪景观。

a. 病症表现。夏季斑枯病是夏季高温高湿时发生在冷季型草坪草上的一种严重病害，尤其在生长较密的草地早熟禾草坪上。典型的夏季斑为圆形的枯草圈，直径太多不超过40cm，但最大时也可达80cm。在持续高温天气下（白天高温达28～35℃，夜温超过20℃），病情迅速发展，草坪多处呈现不规则形斑块，且多个病斑愈合成片，形成大面积的不规则形枯草区。受该病危害的植株根部、根冠部和根状茎呈黑褐色，后期维管束也变成褐色，外皮层腐烂，整株死亡。

b. 发生规律。病害主要发生在夏季高温季节中。当夏季持续高温（白天高温达28～35℃，夜温超过20℃），病害就会迅速发生。在人工控制的环境条件下，病菌在21～35℃温度范围内均可侵染，并在寄主根部定殖，从而抑制根部生长，病害发生的最适温度为28℃。随着炎热多雨天气的出现，或一段时间大量降雨或暴雨之后又遇高温的天气，病害开始明显显现并很快扩展蔓延，造成草坪出现大小不等的秃斑。这种病斑不断扩大的现象，可一直持续到初秋。

c. 防治方法

(a) 养护防治措施。由于夏季斑是一种根部病害，所以凡是能促进根生长的措施都可减轻病害的发生。避免低修剪（一般不低于5～6cm）；最好使用缓释氮肥；要深灌；尽可能减少灌溉次数。

(b) 抗病草种混播。选用抗病草种（品种）或将其混合种植。

(c) 化学防治。用三乙膦酸铝（乙膦铝）、代森锰锌、甲基硫菌灵（甲基托布津）等农药拌种，通常用药量为种子重量的0.2%～0.3%。有条件的单位可用溴甲烷、棉隆等熏蒸剂处理土壤。成坪草坪应于春末夏初5cm土层温度18～20℃时开始用药进行茎叶喷雾和灌根，可选用恶霜锰锌（杀毒矾）可湿性粉剂、绿享1号、代森锰锌、灭霉灵、甲基硫菌灵、三乙膦酸铝等，一般使用浓度为500～1000倍液，间隔15天左右，连续使用2～3次，药液量300mL/m^2左右，鑵根时药液量还可增加。

④ 镰刀菌枯萎病。镰刀菌枯萎病是由镰刀菌引起的一种重要的真菌病害。在全国各地草坪均有发生，可侵染多种草坪草，如早熟禾、羊茅、剪股颖等。主要引起根腐、茎基腐、叶斑和叶腐、穗腐和枯萎等综合征，也常危害幼苗，严重破坏草坪景观。

a. 病症表现。不同的观赏花卉受到镰刀菌侵染后所表现的症状是不同的，比如一二年生的草花、切花受到侵染后，其下部叶片首先会失绿发黄，有时植株一侧或个别叶片的一半受到侵染，则表现为一侧枝叶或叶片一半明显枯萎，且无光泽；接着症状向上扩展，上部植株叶片也开始萎蔫下垂，变褐；这时下部叶片则开始脱落，皱缩，最后全株黄化枯萎。植株刚表现出症状时，早晚正常，中午萎蔫，似缺水状。仔细观察植株基部茎干可以看到表皮变得粗糙，间或有裂缝，湿度大时可见白色霉状物，有时霉状物是粉红色的。对一些高档盆花，如蝴蝶兰、大花蕙兰、红掌等，感染镰刀菌之后，除了叶片黄化、红紫、脱落之外，在茎基部还能看到水浸状病斑，逐渐变成黑色，病斑干枯后使得植株茎基部缩缢。受镰刀菌感染的植株另一个明显特征是横切或纵切茎基部，均可见维管束有褐色或黑褐色的环变。镰刀菌引起的枯萎症状在夏季高温时发展最迅速、最严重。

b. 发生规律。镰刀菌枯萎病病原菌以菌丝体或厚垣孢子在土壤、栽培基质中或附着在种子上越冬，可营腐生生活。病株根或茎的腐烂处在潮湿环境中产生子实体，孢子借气流、雨水、灌溉水的泼溅传播，通过幼根和茎基部或扦插苗的伤口侵入为害。病菌有时可能寄存在维管束系统而无症状表现，有时进入维管束系统后能马上堵塞导管，并产出有毒物质，扩散开来且逐渐向上延展，导致病株叶片枯黄而死。

对寄主体内病菌扩展的研究表明，在症状出现以前，维管束内病菌扩展是比较缓慢的，但从得病植株上获取部分繁殖材料时，可能有隐藏的镰刀菌病原。因此，繁殖材料是镰刀菌枯萎病病害传播的重要来源，被污染的土壤或基质也是传播病害的来源之一。

镰刀菌枯萎病发病最适宜的温度为27～32℃，在20℃时病害发生趋向缓和，到15℃以下时则不再发病。大苗龄的观赏植物比小苗龄的容易发病。在春夏季节，若栽培基质温度较高，潮湿，换盆、移栽或中耕时根系伤害较多，植株生长势弱则发病重。栽培中氮肥施用过多，以及偏酸性的土壤，也有利于病菌的生长和侵染，并促进病害的发生和流行。华南地区枯萎病常于4～6月份发生，云南、四川、华东地区枯萎病则常发生于5～8月。

c. 防治方法。加强管理，增强土壤透气性，促进根系发育，增加植株抗病性；避免氮肥过量施入，多施磷肥和钾肥，减轻病害发生；合理灌溉、排水，使草坪保持一定湿度，不可过于干旱，以防枯萎病发生；及时清除病株并对周围土壤进行消毒。

发病初期，每隔7天左右在草坪上交替喷洒多苗灵、甲基硫菌灵（甲基托布津）、百菌清等药剂。发病后可在病株周围1～2m范围内用75%敌磺钠（敌克松）500倍液或10%双效灵200倍液灌注植株根部周围土壤。

应坚持“预防为主，综合防治”的方针。除采用农业检疫、抗病品种以及混播草坪等方法来抵抗病害外，还要尽最大能力做到合理灌溉、科学施肥、适度修剪等综合管理措施来预防病害发生或减轻病害危害程度，最大限度减少病害所造成的损失。

⑤ 币斑病。币斑病，又称钱斑病或圆斑病，币斑病发生在北美、欧洲、亚洲和澳洲等世界范围内的绝大多数草坪草上，是一种常见的病害，主要侵染早熟禾、巴哈雀稗、狗牙根、假俭草、细叶羊茅、细弱剪股颖、匍匐剪股颖、多年生黑麦草、草地早熟禾、匍茎羊茅、奥古斯丁草、普通剪股颖、结缕草等多种草坪草。尤其是对高尔夫球场草坪危害最严重。

a. 病症表现。币斑病的明显症状是形成圆形、凹陷、漂白色或稻草色的小斑块，斑块大小从5分硬币到1元硬币，因而得名为币斑病。病斑处的草要比其他地方的低，尤其是修剪到1.5cm高或更矮的草坪上。如在修剪很低的高尔夫球场果岭草坪时，出现的症状为：细小、环形、凹陷的斑块，斑块直径很少超过6cm。如果病情变得严重时，斑块可愈合成更大的不规则形状的枯草斑块或枯草区。家用草坪、绿地草坪和其他留茬较高的草坪上，可能出现不规则形的、褪绿的呈漂白色的枯草斑块，斑块2～15cm宽或更宽。愈合后的斑块可覆盖大面积的草坪。清晨当草株叶上片有露水存在而病原菌又处于活动状态时，观察新鲜的枯草斑，在发病的草坪上可以看到白色、棉絮状或蛛网状的菌丝体物质图。叶片变干后，这些菌丝体就消失。病原菌产生的气生菌丝可与腐霉属、黑孢属和丝核菌属的真菌的气生菌丝相混，应配合镜检加以区别。单株上典型病斑的特征，是初期在叶片上形成圆形、水渍状的褪绿斑点，病斑逐渐扩大并变成漂白色，病斑边缘环绕一圈黄褐色至红褐色的带。在匍匐剪股颖、草地早熟禾、细叶羊茅、结缕草和狗牙根上，病斑的外缘呈现红棕色带；而在早熟禾上不出现红棕色带。以后，病斑渐渐扩大而横穿整个叶片（叶片质地粗糙的草如黍属的草例外）。病斑往往呈沙漏形。叶尖枯死的症状也很常见。单片叶上有时只有一个病斑，有时有许多小的斑点，有时整个叶片枯萎。应特别注意，币斑病的叶部症状往往会与红丝病、铜斑病、褐块病和腐霉枯萎病的叶部症状相混淆。综上所述，典型币斑病症状：单株草坪草受害叶片，开始产生水浸状褪绿斑，最后变成白色病斑，病斑边缘棕褐色至红褐色，病斑可扩大延伸至整个叶片，病斑常呈漏斗状，从叶尖开始枯萎的也常见。单片叶可能只有一个病斑、许多小病斑或整个叶片枯萎；成坪草坪上出现凹陷，圆形、漂白色或稻草色的枯草斑，大小从5分到1元硬币。清晨有露水时，在病草坪上，可以看到白色、絮状或蜘蛛网状的菌丝，干燥时菌丝消失。

b. 发生规律。引发草坪草币斑病的因素很多。潮湿而高温的天气（尤其是白天温度高，夜间温度低）、较高的空气湿度和较低的土壤湿度，有利于币斑病的发生。土壤贫瘠、干旱胁迫、氮肥缺乏等也是币斑病发生的有利条件。频繁和过低的修剪也有利于币斑病的发生。

c. 防治方法。采用以下方法可防治币斑病的发生：采用混播草坪。虽然单播草坪和混播草坪均不能有效地抵抗币斑病，但是混播草坪的抗性有所增强；给草坪施加充足的氮肥；适当提高草坪草的修剪高度；适时施用多效唑和调嘧啶等生长调节剂可减轻币斑病的发病率；化学防治方面，可喷施三唑酮、丙环唑、甲基托布津、代森锰锌等杀菌剂。

⑥ 全蚀病。全蚀病是典型的草坪根部病害，以新建的匍匐剪股颖草坪受害最重，常造成根系、匍匐茎腐烂，变成深褐色至黑色，植株矮小、瘦弱、干枯死亡，影响草坪的寿命和使用价值。

a. 病症表现。全蚀病是一种根部病害，只侵染麦根和茎基部1～2节。苗期病株矮小，下部黄叶多，种子根和地中茎变成灰黑色，严重时造成麦苗连片枯死。拔节期冬麦病苗返青迟缓、分蘖少，病株根部大部分变黑，在茎基部及叶鞘内侧出现较明显灰黑色菌丝层。抽穗后田间病株成簇或点片状发生早枯白穗，病根变黑，易于拔起。在茎部表面及叶鞘内布满紧密交织的黑褐色菌丝层，呈“黑脚”状，后颜色加深呈黑膏药状，上密布黑褐色颗粒状子囊壳。该病与小麦其他根腐型病害的区别在于种子根和次生根变黑腐败，茎基部生有黑膏药状的菌丝体。

b. 发生规律。病原菌主要以腐生方式存在于枯草层中，并以菌丝体在草坪草的根部越冬或越夏。病原菌侵染的最适土温为12～18℃，但在6～8℃的低温下也能侵染，因此，在凉爽、湿润的春、秋季草坪草的茎基部和根系易发病，新建的匍匐剪股颖草坪上受害最重。多雨、灌溉、积水等使土壤表层有充足水分的环境有利于病菌侵染。过多施用石灰、土壤pH值较高、沙质土壤等易于发病。据报道，施用酸性肥料如硫酸铵、氯化钠等，全蚀病的发病率有下降的趋势。

c. 防治方法。(a) 选择抗病性强的草种或品种。对全蚀病的抗性由高至低分别为紫羊茅＞草地早熟禾＞多年生黑麦草＞一年生早熟禾＞剪股颖属草坪草。因此，在全蚀病高发地区，在草坪建植中，提倡采用不同草种混播建坪。(b) 加强养护管理。土壤中应保持适当的磷肥和钾肥。对于全蚀病高发区，可增施磷酸铵、氯化铵等酸性肥料。避免施用颗粒细小的石灰。(c) 化学防治。在全蚀病高发地区，草坪建植时可采用粉锈宁、立克秀等拌种或包衣。新建草坪首次修剪后可施用丙环唑预防全蚀病。发病初期，可用粉锈宁、立克秀、绘绿、甲基托布津或敌力脱等进行灌根、泼浇或喷施来控制病情。

(2) 茎叶部病害

① 锈病。锈病是草坪禾草上的一类重要病害，它分布广、危害重，几乎每种禾苗上都有一种或几种锈菌危害，是北方地区冷季型草坪的主要病害。一旦发生后，持续时间长，一般可从4、5月份一直延续到11月下旬。禾草感染锈病后叶绿素被破坏，光合作用降低，呼吸作用失调，蒸腾作用增强，大量失水，叶片变黄枯死，草坪稀疏、瘦弱，景观被破坏。

a. 病症表现。被锈病侵染的草坪，远看是黄色，初期为散生黄色小泡斑，表皮破裂露出鲜黄色粉状物，后期产生黑褐色小泡斑，露出黑褐色粉状物，严重时病斑紧密成层，叶片变黄、纵卷干枯，造成大片草坪枯黄，影响生长和观赏。

b. 发生规律。锈菌是严格的专性寄生菌，夏孢子离开寄主几乎不能存活。主要是以夏孢子世代不断侵染的方式在禾草或禾本科杂草上存活，完成周年循环。以菌丝体和夏孢子在禾草病部越冬。夏孢子可以远距离传播，在发病地区内夏孢子随气流、雨水飞溅、人畜机械携带等途径在草坪内和草坪间传播。夏孢子在适宜温度下，叶面必须在有水膜的条件下才能萌发，由气孔或直接穿透表皮侵入。适宜条件下，一般6～10天后显症，10～14天后产生夏孢子，继续再侵染。

c. 防治方法。(a) 选育使用抗病品种。由于锈病的病原种类很多，变化较大，必须不断进行抗锈病品种选育工作。(b) 加强科学的养护管理。不可过量施入氮肥，保持正常的磷、钾肥比例；合理浇水，避免草地湿度过大或过于干燥，要见干见湿，避免傍晚浇水。保证草坪通风透光，以便抑制锈菌的萌发和侵入。(c) 化学防治。防治锈病最好的办法是使用预防性杀菌剂。在发病初期，用20%的三唑酮乳油800倍液或75%的百菌清500倍液等杀菌剂进行防治。一般在草坪叶片保持干燥时喷药效果好。喷药次数主要根据药剂残效期长短而定，一般7～10天一次，要尽可能混合施用或交替使用，以免产生抗药性。

② 白粉病。白粉病在世界各地都有分布，为草坪禾草上常见的茎叶病害之一，尤以早熟禾、细羊茅和狗牙根发病最重，是早熟禾和羊茅属草上的重要病害。当感病草种种植在荫蔽或空气流通不畅的地方，遇到长期的低光照，发病就会很严重。该病主要降低光合效能，加大呼吸和蒸腾作用，造成植株矮小，生长不良，甚至死亡，严重影响草坪景观。

a. 病症表现。受害叶片上先出现1～2mm近圆形或椭圆形的褪绿斑点，以叶面较多，后逐渐扩大成近圆形、椭圆形的绒絮状霉斑。初白色，后污白色、灰褐色。霉层表面有白色粉状物，后期霉层中出现黄色、橙色或褐色颗粒。随病情发展，叶片变黄，早枯死亡，一般老叶较新叶发病严重。发病严重时，草坪呈灰白色，像撒了一层白粉，受震动会飘散，该病通常春秋季发生严重。草坪受到极度干旱胁迫时，白粉病为害加重。

b. 发生规律。该病是由白粉菌引起的真菌病害。病菌主要以菌丝体或闭囊壳在病株体内或病残体中越冬。翌春，越冬菌丝体产生分生孢子，越冬后成熟的闭囊壳释放子囊孢子，通过气流传播，在晚春或初夏对禾草形成初侵染。着落于感病植物上的分生孢子不断引起再侵染。

分生孢子只能存活4～5天，萌发时对温度要求严格，适温17～20℃，对湿度要求不严格。白粉菌侵入禾草后，寄生在寄主叶片的表皮层细胞，通过吸器从活细胞中吸收所需要的营养。子囊孢子的释放需要高湿条件，通常发生在夏秋季降雨之后。

环境温湿度与白粉病发生程度有密切关系，15～20℃为发病适温，25℃以上时病害发展受抑制。空气相对湿度较高有利于分生孢子萌发和侵入，但雨水太多又不利于其生成和传播。南方春季降雨较多，如在发病关键时期连续降雨，不利于白粉病发生和流行；但在北方地区，常年春季降雨较少，因而春季降雨量较多且分布均匀时，有利于白粉病的发生。水肥管理不当、荫蔽、通风不良等都是诱发病害发生的重要因素。

c. 防治方法。种植抗病草种和品种并合理布局。选用抗病草种和品种并混合种植是防治白粉病的重要措施。品种抗病性根据反应型鉴定：免疫品种不发病；高抗品种叶上仅产生枯死斑或者产生直径小于1mm的病斑，菌丝层稀薄；中抗品种病斑亦较小，产孢量较少。科学养护管理。控制合理的种植密度；适时修剪，在白粉病易发区，更应注意草的留茬高度；保证草坪冠层的通风透光，尤其要注意草坪周围观赏性灌木和树木的选择、修剪；减少氮肥增施磷钾肥；合理灌水，不要过湿过干。化学防治：发病初期喷施15%三唑酮（粉锈宁）可湿性粉剂1500～2000倍液、25%丙环唑（敌力脱）乳油2500～5000倍液、40%氟硅唑（福星）乳油8000～10000倍液。

③ 黑粉病。属于茎叶部病害，由黑粉病菌引起，是危害多种冷季型草坪草的重要病害。黑粉菌是一种高度寄生的专化性的病原物，主要危害草坪草的花序，因此对种子生产影响最大，甚至造成毁灭性的损失。条形黑粉病可侵染26属48种禾本科植物，其中剪股颖、黑麦草、早熟禾易感病，尤以草地早熟禾最易感病。秆黑粉病可在8个属的禾本科植物及小麦等作物上寄生。叶黑粉病主要寄生在早熟禾属、剪股颖属、羊茅属等植物上。

a. 病症表现。条形黑粉病和秆黑粉病症状基本相同，草坪植物常变得矮小，黄绿色条纹延着叶片长度发展，最后变为暗灰色，随着病害的发展，灰色条纹裂开，释放出黑色煤灰样的孢子堆，孢子堆沿着草叶的叶脉发展，最后叶子裂开呈丝带状。叶子从上向下开始卷曲，变成浅灰色，并死亡。当秆黑粉病很严重时，草坪就呈现为黄绿色和黑色。通过感病区，用手或白布将黑色煤藏样的孢子擦掉，将留下一些褪色条纹。叶黑粉病主要表现在叶片上，病叶背面有黑色椭圆形疱斑，即冬孢子堆，长度不超过2mm，疱斑周围褪绿，严重时，整个叶片褪绿变成近白色。

b. 发生规律。不同的黑粉病类型出现的时期不一样，春秋季节冷湿阶段出现的病害会随着天气的转暖而逐渐消失，而夏季或冬季草坪处于环境胁迫时发生的病害则对草坪草的伤害最为严重。总的来说，当土壤干燥、气温凉爽、施肥不当、草垫层过多时此病易发。黑粉病病菌能在土壤中累积和存活多年，因此，在比较老的草坪上的发病较重。病害由叶片侵入，通过空气、雨水、流水、机具、人畜等的接触传播蔓延。

c. 防治方法。种植抗病草种和品种，更新或混合种植改良型草地早熟禾品种能有效地控制病害。播种无病种子，使用无病草皮卷和无病无性繁殖材料。用0.1%～0.3%三唑酮、三唑醇、戊唑醇（立可秀）等药剂进行拌种。对于叶黑粉病，在发病期，用三唑类的如三唑酮（粉锈宁）等药剂喷雾。适期播种，避免深播，缩短出苗期。

④ 尾孢叶斑病。广泛分布于世界各地，主要危害狗牙根、钝叶草、剪股颖、羊茅等禾草。

a. 病症表现。发病初期，叶片及叶鞘上出现褐色至紫褐色、椭圆形或不规则形的病斑，病斑沿叶脉平行伸长，大小为1mm×4mm。病斑中央黄褐或灰白色，潮湿时有大量灰白色的霉层（即大量分生孢子）产生，严重时叶片枯黄甚至死亡，草坪稀疏。

b. 发生规律。该病是由半知菌（尾孢属）引起的一种真菌病害。病菌以分生孢子和休眠菌丝体在病叶及病残体上越冬。在生长季节，病菌只有在叶面湿润状态下才能萌发侵染。分生孢子借风雨传播，引起再侵染。

c. 防治方法。(a) 种植抗病品种。如钝叶草中有几个抗病品种，应注意选择使用。(b) 加强养护管理。浇水应在早晨，避免下午或者晚上，并且要深浇，尽量减少浇水次数；

合理施肥，减少氮肥，增施磷钾肥；当病害造成显著危害时，应稍微增施化肥。保持土壤具有良好的透气性。(c) 化学防治。发病初期，叶面喷洒15%三唑酮可湿性粉剂1000倍液、70%代森锰锌可湿性粉剂800倍液、70%甲基硫菌灵可湿性粉剂1500倍液、75%百菌清800倍液、47%春雷氧氯酮（加瑞农）可湿性粉剂600～800倍液，每隔7～10天1次，每次发病高峰期防治2～3次，可收到明显的效果。

⑤ 红丝病。广泛分布于各地潮湿冷温带地区，尤其在缺乏氮肥的草坪上红丝病发病特别猖獗。严重危害剪股颖、羊茅、黑燕麦草和早熟禾、狗牙根等属草坪草。

a. 病症表现。典型症状是草坪上出现环形或不规则形状、直径为5～50cm、红褐色的病草斑块。病草水浸状，迅速死亡。死叶弥散在健叶间，使病草斑呈斑驳状。病株叶片和叶鞘上生有红色的棉絮状的菌丝体（直径可达10mm）和红色丝状菌丝束（可以在叶尖的末端向外生长约10mm），清晨有露水或雨天呈胶质肉状，干燥后，变细成线状。仔细地检查单株病草可以发现红丝病只侵染叶子，而且叶的死亡是从叶尖开始向下发生的。红丝病在1年中的不同时间、不同地点均可发生，症状易多变，特别是当不产生红丝或红色棉絮状物时，诊断就很困难。

b. 发生规律。红丝最高存活温度为32℃，最低为－20℃，在干燥的条件下能保持活性达2年。病菌能够通过流水、机械、人畜等在一定范围内传播，还可由风远距离传播。病菌萌发需要叶片或叶鞘表面有一层湿润的水膜。因此，高湿、重露、少量的降雨及雾，及适宜的温度是病害流行的重要条件，可造成病菌大量侵染，使病害迅速扩展蔓延，两天之内就可造成草株死亡。另外，低温、干旱、肥力不足（特别是氮肥缺乏时）及其他病害或使用生长调节剂等引起草坪草生长迟缓的因素，都可促使红丝病严重发生。该病全年均可发生，但一般严重发病期不会超过几个月。

c. 防治方法。

(a) 保持土壤肥力充足，增施氮肥有益于减轻病害，但应避免过度。

(b) 土壤的pH值应保持在6.5～7.0。

(c) 及时浇水以防止草坪上出现干旱，应深浇，尽量减少浇水次数，浇水时间应在白天的早晨，特别避免傍晚浇水。

(d) 避免荫蔽，增加光照和空气流通。

(e) 适当修剪，并及时收集剪下的碎叶集中处理，以减少菌量。

(f) 种植抗病草种和品种。

(g) 发病初期可用代森锰锌、福美双等药剂喷雾，进行必要的化学防治。

(3) 其他草坪病害

① 春季死斑病。春季死斑病主要发生在狗牙根和杂交狗牙根上，主要造成狗牙根春季不能正常返青，草坪大片毁坏。

a. 病症表现。休眠的草坪草在春季返青时，草坪上出现圆形或弧形的褐色下陷的枯死斑块，直径从几十厘米到几米不等，淡黄色的枯斑随机地分布于草坪上，看似草坪草仍处于休眠状态一样。发病植株的根、根茎、匍匐茎呈黑褐色，已严重腐烂。即使在生长季，枯斑依然难以恢复，翌春在同一地方仍会出现枯斑并有扩大趋势。经2～3年后，斑块中的部分植株得到恢复，枯草斑呈现环带状，且多个斑块愈合在一起。

b. 发生规律。春季死斑病主要发生在春季，夏末秋初是病原菌最为活跃的时期，并开始侵染狗牙根的根、茎和叶。受到侵染的根由深褐色变为黑色，尽管在当年的秋季就开始发病，但直到翌春才出现草坪草叶片的发病症状。受到侵染的根系在冬季因低温干燥而濒于死亡，使草坪草的抗寒性减弱。冬季越寒冷、草坪草休眠期越长的地区，春季死斑病越严重。在低修剪，夏、秋季高水肥，土壤紧实的草坪上易发生该病。

c. 防治方法。

第一，选择抗病品种。不同的狗牙根品种对春季死斑病的抗性存在差异。普通狗牙根比杂交狗牙根对春季死斑病的抗性强。由于这种病害的危害程度随着冬天气温的降低而增强，因此耐寒性较强的狗牙根品种对该病具有抗性。

第二，加强养护管理。在草坪返青后，施入硫酸铵、氯化钾、氯化铵等则有助于狗牙根从春季死斑病中恢复并且能提高草坪的质量。此外，草坪管理中采用垂直刈割和铺沙等减少枯草层的管理措施能减少发病。

第三，化学防治。秋季施用苯菌灵能明显降低病情。另外，防治春季死斑病效果较好的杀菌剂主要有甲基托布津、绘绿和乐必耕等。

② 灰叶斑病。灰叶斑病是由半知菌亚门丝孢纲丝孢目梨孢霉属灰利孢引起的，主要危害钝叶草，也可严重危害狗牙根和多年生黑麦草。

a. 病症表现。病斑中部灰褐色，边缘紫褐色，周围或附近有黄色晕圈。发病严重时，病叶枯死。

b. 发生规律。主要发生在高温多雨的夏季，最适发病温度为25～30℃。受害叶、叶鞘和茎上首先出现细小的褐色斑点，斑点迅速增大，形成圆形、椭圆形的病斑。

c. 防治方法。避免偏施氮肥和傍晚或夜间灌溉草坪。适时修剪，及时清除枯草层，保持草坪通风透光。发病时及时喷施绘绿、甲基托布津、丙环唑、代森锰锌、百菌清等杀菌剂进行防治。

③ 铜斑病。铜斑病主要发生在高尔夫球场上，但分布范围并不广泛。病原菌为半知菌亚门丝孢纲瘤座孢目胶尾孢属高粱胶尾孢，主要危害剪股颖，特别是低修剪的绒毛剪股颖草坪。

a. 病症表现。发病草坪上出现分散的、近环形的斑块，颜色为鲜红色到红棕色，直径2～7cm。病株叶片上生有红色至褐色小斑，多个病斑使命使整个叶片枯死。天气潮湿时，病叶有菌丝体覆盖并产生很多橘红色的小点，清晨有露水时观察是胶质状的。

b. 发生规律。虽然病害在温度20～24℃下就可开始发生，但它通常是一种高温病害，因为发病盛期在26℃以上。病菌以菌核在病残体里越冬。条件适宜时，菌核萌发形成分生孢子座和分生孢子，萌发后侵染新叶。病菌通过风、流水、人畜、机械等传播，不断进行新的侵染发病。湿热的气候（菌丝生长最快），偏施氮肥，酸性土壤（pH值低于5.5）等都可造成病害的大发生。

c. 防治方法。

(a) 避免过量使用氮肥，适当增施磷钾肥。

(b) 改良土壤，使pH值维持在7.0或略高，有利减轻病害。

(c) 发病初期及时使用代森锰锌、多菌灵、甲基托布津等杀菌剂，可起到较好的防治效果。

④ 霜霉病。霜霉病别名黄丛病、黄色草坪病，是由鞭毛菌亚门卵菌纲霜霉目指疫霉属的大孢指疫霉引起的病害，主要危害草地早熟禾、粗茎早熟禾、细叶羊茅、高羊茅、多年生黑麦草、匍匐剪股颖、细弱剪股颖和绒毛剪股颖等草坪草。

a. 病症表现。此病从幼苗到收获各阶段均可发生，以成株受害较重。主要为害叶片，由基部向上部叶发展。发病初期在叶面形成浅黄色近圆形至多角形病斑，容易并发角斑病，空气潮湿时叶背产生霜状霉层，有时可蔓延到叶面。后期病斑枯死连片，呈黄褐色，严重时全部外叶枯黄死亡，类似黄萎病。

b. 发生规律。霜霉病菌为专性寄生菌，菠菜霜霉病菌只能侵染菠菜。病菌以卵孢子在病株残叶内或以菌丝在被害寄主和种子上越冬。翌春产生孢子囊，孢子囊成熟后借气流、雨水或田间操作传播，萌发时产生芽管或游动孢子，从寄主叶片的气孔或表皮细胞间隙侵入。在发病后期，霜霉病菌常在组织内产生卵孢子，随同病株残体在地上越冬，成为下一个生长季节的病菌初次侵染源。孢子囊的萌发适温为7～18℃。除温度外，高湿对病菌孢子囊的形成、萌发和侵入更为重要。在发病温度范围内，多雨多雾，空气潮湿或田间湿度高，种植过密，株行间通风透光差，均易诱发霜霉病。一般重茬地块、浇水量过大的棚室，该病发病重。

c. 防治方法。防治此病的关键在于加强土壤排水，通过打孔疏草等措施增强土壤通透性，不过量施氮肥，增施磷、钾肥。发现病株及时拔除。发病时，向草坪补充铁元素（硫酸亚铁）可在一定程度上掩盖病株的黄色。可使用霜霉威、乙膦铝、杀毒矾等药剂拌种或喷雾防治。

二、草坪虫害的防治

昆虫是生物中种类最多的类群，属动物界、节肢动物门、昆虫纲。昆虫由头、胸、腹三部分组成，具一对触角、两对翅、三对足。其外骨骼的主要成分为几丁质。昆虫的生长发育通过蜕变来完成。其变态过程分完全变态和渐变态（不完全变态）。完全变态经过卵、幼虫、蛹、成虫完成一代，渐变态则经过卵、若虫、成虫。完全变态昆虫的幼虫和成虫的形态完全不同。不完全变态昆虫的幼虫则同其成虫形态相似，体形比成虫小且无翅。昆虫的生活史的长短因种而异，可从几年一代到一年几代。同种昆虫因地理分布不同，其发生代数亦会有异。昆虫的口器分咀嚼式、刺吸式、虹吸式和舐吸式。口器可用来进行分类和鉴定，同时口器类型决定其取食方式和为害特点。多数昆虫可近或有限距离飞行，少数种类可长途迁飞。环境因子（如积温、气温、湿度和降雨）对昆虫的生长发育和活动以至危害的影响很大。

1. 草坪害虫的分类与生物学特性

（1）草坪害虫分类　草坪害虫种类较多，根据人类经济利益的需要，危害农业、林业、草业植物等的昆虫都为害虫。

昆虫属于节肢动物门的昆虫纲。主要特征是：体躯分为头、胸、腹3个体段；头部有口器、触角、复眼及单眼；胸部有三对足，一般还有两对翅；腹部包含大部分脏器，末端有外生殖器等。

按照生物学分类方法，草坪害虫主要分属于鞘翅目、鳞翅目、同翅目、半翅目、直翅目、双翅目和缨翅目，以及蛛形纲的蜱螨目等。

在实际应用当中，可以按照害虫的生活习性来分。

① 按照害虫的取食方式分。可分为咀嚼式口器（如蝗虫）和刺吸式口器（如蚜虫）害虫。

② 接害虫为害时的栖息场所分。可分为地下害虫（如蛴螬）与地上害虫（如叶蝉）。

③ 按照植物受害部位分。可分为根部害虫（如金针虫）、叶部害虫（如黏虫）及茎部害

虫（如麦秆蝇）。

(2) 草坪害虫的生物学特性

① 发育特点与生活史。昆虫的体躯表面有一层坚韧的壳，生物学上被称为外骨骼，它对虫体具有很好的保护作用，但由于它的坚韧性，限制了虫体的增长。因此，如果昆虫想要继续生长，必然会在发育过程当中出现蜕皮现象。在旧表皮蜕去，新表皮未形成之前，昆虫会有一个急速的生长过程，然后逐渐减慢，直到下次蜕皮前几乎停止生长。昆虫的这种生长是不均衡的，呈现周期性。

a. 孵化与孵化期。昆虫胚胎发育完成后，从卵壳内破壳而出，这个过程叫孵化。卵从母体产出到孵化为幼虫为止，这段时间成为卵期。在同一个世代中成虫所产的卵，从第一粒孵化开始到全部的卵都孵化完为止，所经过的时间叫孵化期。

b. 龄期。龄期是指幼虫相邻两次脱皮所经历的时间。刚孵化的幼虫到第一次脱皮止，称 1 龄幼虫；而后每脱 1 次皮，增加 1 龄，即称 2 龄、3 龄、4 龄，依此类推。

c. 化蛹与羽化。幼虫老熟后，最后 1 次脱皮，幼虫变成不吃不动状态，叫化蛹。幼虫从卵内孵化出至化蛹的这段时间，称为幼虫期。蛹经过生理变化，变为成虫。从化蛹时开始到羽化为成虫时为止，所经历的时间称为蛹期。成虫破蛹壳而出称羽化。成虫从羽化开始至死亡为止，这段时间叫成虫期。

昆虫一个新个体从离开母体发育到性成熟并产生后代为止的个体发育史称为一个世代。一种昆虫在一年内的发育史称为生活年史，通常简称为生活史。

② 生活习性。昆虫的生活习性是指昆虫的活动和行为，是种群的生物学特性，并非每种昆虫都具有。

a. 趋性。趋性是昆虫受外界某种物质连续刺激后产生的一种强迫性定向运动。趋向刺激源的称正趋性，避开刺激源的称负趋性。按刺激源的性质不同可分为趋光性、趋化性、趋温性等。趋性对昆虫的寻食、求偶、产卵及躲避不适环境等有利。人们可以利用这些习性来防治害虫，如黏虫、小地老虎的成虫具趋光性，可利用黑光灯进行诱杀。

b. 迁移性。昆虫在个体发育过程中，为了满足对食物和环境的需求，都有向周围扩散、蔓延的习性，如蚜虫；有的还能成群结队远距离地迁飞转移，如蝗虫、黏虫等。了解害虫迁飞规律，有助于人们掌握害虫消长动态，以便在其扩散前及时防治。

c. 假死性。有些昆虫遇到惊动后，立即收缩附肢，蜷缩一团坠地装死，称假死性，如金龟子成虫。这是昆虫逃避敌害的一种自卫反应，人们常利用这种习性来将其振落捕杀。

③ 为害方式。

a. 食叶性。口器多为咀嚼式，取食草坪草叶片、茎秆，造成缺刻、孔洞、切断等。如黏虫、草地螟、蛞蝓等。

b. 吸汁性。口器为刺吸式或锉吸式，吸食草坪草叶片及幼嫩茎秆内部的汁液，使得茎叶产生褪绿的斑点、条斑、扭曲、虫瘿，甚至因传播病毒病而致畸形、矮化，有时会出现煤污病。如蚜虫、叶蝉、蓟马等。

c. 钻蛀性。个体较小，其幼虫钻入茎秆或潜入叶片内部为害，造成草坪草“枯心”或“鬼画符”时，严重时草坪枯黄一片。如麦秆蝇等。

d. 食根性。主要生活在地下，为害根部或茎基部，造成草坪黄枯。如蝼蛄、蛴螬等。

2. 草坪害虫发生与环境的关系

构成昆虫生存环境条件总体的各种生态环境因素，按其性质可以分为两大类。一类是非生物因素，即气候因素，或称为无机因素，主要有温度、湿度、降水、光、风等。另一类是生物因素，即有机因素，主要包括昆虫的食物和天敌。所谓土壤因素则是既包括非生物因素（如土壤温度、湿度、理化性质等）、又包括生物因素（如土壤微生物、动物、植物）的综合因素。人为因素则主要是指人类在生产实践活动中对昆虫所产生的影响。

(1) 气候因素　气候因素主要包括温度、湿度和降雨、光照、气流（风）、气压等。这些因素在自然界中常相互影响并共同作用于昆虫。气候因素可直接影响昆虫的生长、发育、繁殖、存活、分布、行为和种群数量动态等，也能通过对昆虫的寄主（食物）、天敌等的作用而间接影响昆虫。

① 温度。昆虫是变温动物，体温随环境温度的变化而变化。昆虫新陈代谢的速率在很大程度上受环境温度所支配。温度对昆虫的生长发育、成活、繁殖、分布、活动及寿命等许多方面都有重要的影响。一种昆虫完成一定的发育阶段（1个虫期或1个世代），所需的总热量是一个常数。所以在一定温度范围内，温度越高，昆虫发育的速率越快。反之，不适宜的温度则使昆虫生长变慢，甚至死亡。

② 湿度。加速或延缓昆虫生长发育，影响其繁殖与活动。

③ 光照。光对昆虫的作用包括太阳光的辐射热、光的波长、光照强度与光周期的影响。

昆虫可以从太阳的辐射热中直接吸收热能。植物通过光合作用制造养分，供给植食性昆虫食物，昆虫也可从太阳辐射热中，间接获得能量。在一个昼夜的节律中，昆虫有白天活动的（如蝶类、蜂类）、夜间活动的（如蛾类）以及黄昏和黎明活动的（如蚊子）类群，光的这种昼夜交替在一年中的变化节律对昆虫的年生活史、迁移等都有重要的影响。一些昆虫对一定波长的光具有趋向性。

④ 风。风影响昆虫的迁移、扩散活动。如草地螟等具有迁飞特性的昆虫往往会受风的影响。

(2) 生物因素　生物因素主要包括食物与天敌两大类，对昆虫的生长发育、繁殖、存活、行为等关系密切，制约着昆虫种群的数量动态。

① 食物。一方面，昆虫对寄主植物是有选择性的，不同种类的昆虫，其取食范围的大小有所不同，可以是几种、十几种，甚至上百种，但最喜食的植物种类却不多。吃最喜食植物时，昆虫发育速度快、死亡率低、繁殖力强。另一方面，植物并不是完全被动地被取食，在长期演化过程中，产生了多方面的抗虫特性，如不选择性、抗生性和耐害性等。

② 天敌。天敌包括昆虫病原微生物、食虫昆虫和食虫鸟类等其他动物。病原微生物包括病毒、细菌、真菌、线虫和原生动物等。目前，苏云金杆菌、斜纹夜蛾多角体病毒等已有许多微生物制剂被工厂化生产，并广泛应用于害虫防治之中。食虫昆虫的种类也很多，如捕食性瓢虫、草蛉和寄生性赤眼蜂等都可规模生产，广泛用于防治害虫。蜘蛛、食虫鸟类和一些家禽都是捕食害虫的能手。

(3) 土壤因素　土壤是昆虫的重要生活环境，许多昆虫终生生活在其中，大量地上生活的昆虫也有个别虫期生存在土壤中，如黏虫、斜纹夜蛾等昆虫的蛹期。土壤对昆虫的影响主要在它的物理和化学特性两个方面。土壤温湿度的变化、通风状况、水分及有机质含量等不同，对昆虫的适生性影响各异，如蛴螬喜欢黏重、有机质多的土壤，蝼蛄则喜欢沙质疏松的土壤。也有些昆虫对土壤的酸碱度及含盐量有一定的选择性。

3. 草坪害虫的综合防治

防止害虫的根本目的是调控害虫的种群数量，将其种群数量控制在经济允许的受害水平以下。基本原理概括起来便是“以综合治理为核心，实现对草坪虫害的可持续控制。”

草坪虫害防治的基本方法归纳起来有：植物检疫、栽培防治、物理机械防治、生物防治、化学防治。

（1）植物检疫　植物检疫是国家通过颁布有关条例和法令，对植物及其产品，特别是种子等繁殖材料进行管理和控制，防止危险性病虫杂草的传播蔓延。主要任务有：禁止危险性病虫杂草随着植物及其产品由国外输入和由国内输出；将国内局部地区已发生的危险性病虫杂草封锁在一定的范围内，不让其传播到尚未发生的地区；当危险性病虫杂草传入新区时，采取紧急措施，就地肃清。因而植物检疫是病虫草害防治的第一道防线，是预防性措施。目前我国绝大部分冷季型草种是从国外调入的，传入危险性害虫的风险很大，因而必须加强草种检疫。草坪草的检疫性害虫有谷斑皮蠹、白缘象、日本金龟子、黑森瘿蚊等。

（2）栽培防治

① 选用抗虫草种、品种，如多年生黑麦草品种为近来培育的抗虫新品种。选用抗虫品种从长远观点看，其优点是使害虫的危害大大降低，减少了杀虫剂的使用。随着我国转基因技术的不断发展，大批的抗虫草坪草品种将会不断问世。

② 利用带有内生真菌的草坪草种和品种。内生真菌主要寄生在羊茅属和黑麦草属植物体内，可产生对植食性害虫有毒性的生物碱，这些生物碱主要分布在茎、叶、种子内，带内生真菌的草坪草对食叶害虫有抗性，但对地下害虫效果较差。

③ 适地适草。应根据当地的生态特点选择最适草种（品种），否则草坪草生长不良，抗逆性差，也容易受到害虫的侵袭。

（3）物理机械防治　物理机械防治是利用害虫对光和化学物质的趋向性及温度等来防治害虫。如用黑光灯诱杀某些夜蛾和金龟子；用糖醋液诱杀地老虎和黏虫的成虫；用高温或低温杀灭种子携带的害虫等。在一定条件下，人工捕捉害虫也是一种有效的措施。如捡拾金龟子、蛴螬、地老虎、金针虫和蝼蛄等。

（4）生物防治　生物防治是应用有益生物及其产物防治害虫的方法。如保护和释放天敌昆虫，利用昆虫激素和性信息素，利用病原微生物及其产物防治害虫，以及用植物杀虫物质防治害虫等。生物防治的优点是不污染环境，对人、畜安全，能收到较长期的防治效果。但也有明显的局限性，目前用于草坪害虫的实例不多。国内正在开展用“生物农药”防治害虫的工作，已取得显著效果。

（5）化学防治　化学防治是化学药剂防治害虫的主要方法。该法具有高效、快速、经济和使用方便等优点，是目前防治害虫的主要方法。尤其在害虫发生的紧急时刻，往往是唯一有效的灭杀措施。但其突出的缺点是容易杀伤天敌、污染环境、使害虫产生抗药性和引起人、畜中毒等。因此，要尽量限制和减少化学农药的用量及使用范围，做到科学、合理地用药。

要想使该法更加简便、安全、有效、经济，须注意以下几点。

① 选择合适的农药类型。首先要准确诊断草坪害虫的种类，选择符合环保要求的高效、低毒、低残留农药，要坚持对症下药，防止误诊而错下农药，贻误防治适期。在防治时最好选用矿物性药剂、特异性农药及高教低毒低残留农药，这样既可以防治害虫，又能保护天敌，维持生态平衡。

② 选择适宜的剂型与使用方法。为了提高药效，减少污染，可选择微乳剂、固体乳油、悬浮乳油、可流动粉剂、微胶囊剂等农药剂型以及低量喷雾技术、静电喷雾技术、循环喷雾

技术、药辊涂抹技术、热雾技术、温控电热蒸发器、风送喷雾技术等农药实用新技术。

③ 选择适宜的施药时间。要根据草坪害虫的实际发生情况，力求在害虫的卵孵化盛期、低龄虫期等防治适期用药。

④ 掌握适宜的施药浓度。用药量的大小是防治害虫的关键，一般药剂浓度越高，杀死害虫的效果越好，但过高的浓度不仅易产生药害，而且容易增加害虫的抗药性，造成恶性循环；用药太少，又不能达到理想的防治效果。因此用药浓度应综合考虑安全、经济、高效等几个方面，既对草坪草无药害，防治效果还要好。

⑤ 控制施药次数，掌握合理的施药间隔期。施药次数过多是目前普遍存在的问题，既增加了成本，又造成害虫抗药性的增加。但若施药次数太少，又不能达到应有的防效。由于一般药剂有效期在7～10天左右，因此，每次施药间隔期至少为7～10天。害虫发生较轻时，可延长用药间隔期或不用药。

⑥ 采用正确的施药方法。根据农药性能及对草坪的敏感性来确定，如内吸性杀虫剂喷雾于叶面残留期短，做土壤处理或根茎处理残留期则长。根据农药的剂型确定相应的施药方法，如水剂、乳油、可湿性粉剂一般适于喷雾；粉剂、颗粒剂则宜于拌种或撒施。不能长期使用一种农药类型，否则易产生抗药性，因而应当轮换、复配、混用农药，延缓害虫抗药性的增加。

4. 草坪常见害虫及其防治

(1) 食叶害虫　食叶害虫是指用咀嚼式口器为害草坪茎叶等地上部分器官的一类害虫，主要包括黏虫、斜纹夜蛾、草地螟、蝗虫、软体动物等，咬食草坪草茎叶，造成残缺，严重时形成大面积的“光秃”。

① 黏虫。黏虫又称剃枝虫、行军虫，俗称五彩虫、麦蚕，属鳞翅目夜蛾科。是一种以为害粮食作物和牧草为主的多食性、迁移性、暴发性大害虫。我国除西北局部地区外，其他各地均有分布。大发生时可把作物叶片食光，而在暴发年份，幼虫成群结队迁移时，几乎所有绿色作物被掠食一空，造成大面积减产或绝收。

a. 形态特征。成虫体长15～17mm，体灰褐至暗褐色；触角丝状；前翅灰褐或黄褐色，环形斑与肾形斑均为黄色，在肾形斑下方有1个小白点，其两侧各有1个小黑点；后翅基部淡褐色并向端部逐渐加深。老熟幼虫体长35mm左右，体色变化很大，密度小时，4龄以上幼虫多呈淡黄褐至黄绿色不等，密度大时，多为灰黑至黑色。头黄褐至红褐色。有暗色网纹，沿蜕裂线有黑褐色纵纹，似“八”字形，有5条明显背线。

b. 发生规律。一年发生多代，从东北的2～3代至华南的7～8代，并有随季风进行长距离南北迁飞的习性。成虫有较强的趋化性和趋光性。幼虫共6龄，1～2龄幼虫白天潜藏在植物心叶及叶鞘中，高龄幼虫白天潜伏于表土层或植物茎基处，夜间出来取食植物叶片等。有假死性，虫口密度大时可群集迁移为害。黏虫喜欢较凉爽、潮湿、郁闭的环境，高温干旱对其不利。

黏虫1～2龄幼虫只吃植物叶肉，叶片呈现半透明的小斑点，3～4龄时，把叶片咬成缺刻，5～6龄的暴食期可把叶片吃光，虫口密度大时可把整块草地吃光。

c. 防治方法。清除草坪周围杂草或于清晨在草丛中捕杀幼虫。从黏虫成虫羽化初期开始，用糖醋液或黑光灯或枯草把可大面积诱杀成虫或诱卵灭卵。

初孵幼虫期及时喷药，喷洒25%喹硫磷（爱卡士）乳油800～1200倍液、40.7%毒死蜱（乐斯本）乳油1000～2000倍液、30%伏杀硫磷乳油2000～3000倍液、20%哒嗪硫磷乳油 500～1000 倍液、50%辛硫磷乳油 1000 倍液，或用每克菌粉含 100 亿活孢子的杀螟杆菌菌粉或青虫菌菌粉 2000～3000 倍液喷雾。

黏虫天敌有蛙类、鸟类、蝙蝠、蜘蛛、线虫，螨类、捕食性昆虫、寄生性昆虫、寄生菌和病毒等多种。其中步甲可捕食大量黏虫幼虫，黏虫寄蝇对一代黏虫寄生率较高。黏虫黑卵蜂对卵寄生率较高，在有些地区黏虫卵索线虫对黏虫幼虫寄生率很高，麻雀、蝙蝠可捕食大量黏虫成虫，瓢虫、食蚜虻和草蛉等可捕食低龄幼虫，各地可根据当地情况注意保护利用。

② 斜纹夜蛾。斜纹夜蛾又名莲纹夜蛾、斜纹夜盗，属鳞翅目夜蛾科。在国内各地都有发生，主要为害区在长江流域及黄河流域，东北地区为害较轻。它是一种杂食性害虫，主要以幼虫为害全株，初孵幼虫群集在叶背啃食。只留上表皮和叶脉，被害叶好像纱窗一样。3 龄后分散为害叶片、嫩茎，老龄幼虫可蛀食果实。其食性既杂又为害各器官，老龄时形成暴食，是一种危害性很大的害虫。

a. 形态特征。成虫体长 14～20mm，翅展 35～46mm，体暗褐色，胸部背面有白色毛丛，前翅灰褐色，前翅基部有白线数条，内外横线间从前缘伸向后缘有 3 条灰白色斜纹，雄蛾这 3 条斜纹不明显，为 1 条阔带。后翅白色半透明。卵扁平的半球状，直径约 0.5mm，表面有纵横脊纹，初产黄白色，后变为暗灰色，块状黏合在一起，上覆黄白色绒毛。幼虫体长 33～50mm，头部黑褐色，胸部多变，从土黄色到黑绿色都有，背线及亚背线橘黄色，中胸至第 9 腹节在亚背线上各有半月形或三角形 2 个黑斑。蛹长 15～20mm，圆筒形，红褐色，腹部末端有一对短刺。

b. 发生规律。每年发生 4～8 代，南北不一。大部分地区以蛹，少数地区以幼虫在土中越冬，也有在杂草间越冬的。成虫白天潜伏在叶背或土缝等阴暗处，夜间出来活动，有强烈的趋光性和趋化性。每只雌蛾能产卵 3～5 块，每块约有卵位 100～200 个，卵多产在叶背的叶脉分叉处，经 5～6 天就能孵出幼虫，初孵时聚集叶背。2 龄末期吐丝下垂，随风转移扩散。4 龄以后和成虫一样，白天躲在叶下土表处或土缝里，傍晚后爬到植株上取食叶片。5～6龄为暴食阶段。6～7 月阴湿多雨，常会暴发成灾，长江流域一带 6 月中、下旬和 7 月中旬草坪受害最重。幼虫有群集迁移的习性。

c. 防治方法。

(a) 诱杀成虫。利用成虫的趋光性和趋化性，用黑光灯、糖醋液、杨树枝以及甘薯、豆饼发酵液诱杀成虫，糖醋液中可加少许敌百虫或敌敌畏。清洁草坪，加强田间管理，同时结合日常管理采摘卵块，消灭幼虫。

(b) 药剂防治。喷药宜在暴食期以前并在午后或傍晚幼虫出来活动后进行。可供选择的药剂有：40.7%毒死蜱（乐斯本）乳油 1000～2000 倍液、30%伏杀硫磷乳油 2000～3000 倍液、20%哒嗪硫磷乳油 500～1000 倍液、50%辛硫磷乳油 1000 倍液，或用每克菌粉含 100 亿活孢子的杀螟杆菌菌粉或青虫菌菌粉 2000～3000 倍液喷雾。

③ 草地螟。别名黄绿条螟、甜菜网螟、网锥额蚜螟，属鳞翅目螟蛾科。分布在吉林、内蒙古、黑龙江、宁夏、甘肃、青海、河北、山西、陕西、江苏等省。食性广，可为害多种草坪草，初孵幼虫取食幼叶的叶肉，残留表皮，并经常在植株上结网躲藏，3 龄后食量大增，可将叶片吃成缺刻或仅留叶脉，使叶片呈网状。草地螟是一种间歇性暴发成灾的害虫，对草坪的侵害极大。

a. 形态特征。成虫体较细长，8～12mm，翅展 24～26mm，全体灰褐色；前翅灰褐色至暗褐色斑，中央稍近前缘有 1 个近似长方形的淡黄色或淡褐色斑，翅外缘黄白色并有 1 串淡黄色小点组成的条纹；后翅灰色或黄褐色，近翅基部较淡，沿外缘有两条黑色平行的波纹。卵椭圆形，乳白色，有光泽，分散或2～12粒覆瓦状排列成卵块。老熟幼虫体长19～25mm，头黑色有白斑，胸、腹部黄绿或暗绿色，有明显的纵行暗色条纹；周身有毛瘤，刚毛基部黑色，外围有2个同心黄色环。

b. 发生规律。一年发生2～4代。成虫昼伏夜出，趋光性很强，有群集远距离迁飞的习性。卵散产于叶背主脉两侧，常3～4粒在一起，以距地面2～8cm的茎叶上最多。幼虫发生期在6～9月份，幼虫活泼，性暴烈，稍被触动即可跳跃，幼虫共5龄，高龄幼虫有群集迁移习性。幼虫最适发育温度为25～30℃，高温多雨年份有利于发生。以老熟幼虫在土内吐丝作茧越冬。翌春5月化蛹及羽化。

c. 防治方法。

(a) 人工防治。利用成虫白天不远飞的习性，用拉网法捕捉。

(b) 药剂防治。用30%伏杀硫磷乳油2000～3000倍液、20%哒嗪硫磷乳油500～1000倍液、50%辛硫磷乳油1000倍液，或用每克菌粉含100亿活孢子的杀螟杆菌菌粉或青虫菌粉2000～3000倍液喷雾。

④ 蝗虫。蝗虫属直翅目，蝗总科。为害草坪的蝗虫种类较多，主要有土蝗、稻蝗、菱蝗、中华蚱蜢、短额负蝗、东亚飞蝗等。蝗虫食性很广，可取食多种植物，但较嗜好禾本科和莎草科植物，喜食草坪禾草，成虫和若虫（蝗蝻）蚕食叶片和嫩茎，大发生时可将寄主吃成光秆或全部吃光。

东亚飞蝗分布在中国北起河北、山西、陕西，南至福建、广东、海南、广西、云南，东达沿海各省，西至四川、甘肃南部。为害小麦、玉米、高粱、粟、水稻等多种禾本科植物及花卉植物，也可为害棉花、大豆、蔬菜等。成虫、若虫咬食植物的叶片和茎，大发生时成群迁飞，把成片的植株吃成光秆。中国史籍中的蝗灾主要是东亚飞蝗，先后发生过800多次。

短额负蝗又名小尖头蚂蚱，各省均有分布。可为害大部分草坪草。成虫、若虫咬食植物的叶片和茎，大发生时成群迁飞。

a. 形态特征。见表2-4。

表2-4 东亚飞蝗和短额负蝗形态特征比较

虫态	东亚飞蝗	短额负蝗
成虫	雄成虫体长33～48mm，有群居型、散居型和中间型三种类型，体灰黄褐色（群居型）或头、胸、后足带绿色（散居色）。头顶圆。颜面平直，触角丝状，前胸背板中线发达，沿中线两侧有黑色带纹。前翅淡褐色，有暗色斑点，翅长超过后足股节2倍以上（群居型）或不到2倍（散居型）	体长21～32mm，体色多变，从淡绿色到褐色和浅黄色都有，并杂有黑色小斑。头部锥形，前翅绿色，后翅基部红色，末端部绿色长圆筒形，端部钝圆，长4.5～5.0mm
卵	卵粒长筒形，长4.5～6.5mm，黄色	圆柱形而略弯曲
若虫	第5龄蝗体长26～40mm，触角22～23节，翅节长达第4、第5腹节，群居型体长红褐色，散居型体色较浅，绿色植物多的地方多为绿色	若虫体淡绿色，带有白色斑点。触角末节膨大，色较其他节要深。复眼黄色。前、中足有紫红色斑点

b. 发生规律。蝗虫一般每年发生1～2代，绝大多数以卵块在土中越冬。一般冬暖或雪多情况下，地温较高，有利于蝗卵越冬。4～5月份温度偏高，卵发育速度快，孵化早。秋季气温高，有利于成虫繁殖危害。多雨年份、土壤湿度过大，蝗卵和幼蝗死亡率高。干旱年份，在管理粗放的草坪上，有利于蝗虫的发生。

蝗虫天敌较多，主要有鸟类、蛙类、益虫、螨类和病原微生物。

c. 防治方法。

(a) 药剂喷洒。发生量较多时可采用药剂喷洒防治，常用的药剂有 3.5％甲敌粉剂(甲基对硫黄＋敌百虫)、4％敌马粉剂（敌百虫＋马拉硫磷）喷粉，30kg/hm^2；25％喹硫磷（爱卡士）乳油 800～1200 倍液、40.7％毒死蜱（乐斯本）乳油 1000～2000 倍液、30％伏杀硫磷乳油 2000～3000 倍液、20％伏杀硫磷乳油 2000～3000 倍液、20％哒嗪硫磷乳油 500～1000 倍液喷雾。毒饵防治。用麦麸 100 份＋水 100 份＋40％氧化乐果乳油 0.15 份，混合拌匀，22.5kg/hm^2。也可用鲜草 100 份切碎加水 30 份拌入 40％氧化乐果乳油 0.15 份，112.5kg/hm^2。随配随撒，不能过夜。阴雨、大风、温度过高或过低时不宜使用。

(b) 人工捕杀。

(2) 吸汁害虫　吸汁害虫是指用刺吸式口器（也有少数其他的类型）危害草坪草茎叶的一类害虫，主要包括盲蝽、叶蝉、蚜虫、飞虱、螨类等，其吸取茎叶的汁液，使得叶片表面出现大量失绿斑点，严重时草坪枯黄，有时会发生煤污病。

① 蚜虫。蚜虫又称“蜜虫子”、“腻虫”。属同翅目蚜总科。为害草坪草的主要种类有麦长管蚜、麦二叉蚜、禾谷缢管蚜等。这三种蚜虫在我国各地都有分布。

a. 形态特征。体微小而柔软。

b. 发生规律。1 年可发生 10 余代至 20 代以上。在生活过程中可出现卵、若蚜、无翅成蚜和有翅成蚜等。在生长季节，以孤雌胎生进行繁殖。每年的春季与秋季可出现蚜量高峰。以成蚜与若蚜群集于植物叶片上刺吸危害，严重时导致生长停滞，植株发黄、枯萎。蚜虫排出的蜜露，会引发煤污病，污染植株，并招来蚂蚁，造成进一步危害。

c. 防治方法。(a) 人工防治。冬灌对蚜虫越冬不利，能大量杀死蚜虫；有翅蚜大量出现时及时喷灌可抑制蚜虫发生、繁殖及迁飞扩散；趁有翅蚜尚未出现时，将无翅蚜碾压而死，减轻受害。(b) 药剂防治。喷洒 10％吡虫啉可湿性粉剂 3000～4000 倍液、50％辟蚜雾可湿性粉剂 3000～4000 倍液、25％喹硫磷（爱卡士）乳油 800～1200 倍液、40.7％毒死啤（乐斯本）乳油 1000～2000 倍液、30％伏杀硫磷乳油 2000～3000 倍液、20％哒嗪硫磷乳油 500～1000 倍液。(c) 生物防治。利用瓢虫、草蛉、食蚜蝇、蚜茧蜂、蚜小蜂等控制蚜虫。

② 盲蝽。盲蝽属半翅目，盲蝽科。多为小型种类。为害草坪草的主要种类有赤须绿盲蝽、三点盲蝽、牧草盲蝽和小黑盲蝽等，主要发生在北方。

a. 形态特征。盲蝽的体长 3～7cm，绿色、褐色及褐黑色不等。主要形态特征为：体扁、多长椭圆形；头小，刺吸式口器，前翅基部革质端部膜质。若虫体较柔软、色浅，翅小。

b. 发生规律。盲蝽 1 年发生 3～5 代，在草坪的茎叶上或组织内产卵越冬，喜潮湿环境。成虫与若虫均以刺吸式口器为害，被害的茎叶上出现褪绿斑点，严重受害的植株，叶片呈灰白色或枯黄色。

c. 防治方法。(a) 人工防治。冬春季节清除草坪及其附近的杂草，可减少越冬虫源。(b) 药剂防治。喷洒 0.5％阿维菌素 1500 倍液、10％醚菊酯（多来宝）乳油 1000～1500 倍液、10％吡虫啉可湿性粉剂 1500～3000 倍液、2.5％氯氟氰菊酯（功夫）乳油 1000～2000 倍液。

③ 叶蝉。叶蝉属同翅目，叶蝉科。为害草坪草的种类主要有大青叶蝉、条沙叶蝉、二点叶蝉、小绿叶蝉和黑尾叶蝉等。

a. 形态特征。体小型，似小蝉；头大，刺吸式口器，触角刚毛状；前翅质地相同，后翅膜质、透明；后足胫节下方有2列刺状毛。性活泼，能跳跃与飞行，喜横走。若虫形态与成虫相似，但体较柔软，色淡，无翅或只有翅芽，不太活泼。

b. 发生规律。叶蝉类昆虫1年发生多代，主要以卵和成虫越冬。成虫、若虫常聚集在植物叶背、叶鞘或茎秆上吸食汁液，使寄主生长不良，受害部位出现褪绿斑点，有时出现卷叶、畸形，甚至死亡。在叶背的主脉和叶鞘组织中产卵，卵成排地隐藏在表皮下面，外面有产卵器划破的伤痕。

c. 防治方法。(a) 人工防治。冬季、早春清除草坪及周围杂草，减少虫源。成虫发生期，利用黑光灯或普通灯光诱杀。(b) 药剂防治。喷洒50%异丙威（叶蝉散）乳油1000～1500倍液、3%啶成脒（莫比郎）乳油1000～3000倍液、20%氰戊菊醋（速灭杀丁）乳油3000倍液，消灭成虫、若虫。

④ 飞虱。飞虱属同翅目，飞虱科。为害草坪草的种类主要有白背飞虱、灰飞虱、褐飞虱等。

a. 形态特征。飞虱常与叶蝉混合发生，体形似小蝉。与叶蝉的主要区别是：触角短，锥形；后足胫节末端有一显著的能活动的扁平大距，善跳跃。

b. 发生规律。白背飞虱在我国各地普遍发生，灰飞虱主要发生在北方地区和四川盆地，褐飞虱以淮河流域以南地区发生较多。飞虱1年发生多代，从北向南代数逐渐增多，以卵、若虫或成虫越冬。成虫、若虫均聚集于寄主下部刺吸汁液，产卵于茎及叶鞘组织中，被害部位出现不规则的褐色条斑，叶片自下而上逐渐变黄，植株萎缩，成丛成片的植株被害，严重时可使植株下部变黑枯死。

c. 防治方法。(a) 人工防治。选择对飞虱具有抗性或耐害性的草坪草品种。(b) 药剂防治。喷洒25%喹硫磷（爱卡士）乳油800～1000倍液、50%异丙威（叶蝉散）乳油1000～1500倍液、20%丁硫克百威（好年冬）乳油2000～3000倍液。

⑤ 螨类。为害草坪草的螨虫是蛛形纲、蜱螨类的一些植食性种类，主要有麦岩螨、麦圆叶爪螨等。

a. 形态特征。长小于1mm，卵圆形或近圆形，暗红褐色（故称红蜘蛛），无翅，幼螨3对足，若螨与成螨均有4对足。以刺吸式口器吸取植物汁液。

b. 发生规律。螨类在自然界分布很广，对草坪的危害也越来越大。10月中下旬雌成虫群集在枯叶内、杂草根际、土块缝隙或树皮内越冬。2、3月在草上取食、产卵、繁殖，靠风、雨、水及随寄主转移传播为害。幼螨、成螨均喜在叶背面活动，吐丝结网，七八月份为害最盛。如遇高温低湿，繁殖率加大。受害叶片下面出现红斑，迅速枯焦、脱落，严重者可造成草坪斑秃，甚至大片死亡。

c. 防治方法。(a) 人工防治。结合灌水，将螨虫振落，使其陷于淤泥而死。虫口密度大时，耙耱草坪，可大量杀伤虫体。(b) 药剂防治。喷洒1.8%阿维菌素乳油1000～3000倍液、20%哒螨灵（扫螨净）可湿性粉剂2000～4000倍液、25%三唑锡（倍乐霸）可湿性粉剂1000～2000倍液、50%溴螨酯乳油1000～2000倍液、20%双甲脒（螨克）乳油1000～2000倍液、73%克螨特乳油2000～3000倍液、50%苯丁锡可湿性粉剂1500～2000倍液、5%唑螨酯（霸螨灵）悬浮剂1500～3000倍液，20%四螨嗪（阿波罗）悬浮剂2000～2500

倍液。

(3) 钻蛀害虫　钻蛀害虫是一类以幼虫为害草坪草茎秆或叶片的一类害虫，主要包括秆蝇及潜叶蝇两类，在茎秆或叶片内钻蛀为害，造成大量“枯心苗”或“烂穗”，严重时草坪枯黄。

① 秆蝇。中国北部春麦区及华北平原中熟冬麦区的主要害虫之一。分布广泛、北起黑龙江、内蒙古、新疆，南至贵州、云南，西达新疆、西藏；青海的海南、四川的甘孜、阿坝地区也有发生；新疆、内蒙古、宁夏以及河北省张家口地区、山西省北部、甘肃部分地区对春小麦的为害最为严重，在晋南及陕西关中北部冬麦区，亦能造成危害。

a. 形态特征。特征一，麦秆蝇。体长雄3.0～3.5mm，雌3.7～4.5mm。体黄绿色。复眼黑色，有青绿色光泽。单眼区褐斑较大，边缘越出单眼之外。下颚须基部黄绿色，腹部2/3部分膨大成棍棒状，黑色。翅透明，有光泽，翅脉黄色。胸部背面有3条黑色或深褐色纵纹，中央的纵线前宽后窄直达梭状部的末端，其末端的宽度大于前端宽度的1/2，两侧纵线各在后端分叉为二。越冬代成虫胸背纵线为深褐至黑色，其他世代成虫则为土黄至黄棕色。腹部背面亦有纵线，其色泽在越冬代成虫与胸背纵线同，其他世代成虫腹背纵线仅中央1条明显。足黄绿色，附节暗色。后足腿节显著膨大，内侧有黑色刺列，腔节显著弯曲。触角黄色，小腮须黑色，基部黄色。足黄绿色。后足腿节膨大。长椭圆形，两端瘦削，长1mm左右。卵壳白色，表面有10余条纵纹，光泽不显著。末龄幼虫体长6.0～6.5mm。体蛆形，细长，呈黄绿或淡黄绿色。口呈黑色。前气门分枝，气门小孔数为6～9个，多数为7个。围蛹。体长雄4.3～4.8mm，雌5.0～5.3mm。体色初期较淡，后期黄绿色，通过蛹壳可见复眼、胸部及腹部纵线和下颚须端部的黑色部分。

特征二，瑞典麦秆蝇。成虫体长1.3～2mm，全体黑色，有光泽，体粗壮。触角黑色，前胸背板黑色，翅透明，具闪光；腹部下面淡黄色。老熟时幼虫体长约4.5mm，蛔型黄白色，圆柱形，体末节圆形，端部有2个突起的气门。

b. 发生规律。麦秆蝇在我国分布广，1年发生2～4代。瑞典麦秆蝇主要分布在华北北部和西北东部，1年发生2代或3代。2种麦秆蝇均以幼虫寄生茎秆中越冬，5～6月份是成虫盛发期。成虫白天活动，在晴朗没风的上午和下午最活跃。成虫产卵于叶鞘和叶舌处，初孵幼虫从叶鞘与茎秆间侵入，取食心叶基部和生长点，使心叶外露部分枯黄，形成枯心苗。严重发生时草坪草可成片枯死。

c. 防治方法。加强草坪管理，增强禾草的分蘖能力，以提高抗虫力。药剂防治的关键时期为越冬代成虫盛发期至第1代初孵幼虫蛀入茎之前这段时间。可供选择的药剂有：50%杀螟威乳油3000倍液、40%氧化乐果与50%敌敌畏乳油（按1：1混合）1000倍液。

② 潜叶蝇。为害草坪的潜叶蝇类害虫，中国常见的有潜叶蝇科的豌豆潜叶蝇、紫云英潜叶蝇，水蝇科的稻小潜叶蝇，花蝇科的甜菜潜叶蝇等，均属双翅目。豌豆潜叶蝇除西藏、新疆、青海尚无报道外，其他各地均有发生。

a. 形态特征。体长4～6mm，灰褐色。雄蝇前缘下面有毛，腿、胫节呈灰黄色，跗节呈黑色，后足胫节后鬃3根。卵呈白色，椭圆形，大小为0.9mm×0.3mm，成熟幼虫长约7.5mm，有皱纹，呈乌黄色。蛹，长约5mm，呈椭圆形，开始为浅黄褐色，后变为红褐色，羽化前变为暗褐色。

b. 发生规律。见表2-5。

表 2-5 潜叶蝇的发生规律

类别	发生规律的具体内容
豌豆潜叶蝇	为多发性害虫，1年发生代数随地区而不同。宁夏每年发生3～4代；河北、东北1年发生5代；而福建福州1年可发生13～15代；广东可发生18代。在北方地区，以蛹在油菜、豌豆及苦荬菜等叶组织中越冬；长江以南，南岭以北则以蛹态越冬为主，还有少数以幼虫和成虫过冬；在我国华南温暖地区，冬季可继续繁殖，无固定虫态越冬。豌豆潜叶蝇有较强的耐寒力，不耐高温，夏季气温35℃以上就不能存活或以蛹越夏。因此，一般以春末夏初危害最重，夏季减轻，南方秋季危害又加重。由北向南，春季危害盛期显然递增，秋季则相反。豌豆潜叶蝇成虫活跃，白天活动，吸食糖蜜和叶片汁液作补充营养。夜间静伏隐蔽处，但在气温达15～20℃的晴天夜晚或微雨之夜仍可爬行飞翔。卵产在嫩叶上，位置多在叶背边缘，产卵时先以产卵器刺破叶背边缘下表皮，然后再产1粒卵于刺伤处，产卵处叶面呈灰白色小斑点。由于雌虫刺破组织不一定都产卵，故叶上产卵斑常比实际产卵数为多。成虫寿命7～20天，气温高时4～10天，成虫产卵前期1～3天，每雌虫一生可产卵50～100多粒。卵期在春季为9天左右，夏季为4～5天。幼虫孵化后，即由叶缘向内取食，穿过柔膜组织，到达栅栏组织，取食叶肉留下上下表皮，造成灰白色弯曲隧道，并随幼虫长大，隧道盘旋伸展，逐渐加宽。幼虫共3龄，历期5～15天，老熟幼虫在隧道末端化蛹，蛹期8～21天。化蛹时，将隧道末端表皮咬破，以便蛹的前气门与外界相通，且便于成虫羽化，由于这一习性，在蛹期喷药也有一定的效果。温度对豌豆潜叶蝇发育有明显的影响，豌豆潜叶蝇成虫耐低温，幼虫和蛹发育适温都比较低，一般成虫发生的适宜温度为16～18℃，幼虫20℃左右。当气温在22℃时发育最快，完成1代只需19～21天(卵期5～6天、幼虫期5～6天、蛹期8～9天)；温度在13～15℃时，则需30天(卵期3.9天、幼虫11天、蛹期15天)；温度升高至23～28℃，发育期缩短至14.2天(卵期2.2天、幼虫期5.2天、蛹期6.8天)。高温对其不利，超过35摄氏度不能生存，因此夏季气温升高，是幼虫、蛹自然死亡率迅速升高的原因之一。因此，寄主老化后食料缺乏和天敌寄生也有影响。据报道豌豆潜叶蝇成虫寿命随补充营养和温度而有变化，在23～28℃下若不取食，只能活2天，给以蜂蜜或鲜豌豆汁时，平均可以活15天(最多80天)。在13～15℃时，平均可活27天(最多50天)。豌豆潜叶蝇喜欢选择高大茂密的植株产卵，因此生长茂密的地块受害较重。天敌在自然情况下，对豌豆潜叶蝇种群数量有一定的控制作用。在福州已发现一种小茧蜂和3种蚜小蜂和1种黑卵蜂，4月下旬寄生率可达80%
紫云英潜叶蝇	生活史尚不清楚。据浙江东阳病虫观测站观察，在紫云英潜叶蝇整个生长过程中约能发生5～6代，冬季各虫态均能见到，主要以幼虫和蛹在寄主叶片中越冬，气温略高即可活动。江西、福建报道，在紫云英潜叶蝇生长期中可繁殖3代。在江西成虫、幼虫、蛹均能过冬，但以成虫为主。据江西莲花县农业科学研究所饲养3代的虫态历期为：卵期4.5～7天，平均5.7天；幼虫期4.5～8天，平均7天；蛹期8～13.5天，平均11.2天；成虫期3～5天，平均3.5天。气温在18℃时全代平均历期为24天。浙江东阳报道，冬季气温在7℃左右时，完成1代需时65天，3～4月间气温在20℃左右时，16天就能完成1代。成虫产卵于嫩叶叶肉组织内，先以产卵器插刺叶肉，叶面被刺破后出现黄白色小点。由于成虫刺破组织后不一定都产卵其中，故叶片上的黄白色小点数目常比实际产卵数目多数倍。被刺伤部分经日光照射，易造成枯死。幼虫孵出后即在叶内潜食叶肉，留下上下表皮，造成透明潜道。幼虫边取食边盘旋前进，潜道越到末端越大，使整个潜道呈螺旋盘状。盛发期间，1片叶子上若有3～5头幼虫危害，盘状潜道相接就会满布全叶，使叶片失去光合作用，逐渐腐烂枯死。老熟幼虫大多在靠近叶片基部边缘的潜道末端化蛹。 此虫喜高温多湿。浙江东阳调查，若13℃以上的旬平均气温在3月中、下旬出现，而3月上旬和4月上旬的总雨量又在40mm以上，就会促使其迅速繁殖，虫量猛增，草坪受害就严重。反之，3、4月气温回升迟又遇干旱的年份，草坪受害就较轻。所以，3、4月份气温高而又时晴时雨，是此虫严重发生的征兆
稻小潜叶蝇	在东北各省1年发生4～5代，以成虫在水沟边杂草上过冬。在浙江奉化4月中旬前为第一代幼虫取食危害，4月下旬至5月上旬第二代幼虫危害。4上旬风和日暖的白天交尾产卵最盛。成虫寿命在无补充营养的条件下为4天，每雌产卵最多为23粒，最少为11粒(浙江农业科学院1970年报道第2代每雌产卵200粒)。卵期平均4.5天。幼虫孵化后，在2小时内即以锐利的口钩，咬破叶面，侵入叶肉，随着虫龄长大，7～10天潜道加长至2.5cm左右，幼虫有转株习性，幼虫老熟后在潜道内化蛹。在禾草上危害，成虫喜在幼嫩叶片和荫蔽的部位产卵，大多数分散产于叶腋间。初孵幼虫很快蛀入叶片取食叶肉，形成白色线状潜道，幼虫一生主要在叶鞘内蛀食，叶鞘被害，叶片枯黄，影响植株正常生长。若草苗心叶被蛀断，则呈现枯心苗。稻小潜叶蝇是对低温适应性强的温带性害虫，在我国以北方发生多，长江下游地区，在4、5月份气温较低的年份，才发生危害较重。气温在5℃左右成虫即可活动、交尾、产卵。气温达30℃时是其正常活动的极限，因此高温可以限制该虫的危害

续表

类别	发生规律的具体内容
甜菜潜叶蝇	在新疆和东北，1年2～3代。北京3～4代以蛹在土中越冬。在北京地区，第1代发生于根茬菠菜上，5月上旬开始在草坪上发生第2代。沈阳地区越冬代成虫5月中旬开始产卵，第1代幼虫发生于5月下旬至6月上旬。成虫多在早晨湿度最大时羽化出土。活泼，喜产卵在寄主的叶背面常4～5粒或20粒左右密集排列。个体产卵期1个月左右。每头雌蝇可产卵40～100粒。卵期2～6天，多在傍晚或夜间孵化。从幼虫孵化至钻入叶内，约需1天时间，这一点有利于用触杀剂防治。幼虫在叶片上潜食叶肉，留下表皮，潜痕宽而呈水泡状，透过表皮可见其中幼虫及排粪。幼虫共经3龄，历期10～25天。非越冬代老熟幼虫有一部分在被害部化蛹，有一部分从叶片脱出入土化蛹，入土深度约在5cm以内。蛹期11～21天。越冬代老熟幼虫均离开叶片入土化蛹越冬。各世代的蛹都有部分滞育。有可能各代滞育蛹越冬后在春天一起羽化而发生大量越冬代成虫，因而造成第1代幼虫密度大，危害重。第2、3代受夏季高温的影响和天敌侵袭，发生数量较少，而且甜菜长大，叶片增多后，受害程度自然相对减轻

c. 防治方法。适时灌溉，清除杂草，消灭越冬、越夏虫源，降低虫口基数。掌握成虫发生期，及时喷药防治，防止成虫产卵。幼虫为害初期，喷洒1.8%阿维菌素（阿巴丁）乳油3000倍液、40%斑潜净乳油1000倍液、48%毒死蜱（乐斯本）乳油1000倍液、5%氟虫腈（锐劲特）悬浮剂2000液，上述药剂添加“效力增”水剂1000液，可提高防治效果。

(4) 食根害虫　食根害虫是指主要生活在土表下，为害草坪草根部及茎基部的害虫，包括蝼蛄、蛴螬、金针虫、地老虎等，造成草坪草植株黄枯，严重时形成“斑秃”。

① 蛴螬。蛴螬是金龟甲的幼虫，别名白土蚕、核桃虫。成虫通称为金龟甲或金龟子。除危害荔浦芋外，还危害多种蔬菜。按其食性可分为植食性、粪食性、腐食性三类。其中植食性蛴螬食性广泛，危害多种农作物、经济作物和花卉苗木，喜食刚播种的种子、根、块茎以及幼苗，是世界性的地下害虫，危害很大。

a. 形态特征。蛴螬体肥大，体形弯曲呈“C”形，多为白色，少数为黄白色。头部褐色，上颚显著，腹部肿胀。体壁较柔软多皱，体表疏生细毛。头大而圆，多为黄褐色，生有左右对称的刚毛，刚毛数量的多少常为分种的特征。如华北大黑鳃金龟的幼虫为3对，黄褐丽金龟幼虫为5对。蛴螬具胸足3对，一般后足较长。腹部10节，第10节称为臀节，臀节上生有刺毛，其数目的多少和排列方式也是分种的重要特征。

b. 发生规律。成虫交配后10～15天产卵，产在松软湿润的土壤内，以水浇地最多，每头雌虫可产卵一百粒左右。蛴螬年生代数因种、因地而异。这是一类生活史较长的昆虫，一般一年一代，或2～3年1代，长者5～6年1代。如大黑鳃金龟两年1代，暗黑鳃金龟、铜绿丽金龟一年1代，小云斑鳃金龟在青海4年1代，大栗鳃金龟在四川甘孜地区则需5～6年1代。蛴螬共3龄。1、2龄期较短，第3龄期最长。

c. 防治方法。

(a) 成虫防治。成虫有假死性，可人工振落捕杀；利用成虫趋光性，设置黑光灯诱杀；成虫发生盛期，喷洒2.5%氯氟氰菊酯（功夫）乳油3000～5000倍液，40.7%毒死蜱（乐斯本）乳油1000～2000倍液，30%伏杀硫磷（佐罗纳）乳油2000～3000倍液，消灭成虫。

(b) 蛴螬防治。毒土法，虫口密度较大的草坪，撒施5%辛硫磷颗粒剂，用量为30kg/hm²，为保证撒施均匀，可掺适量细沙土；喷药、灌药，用50%辛硫磷乳油500～800倍液喷洒地面，也可用48%毒死蜱乳油1500倍液灌根；药剂拌种，草坪播种前，将75%辛硫磷乳油稀释200倍，按种子量的1/10拌种，晾干后使用；灌水淹杀蛴螬；中耕锄草，松土破坏蛴螬适生环境和借助器械将其杀死。

② 金针虫。金针虫主要分布区域北起辽宁，南至长江沿岸，西到陕西、青海，旱作区

的粉沙壤土和粉沙黏壤土地带发生较重；细胸金针虫从东北北部，到淮河流域，北至内蒙古以及西北等地均有发生，但以水浇地、潮湿低洼地和黏土地带发生较重；褐纹金针虫主要分布于华北；宽背金针虫分布黑龙江、内蒙古、宁夏、新疆；兴安金针虫主要分布于黑龙江；暗褐金针虫分布于四川西部地区。

以幼虫长期生活于土壤中，主要为害禾谷类、薯类、豆类、甜菜、棉花及各种蔬菜和林木幼苗等。幼虫能咬食刚播下的种子，食害胚乳使其不能发芽，如已出苗可为害须根、主根和茎的地下部分，使幼苗枯死。主根受害部不整齐，还能蛀入块茎和块根。

a. 形态特征。成虫一般颜色较暗，体形细长或扁平，具有梳状或锯齿状触角。胸部下侧有一个爪，受压时可伸入胸腔。当叩头虫仰卧时，若突然敲击爪，叩头虫即会弹起，向后跳跃。幼虫圆筒形，体表坚硬，蜡黄色或褐色，末端有两对附肢，体长13～20mm。根据种类不同，幼虫期1～3年，蛹在土中的土室内，蛹期大约3周。成虫体长8～9mm或14～18mm，依种类而异。体黑或黑褐色，头部生有1对触角，胸部着生3对细长的足，前胸腹板具1个突起，可纳入中胸腹板的沟穴中。头部能上下活动似叩头状，故俗称“叩头虫”。幼虫体细长，25～30mm，金黄或茶褐色，并有光泽，故名“金针虫”。身体生有同色细毛，3对胸足大小相同。

b. 发生规律。主要种类有沟金针虫、细胸金针虫。沟金针虫3年发生1代，以幼虫或成虫在土壤深层越冬，多分布于长江流域以北地区，喜在有机质较少的沙壤土中生活。细胸金针虫2～3年完成1代，以幼虫或成虫越冬，分布于淮河流域以北地区，喜在灌溉条件较好、有机质较多的黏性土壤中生活。

两种金针虫均喜欢在土温11～19℃的环境中生活。因此，在4月份和9、10月份为害严重，在地下主要为害草坪根茎部，可咬断刚出土的幼苗，也可咬食草坪根部及分蘖节，被害处不完全咬断，断口不整齐。还可钻入茎内为害，使植株枯萎，甚至死亡。

c. 防治方法。

(a) 栽培防治。沟金针虫发生较多的草坪应适时灌溉，保持草坪的湿润状态可减轻其为害，而细胸金针虫发生较多的草坪则宜维持适宜的干燥以减轻发生。

(b) 药物防治。撒施5%辛硫磷颗粒剂，用量为30～40kg/hm^2；或用50%辛硫磷乳油1000倍液喷浇根际附近的土壤。

③ 地老虎。主要有小地老虎、黄地老虎、大地老虎等。危害蔬菜的主要是小地老虎和黄地老虎，分布最广、危害严重的是小地老虎。多食性害虫，主要以幼虫危害幼苗。幼虫将幼苗近地面的茎部咬断，使整株死亡，造成缺苗断垄。

a. 形态特征。见表2-6。

表2-6　地老虎的形态特征

类别	形态特征的具体内容
小地老虎	成虫体长16～23mm，翅展42～54mm；前翅黑褐色，有肾状纹、环状纹和棒状纹各一，肾状纹外有尖端向外的黑色楔状纹与亚缘线内侧2个尖端向内的黑色楔状纹相对。卵半球形，直径0.6mm，初产时乳白色，孵化前呈棕褐色。老熟幼虫体长37～50mm，黄褐至黑褐色；体表密布黑色颗粒状小突起，背面有淡色纵带；腹部末节背板上有2条深褐色纵带。蛹体长18～24mm，红褐至黑褐色；腹末端具1对臀棘。世界性分布。在中国遍及各地，但以南方旱作及丘陵旱地发生较重；北方则以沿海、沿湖、沿河、低洼内涝地及水浇地发生较重。南岭以南可终年繁殖；由南向北年发生代数递减，如广西南宁7代，江西南昌5代，北京4代，黑龙江2代

续表

类别	形态特征的具体内容
黄地老虎	成虫体长14～19mm，翅展32～43mm；前翅黄褐色，肾状纹的外方无黑色楔状纹。卵半球形，直径0.5mm，初产时乳白色，以后渐现淡红斑纹，孵化前变为黑色。老熟幼虫体长32～45mm，淡黄褐色；腹部背面的4个毛片大小相近。蛹体长16～19mm，红褐色。中国主要分布在新疆及甘肃乌鞘岭以西地区及黄河、淮河、海河地区；也见于苏联、非洲、印度和日本等地。华北和江苏一带年发生3～4代，新疆2～3代，内蒙古2代
大地老虎	成虫体长20～23mm，翅展52～62mm；前翅黑褐色，肾状纹外有一不规则的黑斑。卵半球形，直径1.8mm，初产时浅黄色，孵化前呈灰褐色。老熟幼虫体长41～61mm，黄褐色；体表多皱纹。蛹体长23～29mm，腹部第4～7节前缘气门之前密布刻点。分布也较普遍，并常与小地老虎混合发生；以长江流域地区为害较重。中国各地均一年发生1代

b. 发生规律。小地老虎属世界性害虫，在我国各地广泛分布，1年发生多代，从东北的2代或3代至华南的6代或7代不等。黄地老虎多与小地老虎混合发生，1年发生多代，东北地区2代或3代，华北地区3代或4代。成虫昼伏夜出，有很强的趋光性与趋化性。幼虫一般有6龄，1～2龄幼虫一般栖息于土表或寄主叶背和心叶中，昼夜活动，3龄以后白天入土约2cm处潜伏，夜出活动。地老虎喜温暖潮湿的环境，一般以春秋两季为害较重。

c. 防治方法。及时清除草坪附近杂草，减少虫源。诱杀成虫：毒饵诱杀，在春季成虫羽化盛期，用糖醋液诱杀成虫，糖醋液配制比为糖6份、醋3份、白酒1份、水10份加适量敌敌畏，盛于盆中，于近黄昏时放于草坪中；灯光诱杀，用黑光灯诱杀成虫。幼嫩、多汁的新鲜杂草（酸模、灰菜、苜蓿等）70份与25%甲萘威（西维因）可湿性粉剂1份配制成毒饵，于傍晚撒于草坪中，诱杀3龄以上幼虫。

幼虫为害期，喷洒2.5%氯氟氰菊酯（功夫）乳油3000～5000倍液、40.7%毒死蜱（乐斯本）乳油1000～2000倍液、30%佐罗纳乳油2000～3000倍液、25%喹硫磷（爱卡士）乳油800～1200倍液、75%辛硫磷乳油1000倍液；也可用50%辛硫磷乳油1000倍液喷浇草坪；或撒施5%辛硫磷颗粒剂，用量为30kg/hm^2。

④ 蝼蛄。本科昆虫通称蝼蛄。俗名拉拉蛄、土狗。蝼蛄都营地下生活，吃新播的种子，咬食作物根部，对作物幼苗伤害极大，是重要地下害虫。通常栖息于地下，夜间和清晨在地表下活动。潜行土中，形成隧道，使种子不能萌发、作物幼根与土壤分离，因失水而枯死。蝼蛄食性复杂，取食地下茎、根系、地上茎，造成地下茎和根系形成缺口、萎缩，嫩茎形成缺口、弯曲、萎缩，轻则影响作物的产量与品质，危害严重时造成植株局部或全株枯死。危害谷物、蔬菜及树苗。非洲蝼蛄在南方也危害水稻。台湾蝼蛄在台湾危害甘蔗。据国外记载，某些种类还取食其他土栖动物，如蛴螬、蚯蚓等。蝼蛄全世界已知约50种。中国已知4种：华北蝼蛄、非洲蝼蛄（应该是东方蝼蛄，发生遍及全国，一般在长江以南东方蝼蛄较多）、欧洲蝼蛄和台湾蝼蛄。

a. 形态特征。身体长圆筒形，体被绒状细毛，头尖，触角短，前足粗壮，为开掘足，端部开阔有齿，适于掘土和切断植物根系；前翅短，后翅长，为害草坪的主要有东方蝼蛄与华北蝼蛄。

b. 发生规律。蝼蛄的成虫与若虫均可产生为害，一种为害方式是咬食地下的种子、幼根和嫩茎，把茎秆咬断或撕成乱麻状，使植株枯萎死亡。另一种为害方式是在表土层串行，形成大量的虚土隧道，使植物根系失水、干枯而死。

c. 防治方法。

(a) 灯光诱杀成虫。特别在闷热天气、雨前的夜晚更有效。可在晚上7：00～10：00点灯诱杀。

(b) 毒饵诱杀。用80%敌敌畏乳油或50%辛硫磷乳油0.5kg拌入50kg煮至半熟或炒香的饵料（麦麸、米糠等）中作毒饵。傍晚均匀撒于草坪上。但要注意防止畜、禽误食。

(c) 毒土法。虫口密度较大的草坪，撒施5%辛硫磷颗粒剂，用量为30kg/hm²，为保证撒施均匀，可掺适量细沙土。

(d) 灌药毒杀。用50%辛硫磷乳油1000倍液、48%毒死蜱乳油1500倍液灌根。

三、草坪常见杂草的防除

1. 草坪杂草的概念与危害

(1) 草坪杂草的概念　凡是生长在人工种植的土地上，除目的栽培植物以外的所有植物都是杂草，即长错了地方的植物。草坪杂草是草坪上除栽培的目的草坪植物以外的其他植物。

草坪杂草是相对而言的。由于草坪的类型、使用目的、培育程度的不同，草坪草与某些杂草之间是可以相互转化的，在某些情况下本身能形成良好的草坪，属草坪草，而在其他草坪草建植的草坪中，则会变成草坪杂草而应予以灭除。

但对于大多数草本植物而言，由于其本身各方面都不具备草坪草的特点和要求，因而它们无论在何种情况下，都被视为杂草。如狗尾草、马唐等一些禾本科杂草，侵入草坪时能形成强大旺盛的株丛，粗糙浅绿的叶片不仅会降低草坪外观的美感，而且与草坪草争肥、争水、争阳光、争空间，大大影响了草坪草的生长；车前，蒲公英等阔叶杂草，其宽大的叶片破坏了草坪的均一性和整齐美观的外表，对草坪危害极大，这些杂草无论在哪种草坪中，都应予以彻底防治。

(2) 草坪杂草的危害特点

① 影响草坪的生长发育。一些早春杂草如荁荬菜、荠菜、葶苈、还阳参等出苗早于草坪草，当草坪草返青时，这些杂草在高度上已经领先，草坪草对生长空间的占据处于劣势。杂草通过一些方式来抑制草坪草的生长，如牛筋草、狗尾草的地下根系截留水分和养分；独荇菜、小蓟的深根系不断扩展，占据地下生长的空间；紫花地丁、蒲公英地上部分平铺生长，排挤和遮蔽草坪；稗草、牛筋草分蘖能力强和平铺生长习性侵占草坪面积；扁蓄的根系能分泌一些生理代谢物质，抑制草坪草的生长，总之，杂草侵害之处，造成草坪生长缓慢，甚至退化。

② 病虫的寄宿地。草坪杂草的地上部是一些病虫的寄宿地，例如：夏至草的花季，植物体发出一些气味，吸引飞虫。许多病原菌和害虫，利用杂草越冬、繁殖，草坪在生长季节被病菌侵染，害虫咬食草坪草的根、茎或叶，造成草坪草生长缓慢或死亡。常见杂草传播的病虫害见表2-7。

表2-7　常见杂草传播的病虫害

杂草名称	常见病虫害
稗草	飞虱、叶蝉、螟虫、细菌性褐斑病
看麦娘	螟虫、叶蝉

续表

杂草名称	常见病虫害
荠菜	白粉病、锈病、霜霉病
车前	地老虎、蚜虫、飞虱
龙葵	椿象、烟蚜、炭疽病
蟋蟀草	飞虱
狗尾草	细菌性褐斑病、黏虫

③ 破坏环境美观。草坪杂草破坏环境美观，引起草坪的退化。如：蒲公英、车前等杂草，在草坪中形成小区域，远看草坪呈现凹凸不平，破坏草坪整齐度；夏至草、蓼等一类杂草侵染力极强，一旦侵入草坪，很快形成群落，还能招引害虫，自身完成生育期后，地上部枯死造成草坪斑秃。

④ 影响人类安全。草坪是人类休闲的地方，一旦毒害杂草侵入，将威胁到人身安全，造成外伤和诱发疾病。如：白茅和针茅的将威胁到人身安全，造成外伤和诱发疾病。如：白茅和针茅的茎对人有物理伤害作用，极易挫伤人的肌肤；豚草能引起呼吸器官过敏，导致哮喘病发作。

(3) 草坪杂草的生物学特性

① 杂草具有结实多的特性。1 株生长正常的艾蒿能结 1000 万粒种子；常见的狗尾草、稗、繁缕平均每株结籽可达 1000～1500 粒。一般情况下，种子小、种皮薄的杂草比种子大、种皮硬的杂草结实多，这是人工选择的结果。杂草结实具有连续性，在南方的一些草坪，许多杂草世代重叠，一年四季都可开花结籽。许多杂草的种子可以随结随落，随时发芽生长，随时成熟繁殖。

② 多种授粉途径。自花授粉和异花授粉，靠风、水、昆虫和人工授粉。

③ 多种传播方式。引种、播种、浇灌、施肥、耕作、整地、移土、包装运输等人类生产活动均可传播杂草。高尔夫球场的杂草种子可能通过打球者的鞋底、衣服传播；剪草机的轮胎也会将播于发球台或果岭的草种带到种有不同草种的球道上。风、水、鸟和其他动物也可传播杂草种子。荠菜、车前、早熟禾、繁缕种子经动物消化后仍有发芽能力，可通过动物、鸟类传播。

④ 种子长寿性。杂草种子寿命长达几年，几十年甚至更长。

⑤ 出苗持续不一。种子休眠度不一，对萌发要求的条件不一，耕作的影响是杂草出苗持续不一的三个原因。

⑥ 可塑性。指植物在不同生境下对大小、个数、生长量的自我调节能力。我们常看到高尔夫球场草坪杂草的植株很矮，这是因为高尔夫球场的草坪经常修剪，在这样的环境中，矮小的个体才能获得幸存，得到繁衍。例如高尔夫草坪中的水蜈蚣，尽管肥水条件很好，但其株高不足其在草坪之外的一半。

⑦ 生态适应性和抗逆性。多数杂草既有 r-选择型，又有 K-选择型。r-选择型是在变化多端的环境条件下选择下来的植物类型，抗逆性强、个体小、生长快、生命周期短、群体不饱和、繁殖快、生产力高，如繁缕、反枝苋。K-选择型是在稳定的环境条件下选择下来的植物类型，其个体大。竞争力强，生命周期长，在一个生命周期内可多次重复生殖，如田旋花、芦苇。

⑧ 拟态性。某些杂草与种植的作物形影不离。某些杂草如马唐、水蜈蚣、香附子、双穗雀稗等，与种植的草坪也形影不离。

2. 草坪常见杂草

为了防治方便，人们将常见草坪杂草分为以下三个类型：一年生杂草（主要为一年生禾草，另有少数一年生莎草）、多年生杂草（主要为禾草，有冷季型和暖季型之分，另有少数多年生莎草）、阔叶杂草（分一年生、越年生及多年生三个类型）。

(1) 一年生杂草

① 一年生早熟禾。禾本科。一年生禾草。在潮湿遮阴的土壤中生长良好。秆丛生，基部稍向外倾斜。叶带状披针形，质软，叶鞘中部以下闭合，叶片先端呈舟形。圆锥花序开展，每节有1～3个分枝。小穗第一颖1条脉，第二颖5条脉，内含3～5朵小花，雄蕊2枚。幼苗第一片真叶带状披针形，具3条平行脉，叶鞘中下部闭合。

② 马唐。禾本科。一年生草本，是危害严重的草坪杂草。秆丛生，斜生，节着地生根。叶带状披针形，叶鞘基部及鞘口有毛，叶鞘短于节间。叶舌膜质，黄棕色，先端钝圆。总状花序3～10枚，呈指状排列，下部者近轮生。小穗成对着生于穗轴一侧，一有柄，另一无柄或具短柄。幼苗密生柔毛。

③ 狗尾草。禾本科。一年生草本。植株直立，茎高20～120cm。叶鞘圆筒状，边缘有细毛，叶线状披针形，有绒毛状叶舌、叶耳，叶鞘与叶片交界处有一圆紫色带。圆锥花序紧密呈圆柱状，长2～10cm，直立或倾斜。小穗刚毛绿色或紫色。幼苗第一片真叶长椭圆形，第二、第三片真叶狭倒披针形。

④ 牛筋草。禾本科。一年生草本。须根深而长。秆扁形，丛生，基部倾斜，叶带状，叶鞘扁，鞘口具柔毛。穗状花序2～7枚，呈指状着生；小穗覆瓦状双行紧密排列于穗轴一侧；小穗具小花3～6朵，果实表面有波状皱纹。幼苗第一片真叶带状披针形，具9条平行脉，叶鞘长35mm，叶鞘向内对褶，与第二片真叶的叶鞘套褶，全株呈扁平状，无毛。

⑤ 少花蒺藜草。一年生禾草，子叶1对长矩形，叶面绿色，背面灰绿色；茎平铺地面生长；种子扁卵圆形。常分布于稀疏草坪中，尤其在质地粗糙、管理不善的草坪中广泛分布形成不小的群体，影响草坪的美观。

⑥ 稗。一年生禾草。秆粗壮，分蘖强，茎部各节有分枝；叶条形，叶鞘光滑，叶片中脉发白无叶舌；圆锥花序直立或下垂，穗绿色或紫色，有芒或无芒。因茎基部常呈平铺状，因而即使经常修剪的草坪，也发生较重。

⑦ 日照飘拂草。一年生莎草科杂草，秆扁四棱形，丛生，成株高10～60cm，秆基部有1～3个无叶片的鞘，叶基生；复伞形花序，苞片刚毛状，小穗近球状。分布于热带、亚热带草坪中。

⑧ 碎米莎草。一年生莎草科杂草，秆扁三棱形，丛生，成株高10～25cm；聚伞花序，叶状总苞2～3片。小穗球状；其叶线形、披针形，叶面横剖面呈三角形或“V”字形。多分布在温暖多雨湿润的草坪中。

(2) 多年生杂草

① 隐子草。匍匐多年生杂草，秆高20～30cm，疏丛，叶片大而扁平，匍匐生长，分枝稀疏；具开展的圆锥花序。主要生长于温暖、潮湿、遮阴的地方，在草坪中形成分散稠密的斑块。

② 毛花雀稗。多年生禾草，秆高约50cm，叶片扁平，质地粗糙；圆锥花序偏于一侧，

常分枝。生长于南方潮湿的地方，在草坪中能形成茂密的簇丛，降低草坪的观赏性。

③ 匍茎冰草。多年生禾草，秆疏丛，高30～60cm，基部膝曲或匍匐状；叶片常内卷抱于茎秆，色暗绿；具有强壮的根茎，向外扩展生长；穗状花序，种子椭圆形。生长于北方较寒冷的地区。

④ 匍匐剪股颖。冷季型多年生杂草。有较长的匍匐茎，无根状茎；叶片扁平线形，呈浅绿色。叶柔软细腻；圆锥花序卵状矩形，老后呈紫铜色。小穗长2～2.5mm。种子细小，黄褐色。匍匐剪股颖喜冷凉湿润气候，耐寒、耐热、耐瘠薄、耐低修剪、耐阴性均较好。其匍匐茎横向蔓延能力强，能迅速覆盖地面，形成密度大的草坪。但由于茎枝上节根扎得较浅，因而耐旱性稍差。匍匐剪股颖对土壤要求不严，在微酸及微碱性上均能生长，以雨多肥沃的土壤生长最好。

⑤ 白茅。又称茅，禾本科白茅属多年生草本，春季先开花，后生叶子，花穗上密生白毛。根茎可以吃，也可入药，叶子可以编蓑衣。广泛分布于热带至温带地区，中国普遍发生。该属有10种，中国有1种。株高25～80cm；须根；茎节上有长柔毛；根状茎长，叶片主脉明显，叶鞘边缘与鞘口有纤毛；圆锥花序分枝紧密；小穗基部密生银丝状长柔毛，颖果成熟后，自柄上脱落。适应性强，耐阴、耐瘠薄和干旱，喜湿润疏松土壤，在适宜的条件下，根状茎可长达2～3m以上，能穿透树根，断节再生能力强。采用草甘膦、茅草枯等除草剂，在枝节抽穗期进行叶面喷雾效果较好，也可结合种植绿肥覆盖地表，进行综合治理。

⑥ 狗牙根。暖季型多年生禾草，具有根状茎和匍匐茎，秆平卧部分可达1m，并在节间产生不定根和分枝；叶扁平线条形，色浓绿；穗状花序，小穗排列成指状。常生长于光照较强、温暖的地方，经过培育修剪可成为很好的草坪，在其他草坪中把狗牙根作为杂草。

⑦ 香附子。莎草科多年生杂草。有匍匐根状茎较长，部分肥厚成纺锤形有时数个相连。茎直立，三棱形。叶丛生于茎基部，叶鞘闭合包于其上，叶片窄线形，长20～60cm，宽2～5mm，先端尖，全缘，具平行脉，主脉于背面隆起，质硬；花序复穗状，3～6个在茎顶排成伞状，基部有叶片状的总苞2～4片，与花序近等长或长于花序；小穗条形，小穗轴有白色透明的翅。花药暗红色，花柱长，柱头3个，伸出鳞片之外。小坚果长圆倒卵形，三棱状。花期6～8月，果期7～11月。

(3) 阔叶杂草

① 车前。车前科。多年生草本。根茎短而壮。叶基生，广卵形或卵形，全缘、波状或有疏钝齿。穗状花序着生在花茎上部。每个蒴果内有种子6～8粒。幼苗子叶匙状椭圆形。上胚轴缺。初生叶卵形，1条脉。后生叶具3条弧形脉。

② 蒲公英。菊科。多年生草本。主根粗长，可形成不定芽。全株具乳汁。茎极短缩。叶基生，倒披针形或椭圆状披针形。羽状裂片3～5对，两面疏生蛛丝状毛。头状花序，花全为舌状，黄色。瘦果顶端具细长的喙，末端具白色冠毛。幼苗子叶阔卵形，叶缘紫红色。初生叶1枚，近圆形。叶缘紫红色，有3～4个小齿，体有乳汁。第一后生叶与初生叶相似。继之出现的后生叶变化很大。

③ 酸模。多年生草本。根状茎粗短，须根多数，断面黄色，并可发出多条地上茎。茎直立，高15～80cm，细弱，不分枝。单叶互生，叶片质薄，椭圆形或披针状长圆形，长2.5～12cm，宽1.5～4cm，先端急尖或圆钝，基部箭形，全缘或微波状，两面均有粒状细点；叶柄长2～12cm，基生叶具长柄，茎生叶由下向上，柄渐短，直至无柄；托叶鞘膜质，斜截形，顶端有睫毛，易破裂而早落。花单性异株，圆锥花序顶生，长可达40cm，分枝疏

而纤细，花簇间断着生，每一花簇有花数朵，花梗短；瘦果椭圆形，长约2mm，有3锐棱，两短尖，黑褐色，有光泽。花期3～5月，果期4～6月。

④ 繁缕。石竹科一年生杂草。茎纤细，蔓延地上，基部多分枝，下部节上生根，上部叉状分枝，茎上有一行短柔毛，其余部分无毛。叶对生，叶片长卵形。顶端锐尖，茎上部的叶无柄，下部叶有长柄。花具细长梗，下垂，花瓣微带紫色。蒴果卵形。种子圆形，黑褐色，密生疣状突起。花期2～4月，果期5～6月。

⑤ 反枝苋。苋科一年生杂草。高20～80cm，有时达1.3m；茎直立，粗壮，淡绿色，有时具紫色条纹，稍具钝棱，密生短柔毛。叶片菱状卵形或椭圆状卵形，长5～12cm，宽2～5cm，先端锐尖或尖凹，有小凸尖，基部楔形，有柔毛。圆锥花序顶生及腋生。种子近球形，直径1mm，棕色或黑色。生于山坡、路旁、旷野、荒地、田边、沟旁、河岸等处。花期7～8月，果期8～9月。种子繁殖。

⑥ 藜（灰菜）。藜科一年生草木，高60～120cm。茎直立，粗壮，有棱和绿色或紫红色的条纹，多分枝；枝上升或开展。叶有长叶柄；叶片菱状卵形至披针形，长3～6cm，宽2.5～5cm，先端急尖或微钝，基部宽楔形，边缘常有不整齐的锯齿，下面生粉粒，灰绿色。花两性，数个集成团伞花簇。多数花簇排成腋生或顶升的圆锥状花序；花被片5，宽卵形或椭圆形，具纵隆脊和膜质的边缘，先端钝或微凹；雄蕊5；柱头2。胞果完全包于花被内或顶端稍露，果皮薄，和种子紧贴；种子横生，双凸镜形，直径1.2～1.5mm，光亮，表面有不明显的沟纹及点洼；胚环形。分布全国各地；广布于世界各国。生于田间、路边、荒地、宅夯等地。幼苗饲牲畜，也可供食用。全草入药，能止泻痢、止痒；种子可榨油，供食用和工业用。

⑦ 地锦。大戟科一年生杂草。匍匐伏卧，茎细，红色，多叉状分枝，全草有白汁。叶通常对生，无柄或稍具短柄，叶片卵形或长卵形，全缘或微具细齿，叶背紫色，下具小托叶。杯状聚伞花序，单生于枝腋，花淡紫色。蒴果扁圆形，三棱状。地锦分布很广，北起辽宁，南至广东。黑龙江、新疆等地也有栽培。日本也有分布。性耐寒，喜阴湿，在雨季，蔓上易生气生根。在水分充足的向阳处也能迅速生长。唯在大陆性气候地区，植于南墙和西墙者，燥热季节易出现焦叶现象。对土壤适应性很强。

⑧ 箭叶旋花。旋花科多年生杂草。茎蔓生、缠绕或匍匐分枝，茎具白色乳汁，叶互生，有柄；叶片戟形，中裂片大，侧裂片展开，略尖。花腋生，具长梗，花冠淡粉红色，漏斗状。在新建植草坪及老草坪中都有危害。

⑨ 匍匐大戟。一年生草本，茎纤细、匍匐，近基部分枝，中心有一紫红色斑点；小叶对生，矩圆形，当茎折断时渗出乳状浆汁。常出现在沙质地，农田路旁及撂荒地，也是草坪中的主要杂草。

⑩ 卷耳。多年生杂草，簇生，微匍匐茎，叶小阔卵形深绿，具短绒毛；花倒卵形，白色，主要以种子繁殖。常生长于潮湿紧实的地方。

⑪ 酢浆草。多年生草本，全体有疏柔毛；茎匍匐或斜升，多分枝。叶互生，掌状复叶有3小叶，倒心形，小叶无柄。花黄色，一至数朵组成腋生的伞形花序，萼片长圆形，顶端急尖，有柔毛；花瓣倒卵形，微向外反卷；花丝基部合生成筒状，蒴果近圆柱状，5棱，有短柔毛，成熟开裂时将种子弹出。种子小，扁卵形，红褐色，有横沟槽。花果期4～8月。酢浆草生长于肥沃较干旱的土壤中，在我国南北各地都有分布。

⑫ 马齿苋。马齿苋科一年生杂草。长可达35cm。茎下部匍匐，四散分枝，上部略能直

立或斜上，肥厚多汁，绿色或淡紫色，全体光滑无毛。单叶互生或近对生；叶片肉质肥厚，长方形或匙形，或倒卵形，先端圆，稍凹下或平截，基部宽楔形，形似马齿，故名“马齿苋”。夏日开黄色小花。蒴果圆锥形，腰部横裂为帽盖状，内有多数黑色扁圆形细小种子。

⑬ 独荇菜。十字花科1年生或2年生草本植物。全体无毛，茎直立，高5～30cm，有棱。基生叶有柄，叶片倒卵状长圆形，全缘；茎生叶无柄，叶片长圆状或披针形或倒披针形，基部两侧箭形抱茎，边缘具疏齿。总状花序顶生；花瓣4，白色。生于田野，各地均有分布。短角果近圆形，扁平，先端凹陷，边缘有狭翅。种子椭圆形，棕红色，粗糙，有近“V”形的棱，棱顶具小突起。种子繁殖。

⑭ 轮生粟米草。一年生草本，茎分枝多，斜铺生长，形成轮状草丛；叶舌状光滑，淡绿色。在草坪中形成窝状凹坑。

⑮ 萹蓄。一年生草本，高10～40cm，常有白粉；茎丛生，匍匐或斜升，绿色，有沟纹，叶互生，叶片线形至披针形，长1～4cm，宽6～10mm，顶端钝或急尖，基部楔形，近无柄；托叶鞘膜质，下部褐色，上部白色透明，有明显脉纹。花1～5朵簇生叶腋，露出托叶鞘外，花梗短，基部有关节；花被5深裂，裂片椭圆形，暗绿色，边缘白色或淡红色；雄蕊8；花柱3裂。瘦果卵形，长2mm以上，表面有棱，褐色或黑色，有不明显的小点。花果期5～10月。

⑯ 猪殃殃。蔓生或攀缘状草本。茎四棱形，棱上和叶背中脉及叶缘均有倒生细刺，触之粗糙。叶6～8片轮生，线状倒披针形，长1～3cm，宽2～4mm，顶端有刺尖，表面疏生细刺毛，无柄。花3～10朵组成顶生或腋生的聚伞花序；花萼有钩毛；花冠辐射状。果球形，密生钩毛，果柄直生。花果期4～6月。

⑰ 刺儿菜。多年生草本，具匍匐根状茎，可产生不定根、不定芽，茎直立，有纵沟，有些具蛛丝状毛，叶椭圆形或长椭圆披针形，全缘或有齿裂，有刺，被蛛丝状毛；紫红色头状花序，雌雄异株。常分布在较干旱的地方。

⑱ 苣荬菜。属菊科苦苣菜属多年生草本植物，含乳汁，高20～70cm，具长匍匐茎，地下横走，白色。茎直立，单叶互生，基生叶基部渐狭成柄，边缘具疏浅裂；茎生叶无柄，基部耳状抱茎。头状花序单一或2～8个于茎顶排成伞房状。花两性，皆为黄色舌状。瘦果长圆形，冠毛白色。开花期在6～9月，结果期在7～10月。苣荬菜适应性广，抗逆性强，耐旱、耐寒、耐贫瘠、耐盐碱。

3. 草坪杂草的综合防除

草坪杂草防除应以预防为主，施行综合防除。即针对各种杂草的发生情况，采取相应措施，创造有利于作物生长发育而不利于杂草休眠、繁殖、蔓延的条件。综合防除的具体措施有以下几点。

(1) 严格杂草检疫制度　植物检疫，即对国际和国内各地区所调运的种子苗木等进行检查和处理，防止新的外来杂草远距离传播，是防止杂草传播蔓延的有效方法之一。许多检疫性杂草的传播是在频繁调种中传入的。因此，必须加强检疫制度，遵守有关检疫的规章制度，严防引种时传入杂草。

(2) 清洁草坪周围环境　草坪周边环境中的杂草是草坪杂草的主要来源之一，这些地方的杂草种子通过风吹、灌溉、雨淋等方式进入草坪。所以应及时除去草坪周边如路边、河边及住宅周围等环境的杂草，减少草坪杂草来源。农家肥中往往含有大量杂草种子，因此农家肥要经过50～70天的堆肥处理，经腐熟杀死杂草及其种子后才能使用。

（3）适时播种，采用合理的建植方法　草坪杂草的生长需要一个适合的生态位，因此，在草坪草种的选用和搭配上应注意结合适当密植草坪草，建立起草坪草的最大生态位，压缩杂草的生态位，降低杂草生长的空间。例如，选择冷季型草坪草与暖季型草坪草混合播种建植草坪，可以最大限度地降低杂草的生态位，迫使杂草因缺肥、缺光而生长不良或死亡，从而降低草坪杂草的竞争优势。阔叶草坪则应适当增加草坪草种植密度，抑制杂草的生长危害。也可以选用或选育抗草甘膦的草坪草品种，使草坪杂草的药剂防除技术简单化，低耗、高效、安全地对草坪杂草进行防除。

对草坪建植基地杂草及其种子的处理效果直接决定了草坪建成后草坪杂草的发生与危害程度。由于土壤中存在一个庞大的杂草“种子库”，大量的杂草种子被掩埋在土壤的不同深度，因此，“种子库”中的杂草萌发很不整齐，只要条件适宜，杂草种子就会陆续萌发生长危害。因此，要求在草坪建坪前的1～2年里连续对拟用以建植草坪的基地上的杂草及其种子采用药剂熏蒸或灭生的方法进行彻底处理。可以选用灭生性除草剂于春季杂草3～4叶期喷施除草，效果理想。对没有死亡的多年生杂草可以用圆盘耙进行耙除，也可以用内吸性灭生除草剂进行防除，对少数难以防除的杂草，结合人工拔除的方法彻底将多年生宿根性杂草的宿根彻底杀死或拔除。对有些依靠种子进行繁殖的杂草，应掌握在种子成熟前将其彻底杀灭，降低土壤中杂草“种子库”中的杂草种类和数量。可以多次间隔浇水促进“种子库”中的杂草种子萌发，然后用灭生性除草剂进行彻底防除。需要在当年建植的草坪应在5月前用百草枯或2,4-D丁酯＋精噁唑禾草灵进行集中防除。也可以选用具有灭生性的溴甲烷等熏蒸剂进行熏蒸处理。

（4）加强草坪管理　耕生灭置，减轻草害；合理修剪、追肥、浇水，可起到控制杂草的作用。

（5）生物防除　利用杂草的天敌昆虫、病原菌等生物，控制和消灭杂草。本方法在实际应用中具有较大的局限性，是今后研究发展的方向。

（6）物理防除

① 人工拔除。人工拔除杂草是我国目前草坪杂草防除中使用最为广泛的一种方法，优点是安全、无污染，缺点是费工、费时、增加管理成本，并且容易在草坪上形成缺苗和斑秃状的裸露土地。人工拔除适合于小面积草坪上的一年生或越年生杂草的防除，宜在草坪土壤湿度适中时使用，湿度太大，易将杂草和草坪草一起大块拔起，形成斑秃状；湿度太小，则杂草的宿根不易拔除。一般草坪上草龄较大的非宿根性杂草宜采用人工拔除的方法，拔除后的杂草应带出草坪外进行集中处理。

② 定期修剪。利用草坪草和杂草生长点的高度差异，适时合理地进行修剪。由于每次修剪时，均可不同程度地剪掉杂草的生长点和杂草茎，从而抑制杂草生长。防除以种子繁殖的杂草效果最佳。

（7）化学防除　化学防除指应用除草剂除灭杂草。是草坪管理工作的重要组成部分，也是杂草综合防除的重要内容。

采用化学药剂防除草坪杂草具有省工、省时、经济节约、效果持久的优点。但若使用不当，不仅达不到预期目的，甚至还会对草坪草产生不同程度的伤害，因此，应根据防除对象、草坪类型、药剂特性、施药方法和施药时间等因素安全合理使用化学药剂，防除草坪杂草。

① 除草剂的类型。除草剂的种类很多，而且在不断创新，据统计，当代产生的除草剂

有1/10的品种可以用于草坪。为了生产上使用方便，依据使用时期、植物的吸收方式、使用范围、使用方法进行了分类。

a. 根据除草剂的使用时期。根据杂草不同生长期施药，除草剂可分为芽前除草剂和芽后除草剂。

芽前除草剂在杂草种子发芽出苗前施用。这类除草剂主要防除一年生杂草和阔叶杂草，通常用在已建植的成熟草坪上，一般不用在新播种的草坪上（环草隆除外）。芽前除草剂一般是在土壤表面形成一层毒层，来杀死要发芽的杂草种子和幼苗，而对毒层下面草坪草的地下根相对安全。芽前除草剂持效期为6～12周。

芽后除草剂在杂草的生长期施用。这类除草剂主要用于防治多年生杂草和阔叶杂草，也可防除一年生杂草。

b. 根据植物的吸收方式。可分为内吸型除草剂和触杀型除草剂。

内吸型除草剂是通过植物的茎叶吸收后，再输导到植物的其他部位，使植物受害，达到灭杀的目的。这类除草剂用于防治多年生和一年生杂草。如2,4-D丁酯、草甘膦。

触杀型除草剂只对所接触的部位有灭杀作用，主要用于防治一年生杂草和以种子繁殖的多年生杂草，而对多年生根茎繁殖的杂草效果较差。如百草枯。

c. 根据除草剂的使用范围。可分为选择性除草剂和灭生性除草剂。

选择性除草剂对一些植物有选择性地杀伤，而对另一些则安全。这类除草剂一般用于苗后施用，防除阔叶杂草或一年生杂草。如2,4-D丁酯。

灭生性除草剂对所有的植物都有不同程度的杀伤，一般用于草坪建植前土壤处理。灭生性除草剂能灭杀大多数杂草，包括一年生、多年生及阔叶杂草。如草甘膦、百草枯等。

d. 根据杂草的使用方法。可分为土壤处理剂和茎叶处理剂。

土壤处理剂是指用于土表施用或混土处理的除草剂。这类除草剂是通过被杂草的根、芽、鞘或下胚轴等部位吸收而产生药效。如氟乐灵、西玛津等。

茎叶处理剂是在杂草出苗后用于茎叶喷雾处理的除草剂。如草甘膦、2,4-滴（2,4-D）、灭草畏、百草枯等。茎叶处理剂在草坪草抗药性最强，杂草抗药性最差时施用效果最佳。禾本科杂草一般在1.5～3叶期；阔叶杂草一般在4～5叶期内。

② 草坪不同时期杂草化学防除措施。草坪杂草的防除，在播种前、播种后苗前，苗期以及成熟草坪所应用的除草剂及施用方法是不同的。为了草坪草的安全起见，所用的除草剂最好预先进行小面积的试验，以测定在当地环境条件下，所使用的除草剂及使用剂量对草坪草的安全性。

a. 播种或移栽前杂草的防除。一般可在播种前或移栽前，灌水诱发杂草萌发，杂草萌发后幼苗期根据杂草发生的种类选择使用灭生性或选择性除草剂，进行茎叶喷雾处理。见表2-8。

表2-8 草坪播种或移栽前防除杂草除草剂

药剂名称	杀草范围	100m² 剂量
41%草甘膦水剂	一年生、多年生杂草	4～6L
20%百草枯水剂	一年生杂草	5～6L
72%2,4-D丁酯	阔叶杂草	1～1.5L
20%二甲四氯钠盐水剂	阔叶杂草	5～6L
60%茅草枯钠盐	禾本科一年生、多年生深根杂草	1.5～2L

b. 播种后苗前杂草的防除。在播种后，杂草和草坪草发芽前，用苗前土壤处理剂处理。根据草坪草、杂草的种类选用不同的选择性除草剂，进行土壤喷雾封闭处理。施用药剂参考表 2-9。播种后苗前施用除草剂的风险性极大，极易出现药害，为保证草坪草的绝对安全，一定要对草坪草进行安全性试验。

表 2-9 草坪播种后苗前防除杂草除草剂

药剂名称	杀草范围	耐药草坪草	剂量
25%噁草酮(恶草灵)乳油	主要是一年生禾本科杂草	多年生黑麦草、早熟禾	0.9～1.5L/hm²
坪绿 1 号可湿性粉剂	一年生禾本科杂草和阔叶杂草	早熟禾、高羊茅、黑麦草、结缕草	1.1kg/hm²
50%环草隆可湿性粉剂	一年生禾本科杂草	早熟禾、羊茅、多年生黑麦草	5～10kg/hm²
48%地散磷浓乳剂	一年生禾本科杂草和阔叶杂草	多年生黑麦草	4.5～13.5L/hm²

c. 草坪幼苗期或草坪移栽后杂草的防除。草坪草幼苗对除草剂很敏感，最好延迟施药，直到新草坪已修剪 2～3 次再施药。如果杂草严重，必须严重，可选用对幼苗安全的除草剂，在杂草 2～3 叶期进行茎叶处理（表 2-10）。

表 2-10 草坪幼苗期防除杂草除草剂

药剂名称	杀草范围	耐药草坪草	剂量
72%2,4-D 丁酯乳油	阔叶杂草	禾本科杂草	0.6～1.1L/hm²
20%溴苯腈水剂	阔叶杂草	禾本科草坪草	0.75～2.5L/hm²
坪绿 2 号可湿性粉剂	禾本科杂草及部分阔叶杂草，对牛筋草防效较差	早熟禾、高羊茅、黑麦草、丹麦草、结缕草、野牛草	0.6～0.75kg/hm²
坪绿 3 号可湿性粉剂	禾本科杂草、阔叶杂草	早熟禾、高羊茅、黑麦草、丹麦草、结缕草、野牛草、剪股颖	0.75～0.83kg/hm²

d. 成熟草坪上杂草的防除。(a) 一年生杂草的防除。一年生杂草主要为禾草，可根据除草剂的特性和草坪草种，选适当的除草剂进行防除，主要使用芽前除草剂进行土壤处理。防除一年生杂草的芽前除草剂有 48%地散磷乳剂、25%噁草酮（恶草灵）乳油、50%环草隆可湿性粉剂等。一年生禾本科杂草的出土高峰期在 6～7 月份，这些芽前除剂必须在杂草种子萌发前 1～2 周施用。最好以"药沙法"撒施，拌沙量为 30g/m²，施药后灌水。使用芽后除草剂在禾本科草坪中进行茎叶喷雾来防除禾本科杂草，从选择的角度来看难度较大，可供利用的除草剂种类相对较少。防除一年生杂草的芽后除草剂有坪绿 2 号、坪绿 3 号等，在杂草苗后早期生长阶段施用（表 2-11）。(b) 多年生杂草的防除。在生产上防除多年生禾草如芦苇、白茅等较困难，尤其是在冷季型草坪上。防除该类杂草除参照苗前土壤处理法外，主要选择灭生性除草剂如草甘膦，以涂抹或定向喷雾的方法施药防除。莎草科的香附子、苔草等可用 25%灭草松水剂 5～7L/hm² 防治，效果很好，且对草坪草的毒性小。(c) 阔叶杂草的防除。防除阔叶杂草的芽后除草剂见表 2-12。阔叶除草剂有的也能混用，可防除藜、马齿苋、繁缕、苍耳、蒲公英、萹蓄、酸模、车前类、野胡萝卜等多种阔叶杂草，并且药效增强。

表 2-11 防除草坪中杂草的芽前除草剂

除草剂种类	防除的杂草种类	抗药的草坪草种类	用量/(kg/hm²)
草坪宁 1 号	马唐、狗尾草、看麦娘、婆婆纳、藜、繁缕等	结缕草、细叶结缕草、马尼拉、矮生狗牙根、狗牙根等	0.1

续表

除草剂种类	防除的杂草种类	抗药的草坪草种类	用量/(kg/hm²)
绿茵1号	马唐、狗尾草、看麦娘、婆婆纳、藜、繁缕等； 大多数禾本科杂草和双子叶阔叶杂草	结缕草、马尼拉、矮生狗牙根、狗牙根等	—
氟草胺	马唐、稗、金色狗尾草、牛筋草、芒稗、一年生早熟禾、萹蓄、一年生黑麦草、马齿苋、藜	草地早熟禾、多年生黑麦草、地毯草、高羊茅、细羊茅、结缕草、狗牙根、钝叶草、巴哈雀稗	0.91～1.36
地散磷	马唐、稗、金色狗尾草、一年生早熟禾、荠菜、藜、宝盖草	草地早熟禾、多年生黑麦草、地毯草、高羊茅、细羊茅、结缕草、狗牙根、钝叶草、粗茎早熟禾、匍匐剪股颖、小糠草	3.4～4.54
敌草索	马唐、一年生早熟禾、美洲地锦、草稗、金色狗尾草、大戟、牛筋草	所有草坪草、除球穴区修剪较高的剪股颖	4.54～6.08
草乃敌	大多数禾本科杂草	极个别暖地型草坪除外	4.54
灭草灵	一年生早熟禾、马唐、繁缕、稗、金色狗尾草、马齿苋	多年生黑麦草、休眠狗牙根	0.34～0.68
灭草隆	一年生早熟禾、鸡脚草、酢浆草	极个别暖地型草坪除外	0.45
噁草酮(恶草灵)	牛筋草、马唐、一年生早熟禾、稗、碎米草、婆婆纳、酢浆草	多年生黑麦草、草地早熟禾、狗牙根、高羊茅、地毯草、钝叶草、结缕草	0.91～1.18
氟硝草	马唐、稗、一年生早熟禾、酢浆草、耕地车轴草、月见草、大戟、宝盖草、鼠曲草、狗尾草	多年生黑麦草、草地早熟禾、狗牙根、高羊茅、地毯草、钝叶草、结缕草、巴哈雀稗	0.68
环草隆	马唐、稗、看麦娘	多年生黑麦草、草地早熟禾、高羊茅、海岸与高地剪股颖、鸭茅	2.72～5.44
西玛津	一年生早熟禾、小盆花草、马唐、耕地车轴草、宝盖帽、稗、金色狗尾草	狗牙根、钝叶草、结缕草、野牛草、地毯草	0.45～0.91

表 2-12 用于选择性防除草坪中阔叶杂草的芽后除草剂

除草剂种类	用量/(kg/hm²)	备注
噻草坪	0.454	在草坪中选择性防除草，要完全防除该杂草，有时需重复施用
溴苯腈庚酸酯	0.17～0.91	可用于坪床中防除阔叶杂草。也可与2,4-D、二甲四氯丙酸和灭草畏等混合施用，来防除剪股颖以外已建成的草坪的杂草
2,4-D	0.454	除繁缕、鼠曲草、英国雏菊、欧亚活血丹、萹蓄、胡枝子、锦葵、苜蓿、野斗篷草、丝状婆婆纳、大戟、堇菜、野草莓以外
二甲四氯丙酸	0.23～0.45	除酸模、蒜芥、山柳菊、野葱、宽叶车前、长叶车前、马齿苋、丝状婆婆纳、堇菜、野草莓
灭草畏	0.11～0.45	除宽叶车前、长叶车前、丝状婆婆纳、堇菜以外
2,4-D＋二甲四氯＋灭草畏	0.45～0.68	—
2,4-D＋定草酸	0.34～0.45	—
绿茵5号	1.4～1.8	用于马尼拉、结缕草草坪防除牛繁缕、碎米苋等常见阔叶杂草

四、损害草坪的修补

1. 草坪修补的方法

即使在正常的养护管理下，由于气候、使用等原因，也难免会发生一些危害草坪质量的情况。如足球场的球门区草坪，由于过度践踏造成秃斑；在高温高湿情况下，病害易于发生也常造成秃斑；践踏严重的草坪，雨中使用的运动场，人为破坏等都会造成秃斑，影响草坪质量。由于这些情况造成的草坪受害面积较小，通过修补的办法即可恢复。

修补的方法有两种：

① 当时间不紧迫时，可以采取补播种子的办法。

② 时间紧，立即就要见效果的情况下，可采取重铺草皮方法，快速修复草坪。

补播时要先清除枯死的植株和枯草层，露出土壤，再将表土稍加松动，然后撒播种子，补播所用的种子应与原有草坪草一致，以便修复后的草坪色泽一致。播种前可采取浸种、催芽、拌肥、消毒等播前处理措施。

重铺草皮成本较高，但由于具有快速定植的优点，故常被采用。重铺时，先标出受害地块，铲去受害草皮，适当松土和施肥，压实、耙平后，即可铺设草皮，铺设的新草皮应与原有草坪草一致。用堆肥和沙填补满草皮间空隙，并镇压，使草皮紧贴坪面，保证坪面等高，利于日后管理。

2. 退化草坪的更新

长期使用草坪会使表层土壤板结，影响根系生长，造成草坪退化。多年生杂草侵入草坪，造成草坪群落组成不良更替；病虫害危害严重时，草坪会产生大面积空秃；草坪枯草层过厚，或者当以上情况都存在时，草坪退化更是严重。在这种情况下，草坪亟须改造。但如果原草坪地形设计好，表层以下 5cm 土壤结构良好，而草坪等级又许可的情况下，则可以不翻耕原有草坪，只进行部分或全部重新建植就可以达到改良草坪的目的。

在进行草坪更新时，首先要弄清草坪退化的原因，对症下药，有的放矢地提出改良措施。

退化草坪的更新包括坪床准备、草种选择、建植和建成草坪管理 4 个环节。只是在进行坪床准备时，应考虑原有草坪情况。如果原有草坪中含有大量一年生禾草和阔叶杂草，可用选择性除草剂，不仅可以杀灭杂草，还可以保留原有草坪草；如果原草坪中有大量多年生杂草，则需使用灭生性除草剂。若存在较厚的枯草层，需进行较深的垂直刈割；而枯草层较薄或没有时，可进行几次浅的垂直刈割或打孔；表层土壤严重板结时，则进行高密度打孔，待芯土干燥后进行拖耙，破碎芯土并耙平。

3. 草坪着色剂

草坪着色剂是具有不同用途和不同颜色的颜料，可在休眠草坪上进行人工染色、装饰发生病害或褪色退化的草坪和用于草坪标记等。草坪着色剂一般为蓝绿色至鲜绿色。

(1) 草坪着色剂的用途　草坪着色剂，主要用于冬季休眠的暖季型草坪的染色，一般可保持一个冬季，目前多用覆播黑麦草或其他冷季型草坪草的方法代替，但应用草坪着色剂成本低。也可用于越冬的冷季型草坪，使之保持绿色。

装饰生病或褪色的草坪。如在高尔夫球场和其他运动场上，常在赛期前进行染色装饰，以达到所需的特殊效果。但喷着色剂不能代替良好的管理，一个退化了的草坪，除了在叶色上与管理良好的草坪不同外，在草坪的盖度、整齐度及使用效果上更有着天壤之别。因此着色剂的效果只是暂时的，而良好的管理则是需要持之以恒的。

(2) 草坪着色剂的用法

① 染色方法。喷洒，要求喷雾机压力足，喷雾细，喷洒均匀。应在雨后进行，以免雨水冲刷影响效果。最好在草坪干燥、温度 6℃以上时喷洒。喷洒时倒退行进，避免施后践踏，出现不均匀的斑块。

② 染色时间。根据用途而定。秋末冬初或比赛前。

4. 切边

切边是用切边机将草坪的边缘修齐，使之线条清晰，增加景观效应。在观赏草坪，高养护草坪，尤其是纪念碑、雕像等四周的草坪，切边无疑是一项重要的管理措施。切边通常在草坪生长旺季进行，由于边际效应，草坪边缘的草坪草生长旺盛，需要切边以保持草坪形状，切边的同时还可以结合清除杂草。切边用的切边机具有一组垂直刀片装在轴上，刀片突出草坪边缘，刀片高速旋转时将草坪垂直切割。切边时注意刀片不能与石头相撞，否则机器会突然跳起，容易发生事故。

5. 划破草皮

划破草皮是一种深而垂直的切割作业，由安装在重型圆筒上的圆盘或 V 形刀片完成。在拖曳的过程中，圆盘或刀片划破草皮表土层，穿透深度由滚筒重量决定，深度可达 7～10cm。在潮湿的土壤上，划破草皮的效果比打孔要好。操作中没有土条带出，对草坪破坏小，可有效地改善土壤的通气透水性。划破草皮常在生长季进行，因对草坪破坏小，可以一周进行一次。草坪着色剂主要用于冬季休眠的暖型草坪草的染色，也可用于越冬的冷型草坪草，使草坪草保持绿色。当草坪由于病害、使用过度等原因而褪色时，除了对草坪进行修复外，还可以采取喷着色剂的方法进行暂时的补救。在高尔夫球场和其他运动场草坪上也常用喷着色剂的方法进行装饰，以达到美观的效果。

6. 湿润剂

湿润剂是一种颗粒类型的表面活化剂或表面活性因子。可以减小水的表面张力，提高水的湿润能力。从而有效地增加液体对固体的湿润度，其有效性取决于它增加液体在固体表面延展性的程度，而这又是由湿润剂的化学组成和分子结构所决定的。

（1）湿润剂的类型　湿润剂分为阴离子、阳离子和无离子三种类型。

① 阴离子湿润剂。在土壤中容易被淋溶掉，起作用的时间短。

② 阳离子湿润剂。阳离子表面活化剂可与带负电荷的黏土颗粒或土壤有机胶体紧密结合，不易被淋洗掉，在土壤中可长时间发挥作用，一旦干燥就能变成完全防水的土壤。

③ 无离子湿润剂。在土壤中最不易被淋溶掉，起作用的时间最长，它分为酯、醚、乙醇三种类型。酯类湿润沙子的效果最好，醚对黏土的效果最好，乙醇剂对土壤有机质的湿润效果最好。某些非离子型湿润剂是酯、醚和乙醇的混合物，对沙土、黏土和有机土壤都能有效湿润。

（2）湿润剂的作用　施用湿润剂不但能改善土壤与水的可湿性，还能减少水分的蒸发损失。在草坪草定植后能减少降水的地表径流量、减少土壤侵蚀、防止干旱和冻害的发生，提高土壤水分、养分的有效性，促进种子发芽和草坪草的生长发育。还能减少露水发生，减少病害。若施用量过多或在异常的天气下施用，当湿润剂粘在叶子上时，会对草坪草产生危害作用。由于不同的草坪草对湿润剂的敏感性不同，因此在新草坪上施用时，要先进行小面积的试验，以保证安全。

第五节　常见草坪的养护管理

一、足球场草坪的养护管理

足球比赛往往被人们称为“绿茵赛事”，由此可见足球场草坪与足球运动的紧密关系。

足球场草坪不仅能使运动员充分发挥竞技水平，减少其在运动中受到伤害，而且对观众的眼睛、视野有良好的作用。

1. 足球场的类型及足球场草坪的质量要求

(1) 足球场的类型

① 专用足球场。是专供足球比赛用的运动场，在世界足球运动发达国家较常见，上海虹口足球场是中国第一个专用足球场。根据国际足球联合会规定，世界杯足球赛决赛阶段使用的足球场地必须是 68m×105m，边线和端线外各有 2m 宽的草坪带，因此标准足球场草坪的面积应为 72m×109m。如图 2-16 所示。

图 2-16 专用足球场

② 田径足球场。通称的体育场都是将足球场与田径赛场相结合建造，足球场布置在田径跑道中间。田径跑道的最内圈的周长一般要求不少于 400m，因此，足球场只能在周长 400m 的椭圆形区域内加以布局。中小学校运动场，因受场地面积限制，足球场常取 45m×90m，甚至更小，这类足球场都是非标准的足球练习场。如图 2-17 所示。

图 2-17 田径足球场

(2) 足球场草坪的质量要求　足球场草坪对于提高足球的运动质量和球员的安全性相当重要。运动质量决定于场地表面层及下层材料的性质，即足球场表层土壤及其着生的草坪的性质。除了草坪的表观质量以外，足球场草坪的功能质量尤其重要。为了适应运动的要求，足球场草坪需要具备以下特点：

① 具有较强的忍受外来冲击、拉张、践踏的能力；

② 表面具有一定的光滑度；

③ 具有良好的弹性和回弹性；

④ 草坪草茎、枝、叶中的机械组织发达，抗压耐磨的能力良好；

⑤ 生长迅速，植株分蘖力或扩展性强，具有很好的自我修复能力。

2. 足球场的坪床构造

足球场的坪床必须在强烈的践踏和集中降雨的情况下，仍能保持较高的透水性和透气性，并维持适当的软硬度。另外，如果灌水采用固定式喷灌系统，还须在坪床上预先埋设输水管道。

(1) 排水系统　排水系统是足球场草坪最重要、投资比重最大的基础工程。它可以排泄多余水分，保证足球场内无积水；阻隔地下水上升和盐碱危害；有利于土壤通气和透水；便于灌溉管理。

足球场草坪的排水形式分为两种，即地表排水和地下排水。地表排水是利用足球场表面的坡度自然排水。由于草坪的生草土层和芜枝层的吸收阻隔作用，除特大暴雨外，一般草坪不易产生径流。所以在有暴雨的地区建足球场草坪，应该中间高四周低，坪床坡度一般保持0.5%～1.0%。但由于场地本身的限制，利用这种方式来迅速排出地表积水是不可能的，所以目前较先进的足球场都有了地下排水系统。

地下排水是足球场草坪最主要的排水方式。地下管道的密度、坡度和管径选择都需依当地水文地质条件进行设计。地下排水系统包括排水支管、排水总管和蓄水池。排水支管可用埋碎石盲沟、多孔陶瓷管或有孔塑料管建造。排水主管和暗渠多用混凝土管或铸铁管，在降雨量小，土壤蒸发强的地区，排水主管道的直径一般为 20～30cm，而在多雨、降雨强度大的地区，其直径多为 50～80cm。蓄水池是为再利用足球场草坪排泄的废水灌溉草坪而设置的，多设在足球场外地势较低处。

① 地下盲管排水系统。地下盲管适用于基础土质不透水、无填方的场地。它由就地开挖的排水沟和回填的块石组成。沟底需要有 0.5%～1.0%的坡度。块石可使用卵石、碎石，甚至建筑垃圾如废砖头和混凝土等，要求有较大的孔隙，不得下陷。盲管建造成本低，管理简单，但维修困难，地基不稳时常造成草坪塌陷。盲管的排列间距一般为 3～5m，降水量大的地区，排列间距较小，而比较干旱的地区则间距大些。盲管的布设形式可采用周边式和鱼骨式。周边式盲管的出水口向足球场四周均匀分布，水流进入四周的环形暗沟。这种形式适于体育场周边地形平坦、场外设蓄水池的场地。鱼骨式是在球场中心线设一条（向一端）或两条（向两端）主排水盲沟，二次盲沟向两边线延伸，并与主沟呈一定角度相接。鱼骨式盲管很适于地势较高、排水较畅的场地。

② 有孔管道排水系统。常用的排水管材有多孔陶瓷管、有孔水泥预制管或 PV 有孔塑料管。陶瓷管使用寿命长，对环境无污染，但是造价高，适于高标准足球场使用。有孔水泥预制管一般较少用。目前使用较多的是 PV 塑料管材。质地轻、安装简单，可以维修。PV 有孔塑料管的管径有 10cm、15cm、20cm 等，可根据实际情况选用。排水管的布设形式主要是平行布设和鱼骨形布设两大类型。排水管的布设密度根据各地的降水量不同而不同，密的间距 3m，稀的间距 10m。排水管安装中要检查坡度使之符合设计要求，中间不能有凹凸不平的地方。排水管壁上部 1/3 的面积上开小孔，安装时小孔要朝上，排水管道四周要填实，回填块石要轻，防止损坏管道。设封堵 PV 管的高起端如果露出地面，应用塑料包裹管口，防止杂物进入管内，需要清淤时撤出封堵，可用高压水冲洗。

(2) 灌水系统　目前足球场草坪常用的灌水方法有小水漫灌和喷灌。

① 小水漫灌。是成坪后常用的一种灌水方法，将水源用可拆卸的水管引入场地，根据

地面淹水情况，随时移动水管出水口位置，可根据需要调节灌水时间长短。

② 喷灌。喷灌是目前运动场草坪使用最多的一种灌水方法。按照喷头的固定方式可分为移动式和固定式。

移动式喷灌系统。小型低压移动式喷灌比较灵活，可以任意移动喷头位置和调节灌水量，不会出现固定喷头分布不均的现象。但灌水效率低，灌水后的胶管在草坪上拖拉会影响草坪草的生长。

固定式喷灌系统。由伸缩式喷头、输水管道、加压水泵和蓄水池组成，这一系统的地下部分在施工开始时要预埋。喷头可根据水压自动伸缩，有水压时自动伸出地面并喷水，喷水结束后又自动缩下，不影响运动。

如果采用高压升降式喷头，喷头射程半径为20～30m，只需要安装4个喷头。还需要安装一台25～50kW的离心式清水泵，带止水阀的上水管，一个容量100～200m^{3}的水槽，减压启动闸刀，简易配电器，机房（约15m^2），输水管（承插铸铁管或无缝钢管）等。

如果采用低压升降喷头，射程半径为15～20m，则喷头的安装可采用分组式布局，这种方式灌水时需分组开启阀门，灌水时间较长，但可直接安装在自来水管道上。

管道布置依喷头数量和位置决定。每个喷头的旁边（进水管）均应设观察井，并安装闸阀（或电动遥控阀）。管道的管径要保证喷头的工作压力。

3. 足球场草坪的养护管理

（1）苗期管理　建植后的新草坪需要大约4～6星期的特殊养护。新草坪需要经常浇水保持土壤湿润以促进根系活跃生长。采用播种法建植的草坪，当幼苗高度达到2.5cm以后，可逐渐减少浇水次数。采用播茎法或铺草皮建植的草坪，在起初5～7天当新根开始长出时应保持土壤湿润。以后逐渐减少灌水量使土壤经受有规律的干湿变化，从而刺激根系的向下生长。

苗期需供给幼苗充足的肥料以满足活跃生长的需要，从草坪草出现第二真叶开始，需定期施氮肥和钾肥。在新草坪首次修剪之前进行轻度滚压，通过轻微地伤害草的生长点可促进分蘖与横向生长，同时还可提高表面稳定性。

播种法建坪的冷季型草坪草高度达到7.5cm，采用插茎法的暖季型草坪草达到2.5cm时，就可进行首次修剪。用草皮铺植的草坪，一旦能经受剪草机的操作而不被拔起时就可修剪，修剪高度应与移植前草坪的正常剪草高度一致。草坪草较幼嫩时，对化学伤害较敏感，尽量不要施除草剂。

（2）成坪后的养护管理

① 施肥。施肥是保持足球场草坪质量的重要措施，施肥的种类和数量要依当地气候、土壤、草坪使用强度和修剪频率而定。气温高、湿度大，草坪草生长快、需肥多，反之需肥较少。土壤酸性的球场除补充氮、磷、钾等营养元素外，应定期追施石灰粉或$CaSO_4$。使用强度大，草坪草损伤重的情况下要求的养料多，应增加施肥次数。足球场草坪施肥的原则是缺什么补什么，缺多少补多少，并且要少量多次施入。所以最好能定期取土样化验，然后制订施肥计划。另外管理者随时注意草坪草的长势，是决定是否需要施肥的直接方法，也是最有效的方法。对于高强度使用的沙质足球场草坪每年大约需氮60g/m^2，磷8g/m^2，钾33g/m^2，即尿素约100g/m^2，复合肥300g/m^2，表施肥土（土：沙：有机肥＝2：2：1）5～7kg/m^2。夏季要少施氮肥，多施磷肥、钾肥，以增加草坪草的坚韧性和抗践踏性。

② 修剪。足球场草坪的修剪高度一般保持在2～4cm。修剪时应严格遵循1/3原则。适

当的修剪可使草坪保持良好密度、控制杂草、减少病害、维持球场的使用性状。但修剪不当也会削弱草坪草的长势，造成草坪提前衰退。修剪的频率因植株的生长速度而异，春秋大约每星期修剪一次，夏季生长旺期每星期需修剪2次。修剪机械多用宽幅驾驶式旋转剪草机，要求刀片锋利。修剪后叶片无拉伤现象。修剪出的草屑要运出场外进行处理。遗落在草坪上的的草屑或尘土可用清扫车进行清理。利用剪草机运行方向变化可使足球场形成不同的临时性花纹。它是由于草坪草茎叶倒伏方向不同，叶片反射光的差异所形成的。花纹的宽度为2～3m，不能交叉混乱。通常在球赛前一天或当天作业完成。因为经过夜晚或较长时间生长，草坪草恢复垂直状后花纹便会消失。目前常见足球场压花形状有圆形式、方格式、横条式、斜线式和菱形格式。

③ 灌溉。足球场草坪土壤是沙质壤土，保水能力差，加强灌溉是足球场草坪养护管理的关键措施。灌水时间、次数、数量等没有统一标准，可根据草坪草的生长情况等确定灌水指标。通常应采用少量多次的灌水办法。在比赛前24～48h要进行浇水，以保证场地有足够的时间干燥，为比赛提供一个致密、表面坚实、干燥和抗践踏的场地。每一场比赛结束后应立即浇水，以防止受伤害草坪失水干枯，促进草坪修复。灌水时间最好在清晨，夏季为了降温，中午也可以进行喷灌。在入冬前最好冬灌一次，保证草坪的安全越冬，冬季干旱时，也需灌水。返青后要及时灌水，有利于草坪草的生长。

④ 打孔。足球场草坪在长期使用后，地面会变得非常坚实，通气透水能力明显降低，此时打孔是最有效的改善措施。一台工作幅1.8m的打孔机1h可完成1000～1500m^2的作业。抛在草坪上的芯土经垂直刈割机粉碎和疏耙，再表施肥土和镇压。最后浇水使其恢复生长。打孔要在土壤潮而不湿的情况下进行，打孔时间最好在春季草坪草开始返青时，如果高温时作业对草坪草损伤严重，造成恢复期延长。另外划破草皮、垂直刈割等作业也可以改善土壤透气性。

⑤ 覆土。覆土的作用是保护草的越冬芽、平整地面、提高球场表面的弹性、改良土壤结构、增加土壤的透气性和透水性。覆土一般在冬、春、秋季进行。覆土的材料应以细沙为主，适当配以有机肥和缓效化肥如过磷酸钙和磷酸二氢铵。覆土作业可用谷物播种机或手扶式撒播机。也可手工作业撒完后用拖网耙平，再用圆筒式镇压器碾平，使足球场保持平坦的表面。覆土的厚度每次不得超过0.5cm，如有低洼地或小凹陷过深，应分数次进行覆土，使草坪草不能因覆土而窒息死亡。在运动会或球赛结束后，随时用人工进行局部的覆土作业，并用脚踩实。

⑥ 镇压。镇压可以增加分蘖和促进匍匐茎的生长，使匍匐茎的节间变短，从而可以使草坪变得致密；镇压还可以整平局部的凹凸不平，使土壤与草坪草的根系紧密接触以保证草坪草从土壤吸收养分。镇压辊一般重350kg左右，比赛结束后或者覆土后进行镇压。

⑦ 杂草和病虫害防治。一般足球场在强度使用和连续修剪下，杂草不易入侵。只有当土壤结构变劣，草被变稀出现裸地时，一年生杂草才趁机而入。如出现杂草可用人工拔除，也可用除草剂防除，或配合高强度修剪，使草坪中的杂草难以形成群落。在南方地区有香附子、水花生等恶性杂草，在草坪坪床处理时，要尽可能清除这些杂草的种球和根茎。如发现病虫害要及时采取措施，加以防治。

二、高尔夫球场草坪的养护管理

高尔夫球是世界上非常流行的一种高雅球类运动，是在特定场地上，使用一套球杆，按一定的规则，依次击球入洞的一项户外运动。高尔夫球场一般建在风景优美秀丽的地区，大都依自然地形、风光设计而建造。如图 2-18 所示。长短宽窄不一，起伏变化多端，植物景观配置风格各异，所以世界上找不到两个一模一样的高尔夫球场。

图 2-18 高尔夫球场

高尔夫球的正规场地由 18 个洞组成，这是一种国际标准球场，运动员打 18 个洞为一个循环。一般 18 个洞的高尔夫球场通常设置有 4 个 3 杆球道，称短洞；10 个 4 杆球道，称中洞；4 个 5 杆球道，称长洞，全场标准杆为 72 杆。但有些小球场只有 9 个洞，这样，运动员要完成 1 局比赛需在场地上打 2 圈。

洞是球场的基本组成单位，每个洞基本由果岭、发球区、球道、障碍区组成。发球区与果岭之间由球道相连。障碍区位于球道两侧，常由沙坑、树林、池沼水面等组成，目的是增加比赛难度。

1. 果岭草坪的养护管理

果岭（Green）是位于球洞周围的一片管理精细的草坪，是推杆击球入洞的地方。果岭上的草剪得最低，是高尔夫球场最重要和养护最细致的地方。所以，果岭的设计、建造和养护极为重要。如图 2-19 所示。

图 2-19 果岭处草坪

（1）果岭的基本造型 果岭区位于球道的终端，由推球面、果岭环围、果岭裙、沙坑等组成。

推球面从地形上看略高于周围的球道，以利于地表排水和突出果岭位置，为球手在远距离提供击打的目标。在设计果岭时，果岭的周边至少应有 2 个以上的排水流向。推球面略前倾，坡度小于 5%，斜面朝向球道方向，为圆形或近圆形，面积大部分在 465～697m^2 之间。

推球面的外缘是一圈果岭环围（Collar），其宽度为 0.9～1.5m。此区草坪修剪高度高于推球面，低于球道，它可以突出果岭的轮廓。在这里也可以用推杆击球。

果岭环围的外面是果岭裙（Apron），也叫落球区，是果岭和球道衔接的坡地部分。果岭周围也可设置沙坑。沙坑的作用是救球或障碍，其外围一般为边丘，是球道的外缘。果岭的周围，与沙坑高草连接地带要有足够的宽度和面积，并流畅地连接过渡，这也便于剪草机能转向或掉头。

（2）果岭坪床的建造 排水对果岭的后期养护管理极为重要，因此要在地下埋设排水管道，果岭的坪床结构由排水管道、砾石、沙子和营养土构成。

① 地基造型。果岭地基最终定型后的高度应低于果岭最后造型面 30～45cm，首先从坪床面向下挖走多余的土方，然后镇压至没有下陷为止，并使地基表面平顺、光滑。

② 安装排水系统。

a. 放样划线。排水系统多采用鱼骨形或平行形，支管在主管两侧交替排列，支管之间的间距 4～6m。根据设计图在地基上可用喷漆、沙、石灰、竹签或木桩定桩放样划线。

b. 开沟挖土。用机械或人工在地基上开沟挖土，沟的深浅依排水管的大小来决定，沟的宽和深各比管径多 10～15cm。如支管直径 100mm，则沟深、宽各 20～25cm，上下左右留有足够的空间放砾石，将排水管包围在中间。从主管道进水口到出水口，坡度至少为 1%。

排水沟挖好后，用木板或其他相应的工具拍实沟的三面，使泥土和砾石有较好的分隔。

c. 沟底铺放砾石。排水沟底放入 5～10cm 厚、直径 4～10mm 经水冲洗过的砾石。南方地区雨水较多，砾石可稍大些，5～15mm。

d. 安放排水管。排水主管直径 200mm，侧排水管直径 110mm。排水管一般选用有孔波纹塑料管，其优点是管凹壁有孔，有利于排水和透气；管凸壁和管凹壁的连接使管子具有一定的伸缩和弯曲性，便于现场随地形放管；因其伸缩和弯曲性，不会受地陷影响而裂管或折断。主管和支管的进水口用塑料纱网封口防止沙石冲入管内。主管和支管的连接处用三通连接。

排水管放在沟的中间，在管的左右和上面都填放经水冲洗过的 4～10mm 砾石，砾石面比地基面略高，成龟背形。

e. 铺防沙网。在排水管砾石上面，铺盖一层防沙网，以铁线钉将防沙网固定，防止根层的河沙渗漏到砾石的间隙，造成排水管堵塞，降低透气和排水。防沙网多用塑料纱网或尼龙网，便宜而实用。

③ 铺设坪床。在地基和排水层以上是砾石层、粗沙层和根际层，要逐层进行铺设。

a. 砾石层。在排水层的基础上，铺上一层厚约 10cm 经水冲洗过的 4～10mm 的砾石，将整个果岭地基铺满。使用水冲洗过的砾石是为了减少石粉、脏物对石子间隙的堵塞，以便将来根际区多余的水迅速地排入排水管道内。

b. 粗沙层。在砾石层上铺一层厚度为 5cm 的粗沙，沙粒直径为 1～3mm。它能防止根际层的沙子渗流到砾石层，阻塞排水管。同时通过对根际区沙子的阻挡，有效地稳定了果岭结构。

c. 根际层。在粗沙层之上是 30cm 厚的根际层，是果岭草坪草的生长层。根际层由沙和有机质组成，有机质与沙子的比例至少为 1∶10。沙粒直径一般为 0.25～0.5mm，因沙子保水保肥力差，需要在沙中加入有机质进行改良，有机质的种类很多，如木屑、碎秸秆、泥炭、椰糠、蔗渣等，但需要经过完全腐熟分解并粉碎后加入。在铺放沙子混合物时，要分层边铺边浇水边压实，这样铺设的果岭以后不易变形。

(3) 果岭草坪的养护管理

① 剪草。

a. 剪留高度。果岭草坪的质量，应达到表面平坦，无凹凸不平现象。有些草坪由于留茬太高，往往容易产生垫状、海绵状鼓包，因此必须控制剪留高度。

苗期第一次修剪应在草坪草覆盖率达 90%以上、苗高达 1.0～1.5cm 时进行。苗期剪留高度控制在0.8～1.2cm，以后高度逐步降低至需要的理想高度。成坪后的果岭草坪剪留高度一般在0.3～0.8cm，在草坪密度有保证的情况下，剪得越低越好。

果岭环是果岭周围的草坪带，其剪草的高度介于果岭和球道之间，一般为0.8～1.2cm。

b. 剪草频率。适当的剪草频率可以让草坪保持最佳的场地状态，增加草坪密度、质地。过高的剪草频率导致草坪草受损过度；过低的剪草频率会降低草坪密度和质地，容易产生“慢果岭”，导致无法确定球路和球速。正常情况下成坪后的果岭草坪每天剪草1次，时间在清晨视线可见之下进行。遇上重大比赛时，果岭每天需要剪2次草，第二次是在第一次完成后以90°的旋转角正十字交叉剪草，以提高果岭速度，迎合职业选手和低差点的选手。

在下列情况下可以不剪草：铺沙过后的果岭；连续下雨的雨天（除重大比赛外）；封场保养日（营业过重的球场，为了让草坪得以休养生息、恢复生长，常常在一周中选择半天或一天封场停止打球，这一天可以不剪草）；冬季草生长缓慢或停止生长时。

c. 剪草方式。剪草时的行进路线和方向称为剪草方式。每天剪草的第一刀应正对着旗杆，直线剪过洞杯到果岭环，调头回来稍压第一刀的边缘少许继续剪第二刀，直至果岭的一半剪完后，再以与第一刀相反的方向将另一半果岭剪完。完成直线剪草后，绕果岭边1～2周，将漏剪的边缘草剪掉，也能使果岭剪草更加整齐。无论使用何种修剪机，都要保证在推球面上是直线运动，转弯时一定要离开推球面；在最后或开始时围绕推球面剪成圆形。须注意的是：修剪果岭环围一定要提高剪草高度。

每次剪草用“米”字形交替进行。要避免在同一地点、同一方向进行多次重复剪草，否则容易产生草坪纹理。草坪纹理是剪草机对草坪施加压力，迫使草叶倒向剪草机前进方向而在草坪上产生的条纹，在阳光下，会形成深浅相间的不同颜色。草坪纹理会影响到球的顺利、均速滚动，因此要每次改变剪草路线和方向，以减少草坪纹理现象。

d. 剪草机。果岭草坪要求修剪相当精细，必须使用专用的修剪机，即滚刀型修剪机。通常使用的有2种，手推式果岭修剪机和坐骑式修剪机。普通手推式修剪机的剪幅为0.53～0.56m。坐骑式修剪机又叫三联式修剪机，它有三组刀片，剪幅1.5～1.6m。使用坐骑式修剪机可提高工作效率，特别是在果岭间转移时很省时间，但它的修剪效果不如手推式修剪机理想。

e. 果岭草坪修剪的注意事项。修剪果岭的工作人员必须穿平底鞋，以免破坏推球面。修剪前应仔细检查推球面，清除异物，如树枝、石子、果壳及其他球员遗留物等。否则这些杂物会嵌入果岭，影响果岭效果或损伤剪草机刀片。修剪前应清除草叶上的露水，可用扫帚轻扫或用长绳横拖推球面的方法清除。修剪前必须先修复球击痕。剪草机必须带集草箱作业，将碎草收集干净。修剪机须平稳、匀速前进，避免划伤草坪面。当果岭受雨水浸泡草层变软时，可提高剪草高度或减少修剪次数。经常检查剪草机，勿使汽油、机油滴漏在草坪上。

② 灌水。频繁的灌溉是果岭草坪日常养护必不可少的工作内容。果岭草坪因频繁修剪，草坪草容易形成浅根，吸水能力受到限制，同时沙质坪床本身的保水性能差，所以果岭草坪易受干旱威胁，必须要有充足的灌水才能保证草坪草生长旺盛，具有较高的外观质量和较强的恢复力。在天气炎热或气候干燥的生长季节，果岭必须天天浇水。

灌水时间宜在晚上或果岭未使用时的清晨进行，一般不需要大水灌溉，水能渗透表层15～20cm土壤即可。在炎热干旱的夏季，为了降温，在每天中午可喷水几分钟。

在我国的北方地区，冬季干燥多风，这时无论果岭是否使用都应及时灌水或补水，否则草坪会因土壤干旱失水而死亡。冬季浇水应选在温暖的中午进行，浇水量以能使水渗入地下又不在推球面形成积水为度。万一在推球面形成冰层或遭受暴雪，要及时小心地加以清除。球场使用地埋伸缩式喷头时，要经常进行检查，避免喷头被冻住或被异物卡住，不能自由升降，造成局部缺水或积水。

③ 施肥。

a. 施肥原则。果岭需施重肥来保持其积极的长势和良好的外观。总的施肥原则是重氮肥、轻磷钾。氮肥的施用量，比磷钾肥的 2 倍还多。一般情况下，春秋两季结合打孔可施全价肥，平时追肥多为氮肥。微肥应参照土壤测试结果施用。

b. 施肥量。施肥量和施肥次数要根据果岭区草坪草的种类和生长情况、坪床的土壤情况、气候条件、肥料种类等因素而定。通常，在草坪草一个生长季内，每月每 $100m^2$ 草坪氮肥施用量约为 0.37～0.74kg，每 3 周施肥一次，选用缓效肥可减少施肥次数。在匍匐剪股颖果岭上，夏季较热时期或冬季来临前要减少氮的施用量。狗牙根草坪在生长缓慢的秋季也应减少施肥量。当夏季某些病害发生时，更应限制氮肥的施用，以免病害加重。

c. 施肥方法。果岭施肥一般用肥料撒播机撒施。结合铺沙进行时，可先撒肥后铺沙或将肥与沙混合后同时撒施。结合打孔进行施肥时应先打孔后施肥，肥料颗粒直接落入根系土壤为佳。施肥后应及时浇水，以免灼伤根系及茎叶。肥料进入草垫层后，可以加速枯草层的分解，减少其对果岭造成的不良影响。用肥料和沙混合撒施，除给草坪提供养料外，混入的河沙可积聚在果岭因自然下陷而形成的低洼处，保证了推球面的平整、光滑。果岭追肥一般不用叶面肥。

d. 微肥的施用。主要依据土壤测试结果进行。在沙床果岭中较易发生缺铁症，严重影响草坪色泽，可施用一定量的硫酸亚铁进行弥补。随着果岭使用年限的延长，还需施用其他微量元素。根据土壤 pH 值的变化，可施用石灰或硫黄等加以调节。

④ 病虫害及杂草防治。

a. 病虫害防治。果岭草坪由于经常践踏、强低修剪、频繁灌水及过度施肥等，往往会使草长势变弱而易受病菌侵害。在果岭管理中，定期喷洒杀菌剂是一项固定的管理内容。在易于生病的季节，果岭要每 1～2 周喷杀菌剂 1 次。但使用的杀菌剂不能单一长期使用，以防产生抗药性，影响杀菌效果。虫害的发生与管理质量、气候有关。治虫的关键是及早发现、及早施药。特别是地下害虫大量发生时，很具隐蔽性，会给人以错觉，以为是病菌危害而错过治虫最佳时期。所以，当果岭出现原因不明的变黄、干枯、死亡时，应及时检查地下情况。一旦发现害虫，应立即施用杀虫剂。否则，可能会给果岭造成毁灭性的损坏。虫害发生时，杀虫剂可与杀菌剂一起使用，效果会更好。

b. 杂草防治。果岭草坪由于频繁地强低修剪，一般杂草难以繁殖生长。但有些低矮的阔叶杂草如繁缕、婆婆纳和白三叶，以及一些一年生的禾草如马唐、狗尾草、牛筋草、稗草、早熟禾等，有时会侵入果岭草坪，降低草坪的质量。偶有少量杂草发生时，可用人工拔除。出现阔叶杂草时，可用选择性除草剂杀除，但应避免重复大量使用。

⑤ 修补球疤。当球落上果岭时，会对草坪向下撞击，形成一个小的凹坑，叫球击痕。在雨季、地面潮湿、土壤松软时，容易造成球疤。它不仅会影响果岭的推球效果，也会影响果岭的美观，因此球疤要及时修补。球击痕的修复方法是用刀子或专用修复工具（如 U 形叉）插入凹痕的边缘，向上托动土壤，使凹痕表面高于推球面，再用手或脚压平即可。

专用修补球疤工具像 U 字形，尖而硬，用塑料、木、铁、不锈钢等材料制作。

⑥ 打孔。由于常年比赛践踏，会使果岭部位的土壤坚实板结，影响草坪草生长，因此必须每年进行打孔通气，以改善草坪质量。

打孔是用空心管或实心管，借助打孔机的动力垂直打入果岭土在土中留下孔洞，空心管提上来时会带上来圆柱形土条。孔洞的形成使水、肥、气、农药等更容易进入根系层，可有效改良土壤的物理性质，还可切断老根，促进新根的生长，防止草坪老化。根据果岭状况，每年通常打孔2～3次，孔深4.6～10.2cm，孔径0.5～1.5cm不等。

打孔应在草坪草生长季节进行，当土壤过湿、过干或冬季低温时都不宜进行打孔。

⑦ 划草。划草是刀片垂直向下切入土表产生仅1.3～2.5cm深、长5～12cm、宽不足0.3cm的小孔，是改善草坪通气透水的一种作业。它与打孔不同之处在于，不会带出土条，不用深度铺沙，对果岭破坏性小。划草能减缓土壤表层板结，利于水穿透硬壳状的表层、枯草层、草垫向下到达根部；更重要的是划草有助于根状茎和匍匐茎生长出新枝和根；当土壤表面潮湿、长青苔时，划草能提高表层土壤水分的蒸发和渗透。所以，每年划草的频率应高于打孔，具体次数视天气、土壤表层状况而定。

⑧ 切割。切割是三角形的刀片垂直向下切入草坪5～10.2cm深的一种作业。它与划草的作用一样，但它比划草的深度要深很多，对土壤的破坏介于打孔和划草之间。每年切割的次数少于打孔1次或2次。

⑨ 梳草。梳草是用梳草机清除草坪枯草层的一项作业，通过高速旋转的水平轴上刀片梳出枯草，就好像人用梳子梳头时梳出头发一样。梳草的次数取决于枯草层形成的速度。在每年春秋季每3～5周可以进行轻、中度梳草，夏季深度梳草，冬季低温时不能实施梳草作业。

⑩ 铺沙和滚压。铺沙和滚压也是果岭养护的重要内容。

铺沙是将沙子或沙肥混合物覆盖在草坪表面的一种作业，目的是为了防治枯草层、保持果岭的平滑度和草坪的美观。当与施肥结合时，会提高施肥效果、促进草坪生长。通常情况下，修剪、铺沙、滚压可依次完成。

果岭铺沙频率很高，在打孔、梳草、划草、切割等工作后都要辅助铺沙。在冬季无法做更新草坪的特殊工作时，通过少量铺沙能促进草的生长。平时每3～4周薄而少量铺沙，每年铺沙至少12次。铺沙要用铺沙机进行，铺沙厚度一般为2～3mm。铺沙厚度取决于铺沙的性质。打孔铺沙时应加大铺沙量，至少要填满孔洞，在浇水后，沙子下沉，还要再铺沙一两次，沙层比较厚。梳草铺沙，沙薄而少。铺完沙要用草坪刷刷梳草坪。

滚压可以使用果岭压机，生长季节每10天进行1次。果岭滚压可强化修剪的花纹效果，并保持果岭表面草坪的致密和坪床的坚实。

⑪ 补草。当果岭局部因病虫害、干旱、肥害、药害、剪草漏油等原因出现草坪死亡时，需要修补草坪。高尔夫球场应备有果岭草储备圃，以备果岭出现损坏时修复使用。修复果岭时应用换草器将斑秃、损毁部分整块切除，露出沙床，然后用换草器从草圃取出大小一致的草皮，铺回果岭，覆盖上一层沙，经浇水、滚压等管护后即可使用。经补草后果岭能很快恢复原状，对果岭推杆没有太大的影响。

换草器是一种取草的工具，在修补果岭时非常有用。取出的草块表面正方形，垂直根部为梯形，上宽下窄。

⑫ 染色剂。染色剂是短时期保持草坪绿色、不伤害草坪的一种化学剂。主要用在：果岭叶面施肥、喷洒农药时，使用染色剂能使工作人员明显地区分喷洒与未喷洒的界线，不至

于发生重复或漏喷现象；当冬季举办大赛，果岭草坪颜色不尽如人意时，使用染色剂能给人一个较好的绿色视觉效果。

2. 发球台草坪的养护管理

发球台为每一洞球手挥击第一杆的开球区域。因这块区域一般高于球道，呈台状，故称发球台。其常用的形状有近圆形、椭圆形、长方形、正方形等。如图 2-20 所示。

图 2-20　发球台

(1) 发球台的结构　标准的高尔夫球场发球台是一座长方形锥体平台，其上设 3 组发球座，靠近球道的是女士发球座（红色），中间是男士发球座（白色），远离球道的是比赛用发球座（蓝色）。发球座是用防腐木材（也可用塑料棒材）做的一根木桩，大小约为（5cm×5cm×30cm）～（8cm×8cm×40cm），打入地下后，顶部与发球台草坪齐平，上面再涂上规定颜色的油漆。

如果男女运动员使用同一果岭，根据男女运动员球道长度设计要求，发球座设在同一平台上，男女发球座间差距为 37m。所以发球台最好分别建筑 3 个独立的发球座，其面积为（5m×5m）～（10m×10m），高度以运动员能看到果岭标志旗为准，如球道长 500m，地形无大的起伏，则发球台有 1～2m 高即可。若地形起伏大，果岭设在低处，则发球台不必筑台，直接平整出一块地，建植草坪设立发球座。发球台表面要有 1%～2% 的坡度，以利排水。

发球台的坪床结构同果岭近似，但与果岭不同的是，在完成排水沟建造后，直接将沙和有机质混合物放到地基上，省去了砾石层和粗沙层。沙子混合物厚 5～25cm。一些球场为降低成本，常省去下层排水盲管，减少滤水沙层的厚度，选用低养护费用的草坪品种。发球台的喷灌系统是由一至数个电磁阀控制的、能覆盖整个发球台浇灌的喷头、管道、补水插座组成的。

(2) 发球台草坪的养护管理

① 剪草。

a. 剪留高度。剪留高度要求足够低，以保证放在球座上的球在理想的高度，叶片的生长不会阻碍杆面与球的接触，相对较低的剪草高度也能保证球手保持稳定、踏实的击球姿势。所以，发球台剪草高度介于果岭和球道之间，为 0.8～2.5cm，最常用的范围是 1.0～1.8cm。

b. 剪草频率。每周 2～4 次，草屑清理与否均可，如清理最为理想。

c. 剪草方式。通常采用交叉两个方向轮流进行。每次剪草前仔细检查、清理球手遗留下来的鞋钉、被打断的球座和其他杂物；并把被打掉草皮的地方补沙填平。

d. 剪草机。剪草机为三联坐式或手推式，刀片组比果岭机少，为7～9片。长期使用三联机会使发球台边缘逐渐下沉，原有的平坦台面日久形成龟背式，中间高四周低。而使用手推式不会出现这种现象。

② 施肥。使用频率高、受践踏严重的发球台，相应的施肥次数和数量都要多于其他发球台，以促进草坪的恢复。一般每 30～45 天施肥一次，保持草坪有足够的密度和美观的颜色。

③ 补沙。草皮痕是球手挥杆时，杆头将草皮削去，留下的一个无草的、内凹的痕迹。修复的措施除了施肥、浇水外，补沙最简单易行。补沙能使裸露的根茎受到覆盖，避免阳光的暴晒，减少水分蒸发，促进根状茎、匍匐茎的恢复生长，保持台面的平坦。补沙多用单纯的沙子，有时也用混合了有机物的沙子。

④ 打孔、切割、梳草、铺沙。打孔、切割、梳草、铺沙的作用和程序与果岭相似。使用的机器不同于果岭，打孔机多采用空心管而极少用实心管，并且管粗而长；切割、梳草的刀片大；铺沙较果岭厚。

3. 球道草坪的养护管理

球道是位于发球台与果岭之间的草坪区域，草坪修剪整齐并且剪留高度低于周围高草区。球道是高尔夫球场内面积最大的运动区域，18 个球道的总面积可达 12～24hm²。球道的长和宽是根据球洞的设计难度而变化的，长度一般为 137～492m，宽度常为 32～55m，也有超出该范围的。

(1) 球道的坪床建造

① 测量和定桩。根据球道中心线和永久水准点，测量和计算出各个桩的坐标，每个坐标构成了定桩的平面图，从这些坐标能够在现场准确地定位出球道和高草区的特征。

② 清理场地。在球道区原覆盖的树木都必须清除掉；在弯曲或转折点，会保留几株树木作为障碍或指示树；在球道边缘和高草区内缘，保留一些重要的树木作为障碍和球洞的隔离；如果球场建在林木地，高草区外边缘的树木、灌木尽可能不要破坏掉，它能形成一个自然的林木景观和有效的分隔林带，并且保护了水土，可防止水土流失。

③ 粗造型。按照设计图和现场的定桩，用大型推土机、挖土机、运载机等对需要填方或挖方的区域进行原始的土地平整、造型。除留存点缀景观的自然岩石和作障碍物的灌木树木植物外，在表土 15cm 以上的石块、树桩、树根尽可能地清理。在填方的区域，一定要做好压实工作。当球道内有管理通道穿过时，道路两侧的坪床应略高于地面，这样在暴雨时可避免路面积水灌入球道。高于地面的草坪对路面还有隐蔽作用，从远处看时可消除球道被路面分割的感觉。

④ 排水系统。在北方和干旱区域，球道草坪常建在很少或未经改良的自然土壤上，球道区一般仅采用地表排水。依地形合理划分排水区域，汇集到排水井或直接排入水塘。汇集面积不宜过大，尽量减小地表径流。分水岭设计以原地形为基础，避免直硬线条。分水线的平面和立面投影最好都是平滑的曲线，这样的坪床才更优美、自然。在一些比较陡峭的山坡，可修建拦洪渠、明沟用于排水，一般建在打球者看不到的高草、灌木丛中，出水口流向场内的湖泊。球道上最理想的排水系统是在每个斜坡底设置集水井，在每个集水井斜坡面上，按鱼脊式铺设排水管道，这样整个球道形成了一个密布排水网的综合排水系统。主管、支管、侧向管、集水井可分别采用不同口径的多孔管，各排水管铺设深度在地面以下 0.5～

1m处，多孔管四周铺放砾石，砾石上填上粗沙，其上要有至少15～20cm厚的种植层，大量多余的水能通过表面、根层、心土层，多层次流向排水管，渗水、排水效果最好。

⑤ 灌溉系统。自动喷灌系统是目前较先进、最高效的球场喷灌系统，它能节省人力、省时、方便、易于控制，有效配合草坪上喷灌的需要。

球道上喷水，一般独立成一个系统，或与高草区组成一个系统，场地内设有输水管道和喷头。每个电磁阀控制4～6个喷头，每个卫星控制箱则管理20～25个电磁阀，管辖面涉及到整个球洞，包括果岭、发球台、球道、边坡，最终由办公室内的电脑调控分布在球场各处的卫星控制箱。每天由球场负责人将浇水的日期、时间、地点输入到电脑，由电脑通过自动感应线路传输到卫星控制箱，再通过电磁阀控制喷头喷水。

⑥ 细造型和土壤准备。由于排水、灌溉工程对整个球道和高草区的开挖和回填，原有的造型会受到破坏。一般在完成排水喷灌工程后，用小型造型机、耙拖机将整个区域重新细致浅推、耙、拖，使球道和高草区的地表能有一个平顺的造型出现。

球道、高草区的土壤准备有两种类型。一是利用现有的地表土，根据土壤分析结果，将有机肥、调整pH值的农用石灰或硫黄施入土层，只需浅耕、平耙、拖顺、清理地面上各种杂物、石头，最终使表土平整、顺畅，有良好的表面排水造型；二是在原土上铺放5～10cm的新土作为种植层，新土有纯沙、沙＋有机质、肥沃的腐殖土等多种类型，在铺放时球道的土层厚度高于高草区，注意保护喷头、阀门、集水井等设施。

(2) 球道草坪的养护管理

① 剪草。

a. 剪留高度。成坪后的球道草坪剪留高度为1.3～1.9cm。剪留高度因草种不同而异，狗牙根可剪至1.3cm，一般剪留高度1.5cm，冬季上升到1.8～2.0cm。草地早熟禾多数品种只能低剪到2.5cm，否则草坪密度会不理想。匍匐剪股颖、结缕草通常剪留高度1.8cm左右。

排水较差的球场，剪留高度会比常规稍高。冷季型草种在炎热时会将剪草高度提高，以渡过不良气候。

b. 剪草频率。修剪频率可视草的生长情况而定，一般每周两三次。在大型比赛时，则每天1次或2次交叉重复，多次重复能形成一个美观的球道纹路。

c. 剪草方式。修剪时剪草机的行进路线采用纵横交叉或45°角斜向交叉，每周轮换一次或每次轮换，既能促进草坪的直立生长，又能剪出非常漂亮的草坪纹路，还能为球手提供一个准确的击球方向。在球道剪草时，有些球场会在球道和边坡高草区之间围绕着球道留出球道环，剪草高度介于球道和高草区之间。修剪球道要根据球道的形状来确定修剪模式。沿球道的轮廓线修剪时，一定要修剪到位，并保证轮廓线的平滑、清晰、自然，球道内草坪条纹清晰美观。

球道剪草时，剪草机一定要保持合理的前进速度，否则会影响修剪质量；应避免有露水时剪草，以免剪草机的轮子在草叶上打滑或拖动，影响剪草效果；剪草机转弯时要减慢速度，以免剪草机轮挤伤草坪；避免剪草机轮对草坪的过度磨损、镇压等。

d. 剪草机。球道草坪修剪一般用大型滚刀式联合修剪机，有3联、5联、7联、9联等，最大剪幅可达6.1m。对于大型球场，7联或9联剪草机能大幅度地提高工作效率和缩短作业时间。

② 施肥。施肥可采用缓效草坪专用肥，一年施用2次，选用速效肥料时，应酌情增加

施肥次数。冷季型草坪草氮的年需要量为10～20g/m^2，磷肥6.5～13g/m^2，钾肥5～9.5g/m^2。暖季型草坪草由于生长期长，施肥量要大一些。具体施肥量应根据草坪草生长状况确定。

③ 灌水。灌水可以保证草坪草正常生长，也可提供均匀一致的场地，保证击球质量。球道的灌水系统多采用自动喷灌，能保证经常灌水即可。

④ 病虫害防治。不同草坪草种，施用不同杀菌剂来控制病害。剪股颖和一年生早熟禾需要有规律地施用杀菌剂，狗牙根等其他类型的球道草坪可不使用杀菌剂。对虫害的防治，要全场统一进行，不能治一块留一块，否则治不胜治。

⑤ 打孔。常用打孔解决球道土壤紧实的问题。打孔机多采用空心管，极少采用实心管。空心管有筒状、匙状两种。筒状垂直打孔；匙状旋转式翻转打孔，速度快，孔口密度小，深度浅。打孔后通常进行拖耙，打碎土条。

球道打孔每年1～3次，暖季型草多在4～10月份进行。

⑥ 划破草坪。球道划破草坪操作简单，不取芯土，只垂直切断草根层，对表层土壤无大破坏。工作程序为：剪草→划破草坪→滚压→施肥→浇水。滚压可将划破草坪时翘翻的草坪切口压平，使球道保持原有的平滑。划破草坪的深度为5～8cm。

⑦ 梳草。梳草可有效去除枯草层。球道梳草每年2～3次，时间在4～10月份，每次一遍或两遍交叉。暖季型草在盛夏时梳草可深度两遍交叉进行，此时温度高、雨水多，草恢复极快。在冬季和初春梳草对草坪伤害极大，不宜采用。梳草程序：梳草→收草→清洁（吸草）→剪草→施肥→浇水。

⑧ 铺沙。在条件允许情况下，每年进行球道全面性铺沙一两次，可结合打孔、切割或梳草进行，也可单独进行。特别是在初秋（北方）或初冬（南方），枯草层厚，又无法进行打孔、梳草作业时，铺沙可以加速枯草的腐烂，更新草坪生长。

球道铺沙厚度每次4～10mm，铺沙材料为纯沙或混合了有机物的沙。

⑨ 补沙。球道上的草皮痕与发球台上的草皮痕一样需要进行修复，球童、球手和球场维护人员都有责任随时随地补沙修复草皮痕。在5杆洞和拐腿洞，经常增设小沙盒，补充沙源。

⑩ 染色。使用染色剂染色是短时期保持草坪绿色、不伤害草坪的一种化学方法。主要用在：冬季举行大赛而草坪绿色达不到良好的视觉效果时，喷洒染色剂进行草坪染色；草皮痕补沙时，为了与草坪颜色接近，在沙子里掺入染色剂，使沙子的颜色变绿或变蓝。

4. 障碍区草坪的养护管理

障碍区是高尔夫球场每个洞除果岭、发球台、球道之外的所有区域，位于球道两侧，面积较大，是错误击球可能落入的区域。该区域常设有沙坑、草坑、水池、障碍树等。它包括剪草的草坪地带及不修剪的高草、灌木丛、树林等，实际上是球道间的间隔地带，设置障碍区的目的是增加运动的难度、有效地防止水土流失、减少养护费用。

障碍区草坪的养护管理

(1) 剪草　一些球场的障碍区草坪仅保持一种修剪高度，而另一些球场则将障碍区细分两级：半障碍区，球道两侧剪草高度高于球道的草坪。远障碍区，半障碍区外边缘有密林、灌木丛分布的留草最高的草坪。

① 剪草高度。障碍区草坪管理粗放，质量要求不高。半障碍区留茬高度为3.5～7.6cm，远障碍区的留茬高度为7.6～12.7cm，再远处甚至可以不修剪。在管理水平高的球

场，在靠近球道的地方常采用球道草坪的管理模式，保持合理的修剪高度。

② 剪草频率。在半障碍区每周修剪一次，生长缓慢的季节，则数周一次或停剪。远障碍区可不进行修剪，丛状生长的草坪，每年可修剪一次。

③ 剪草方式。一般为纵向（与球道走向一致）修剪，效率高。横向、斜向受地形、宽度、时间的影响，很少使用。

④ 剪草机。在半障碍区修剪时，用到的剪草机有牵引五联或七联滚刀式剪草机、三联剪草机、旋刀式剪草机等，几种剪草机相互配合，协调完成整个剪草区域。五联机和七联机主要修剪宽阔、平坦地带的草坪，旋刀式剪草机在粗糙不平地带，三联机在缓坡顶、树头绕圈、沙坑边缘等地较为灵活，甩绳式剪草机则用于剪掉路边，树木周围、各种设施边缘的草。

(2) 灌水　障碍区草坪一般很少灌水。安装了喷灌系统的半障碍区，浇水与球道同步。由于球场形状的不规则性，实际上在建造时，球道喷头浇水范围也部分覆盖了半障碍区草坪，两者没有明显界限。

(3) 施肥　在管理水平要求较高的高尔夫球场，半障碍区依然投入相应的资金进行养护，每年施肥 1～3 次，以保持一个整齐、致密、适合剪草的生长状态，为球员提供一个加大了挥杆难度、需要相应技术才能击出球的高草草坪。在远障碍区不进行施肥，随其自然生长。

(4) 打孔、切割　半障碍区每年仅作一次打孔和切割，可以和球道同时进行。由于地形变化过大，采用匙形管旋转打孔，不宜采用垂直空心管。

(5) 树叶的清理　对落在障碍区的树叶，每周清理 1～2 次，吹风机、吸草机、收草机等机械相互结合使用大大地提高了实效性。收集的草屑、树叶等粉碎后可做堆肥。

三、庭院草坪的养护管理

庭院草坪是指居民区、学校、工厂、机关等单位建筑物的四周或楼群之间的小面积草坪。如图 2-21 所示。庭院草坪的主要功能是为人们提供一个安静、舒适、整洁的生活环境，提高人们的居住、学习及工作的环境质量。居民区草坪既是小区的景观部分，也是人们进行户外活动的重要场所，与人们的日常生活息息相关。校园内的草坪不仅美化了学生的学习环境，宜人的绿色还有利于保护学生的眼睛，促进师生的身心健康，提高教学效果。工厂、机关的草坪为员工提供了一个优美、整洁的工作环境，有利于消除工作后的疲劳、提高工作效

图 2-21　某居住小区草坪

率。另外，草坪还可以降低噪声、防止尘土飞扬，使工厂制品和机械设备少受污染和腐蚀。

庭院草坪的布局受建筑规划布局的制约，要根据建筑物类型、楼房高低、间距大小及其他附属设施等因素综合考虑。要确保草坪在建筑物间的覆盖面积，以起到防尘、调节小气候的目的。草坪在功能和景观效果上，应与大小不同的树木、地被类植物、假山、栅栏、自行车棚，停车场、游乐场、排水沟、电线杆等相互协调配置，达到全面的绿化和美化，保证整体景观效果。

庭院草坪按照使用特点可分为观赏型庭院草坪、开放式游乐庭院草坪等。观赏型庭院草坪的主要功能是用于观赏，有时采用封闭形式，或有绿篱环绕，人们一般不能进入草坪绿地活动。开放式游乐庭院草坪可供人们进入散步、休闲、游戏或开展其他户外活动，多采用自然式布置，结合道路、桌凳等来安排草坪的区域，是庭院草坪的主要形式。

1. 剪草

应遵循草坪修剪的 1/3 原则。草地早熟禾、细羊茅、多年生黑麦草草坪或它们的混播草坪，修剪高度可控制在 4～6cm，一般每周修剪 1 次。高羊茅或地毯草草坪，修剪高度应稍高一点。普通狗牙根、假俭草、钝叶草草坪，修剪高度为 4cm 左右。而杂变狗牙根和结缕草草坪，修剪高度可低至 2.5～3.0cm。

2. 施肥、灌水

最佳氮肥施用量为每年每公顷 90～180kg。在施肥上应注意以化肥为主或施用无味的有机肥，避免施用有异味或臭味的有机肥，以免影响草坪上空的空气质量和游人的情趣。一般条件下不浇水，干旱季节每周浇水 1 次或 2 次。可采用地埋式或移动式灌溉设备。

3. 病虫草害控制

庭院草坪中防治马唐和其他杂草的典型处理方法是施用萌前除草剂，液体的、颗粒型的萌后除草剂也较为常用。阔叶杂草可以用萌后选择性除草剂防除。庭院草坪病害如褐斑病、锈病及其他病害可用杀菌剂进行防治。害虫如蛴螬、长蝽、黏虫等可应用杀虫剂来控制。对于病虫害应预防和根治并重，施用杀菌剂、杀虫剂时应格外小心，不得有异味漂移或危害草坪上游玩的人们。

4. 其他养护措施

为改善土壤透气性，在大片草坪上可进行打孔或划条，但强度不像运动草坪那样大。打孔通气在开放性游乐庭院草坪管理中已经越来越普遍。庭院草坪上有条件的可采用梳草或垂直修剪去除枯草层，小面积草坪可以人工用耙子将枯草清除。

一些单位草坪面积较小，缺乏草坪管理技术人员，同时草坪修剪机械、灌溉设备及其他养护设备投资较大，因此可以考虑把草坪绿地管理委托给专门的草坪养护公司来维护，既节省资金又可以保证草坪的质量水平。

四、公园草坪的养护管理

公园是人们休闲时游玩或进行文娱活动的场所，也是少年儿童接受科普教育的理想场地，此外还具有防灾、避难、改善和美化环境的作用。公园内的草坪配置是公园造景的重要组成部分。草坪类型多种多样，功能各异。一般有供人们玩耍、休息、散步的游憩草坪，有位于公园正门区或公园中心供游人欣赏的观赏草坪，还有树荫下供游人休息、野餐等遮阴较重的林下草坪，以及在斜坡地或水湖岸边为保持水土而建植的坡地草坪。不同位置的草坪具有不同的功能，其质量要求和养护管理要求也各有差异。如图 2-22 所示。

图 2-22　公园草坪

1. 剪草

修剪是为了维护优质草坪，保持草坪平坦、整洁，提高草坪的美观性，以适应人们观赏和游憩的兴趣和需要。

草坪修剪要遵循 1/3 原则。新建草坪在草长到 7～8cm 高时，进行第一次修剪。

修剪的时间、次数应根据不同草种生长状况及用途不同而定。冷季型草坪草在春季约 10 天修剪 1 次，4～6 月份修剪 6～10 次；在夏季 7～8 月份修剪 4～6 次；在秋季 9～10 月份修剪 3～4 次，全年共需要修剪 15～20 次。

一个公园通常包括三类质量水平和管理强度的草坪区域。高质量草坪区，要求经常修剪，1 周修剪 1～2 次，剪留高度在 3～5cm；中等质量草坪区，平均 1 周修剪 1 次，剪留高度在 4～6cm 之间；有限使用区，需要最小的维护，每年修剪 2～4 次，剪留高度与高尔夫球场障碍区或路边草坪相似，为 8～12cm。

2. 灌水

公园草坪中要安置喷灌系统，而且应该是伸缩式的，喷灌强度较小，一般呈雾状喷灌。雾状喷灌不仅能保证草坪草的植株正常生长的需要，同时也能使公园的空气保持湿润，有利于树木和其他花卉植物的生长。已建成的草坪每年越冬时，为保证草坪能安全越冬和明年返青，在初冬要灌封冻水，灌水深度要达到 20cm。早春要灌返青水，灌水深度要达到根系活动层以下。

3. 施肥

秋季施肥能促进新草坪草的生长和原有植株的恢复。除非土壤肥力太低，一般春季不施肥，以减少修剪次数。夏初少量施肥可以使草坪更绿，提高夏季耐践踏性。暖季型草坪的施肥应安排在践踏最严重的时候。

草坪追肥应采用含氮量高，并且含有适量磷、钾的复合肥料，肥料中氮、磷、钾的比例为 5∶3∶2，也可以追施尿素或含 50％氮的缓效化肥。追肥的施肥量为 10～20g/m^2，一般情况每年追 2～3 次肥。对于新建的草坪，因根系的营养体还很弱小，所以应采取少量多次的办法进行追肥。

有机肥多用于基肥或表施土壤，一般 1～2 年施用一次。每次施用 1kg/m^2。施用的有机肥一定要腐熟、过筛，并在草坪干燥时施用，当草坪枝叶过于茂密时，应先修剪，过 1 天后再撒施，施肥后应拖平并灌水。

4. 防除杂草

杂草不但危害草坪草的生长，同时还会使草坪的品质、艺术价值或功能显著退化，尤其是在公园中，杂草将大大影响草坪的外观形象。

化学除草剂能有效地防除杂草，如2,4-滴（2,4-D）类，二甲四氯类化学药剂能杀死双子叶杂草，而对单子叶植物很安全。用量一般为0.2～1.0mL/m^2。另外，还有许多除草剂如有机砷除草剂、四砷钠等药剂，可防除一年生杂草。

在公园草坪上施用化学除草剂，一定要严格掌握使用剂量，避免重复。使用时要注意不要将除草剂喷洒到其他的树木、花卉上，以免其他园林植物受到药害，并且一定要注意人身安全。

5. 病虫害的防治

在草坪草发生病害时，应及时使用杀菌剂在草坪植株表面喷洒，常用药剂有代森锰锌、多菌灵、百菌清、霜霉威（普力克）、福美双等。要交替使用效果相似的多种杀菌剂，以防止抗药菌丝的产生和发展。

喷药次数可根据药液的残效期长短和发病情况而定，一般情况下可以7～10天喷1次药。

6. 草坪的休养生息

对公园中的游憩草坪，尤其是游人活动频繁的草坪，在早春草坪草返青前，应预先采取措施加以保护。例如：设置标志暂停开放；也可以采取轮流开放的办法，让草坪得到自然恢复，待草坪草生长良好后再恢复开放使用。

对使用强度大的草坪，应该制订其他管理方案，包括每年施用化肥，必要时覆播、打孔通气等。对践踏严重的区域实行草坪更新是公园管理中的重要环节。

五、护坡草坪的养护管理

护坡草坪是指建植在高速公路两侧、河湖水库堤岸边的平地或坡地上，主要以水土保持为目的的保护性草坪，也常称为设施草坪，是管理较为粗放的草坪。如图2-23所示。

图2-23 护坡草坪

随着社会的发展，人们生活水平的提高，外出旅行的人越来越多。公路已不再仅仅是一种交通设施，它已成了人们生活环境中的一部分。公路边坡绿化与景观建设，不但可以保护路基和沿线公路设施，而且可大大改善公路沿线的生态环境和景观质量，这对解除司机及旅客的疲劳、减少事故发生率起着重要的作用。随着近几年我国高速公路建设的快速发展，沿线的绿化和护坡已经越来越受到重视，其中草坪占有重要的地位。

公路堤坝边坡植被立地条件较差，与其他区域相比，草坪建植、施工难度大，成坪后维护困难。在地形起伏的地区，土壤侵蚀强度大，易滑坡，土层薄，蓄水少，加之地势陡，降水与灌溉水易流失。与普通地面土壤相比，边坡土壤水分状况差，不利于植物生存。路基堤坝土壤多数情况下是生土，有机质含量低，速效养分贫乏，结构性差，不利于植物特别是幼苗的生长。

护坡草坪的养护管理一般较为粗放。除播种时施用化肥外，护坡草坪尽量少施用化肥。多数情况下，两年中每公顷施用45kg氮素即可保证正常生长。在一些地方，一旦草坪建植后，则很少施或不施化肥。护坡草坪一般不灌溉。

在能够修剪的平坦区域，草坪草的高度可控制在8～15cm。在坡度低于15°时，若使用坐骑式剪草车，要顺斜坡上下剪草，而不要横穿坡地；若使用手扶式剪草机，要沿斜坡横线来回修剪，而不要顺斜坡上下剪草。为保证人员和机械的安全，禁止在坡度超过15°的坡地上使用剪草机剪草，可改用割灌机或人工用镰刀割草。有些坡地上的草坪甚至可以不修剪。为了防止草坪抽穗，减少修剪次数，可施用生长调节剂，如矮壮素、乙烯利、青鲜素等。

杂草防治一般应用化学除草剂来控制各类杂草，常用的除草剂有2,4-滴（2,4-D）、二甲四氯、环草隆等。施用时应注意防止除草剂飘移，伤害到周围的非目标植物。

六、机场草坪的养护管理

机场草坪是指应用于各类军用、民航机场，备用机场和需紧急着陆的机场中具有特殊使用特点的大面积草坪。如图2-24所示。随着国防和民用航空事业的不断发展，飞机场绿化将成为航空事业的重要内容之一。飞机场草坪是城市大面积绿化的重点工程。大部分机场除跑道之外，全部用草坪覆盖。一些小型机场甚至完全由草坪构成。

图2-24　机场草坪

飞机场是一个国家或城市的窗口，机场环境的美化反映了城市的风格特点和文明程度。机场草坪，特别是负重强度大的飞机着陆的跑道草坪，必须具有强的承压性和抗断裂性。由于飞机具有高速、冲击力强、重量大、安全保险性要求强的特点，因此机场草坪要求美观与安全相统一，其中安全功能特别重要。机场草坪的景观设计中，要求宽阔、平坦，不能加入任何乔灌木。飞机场低矮的草坪，减少了鸟类栖息的可能性，从而避免飞机起降与鸟类相撞的恶性事故。绿色的草坪表面，广阔的视野可以减轻飞行员的视觉疲劳，减少事故发生的概率。在飞机起飞和降落时，不但噪声大而且尘土飞扬，会使周围环境受到较大污染，当机场有大面积草坪覆盖的情况下，可以降低噪声，减轻空气尘埃的污染，延长飞机的使用寿命，保证安全。

1. 剪草

大部分机场草坪管理较为粗放，修剪高度为5～8cm，每年修剪次数3～5次，一般不超过10次。对于使用频率高、直接以草坪作跑道的机场草坪，管理强度需适当增加，但留茬高度也不低于5cm，并注意要清除修剪后留在草坪上的草屑。机场边缘的草坪留茬高度可以提高。可用割灌机修剪或不修剪。有的机场草坪为了防止草坪草抽穗，减少修剪次数，还可以喷洒生长调节剂来抑制草坪草的生长，控制草坪高度。

2. 施肥

机场草坪施肥应根据土壤肥力和草坪草生长情况而定。管理粗放的大面积草坪一般每年施肥1次，冷季型草坪草可于每年初秋施入，而暖季型草坪草于初夏时施用。尿素必须在水分充足的条件下施用，厩肥一般不宜使用。有条件的地方可以施用缓效肥为主，来延长养分的供应时间，保证草坪质量。

3. 覆沙镇压

为了保持良好的土壤结构，对于较黏重的土壤，每年都应进行几次覆沙改良，直到土壤结构能长期处于良好状态为止。在寒冷地区草坪霜冻后土壤还需要镇压，使草坪表面平整，利于来年春天草坪根系恢复正常生长。

4. 其他养护工作

机场草坪频繁利用常造成草坪稀疏或缺损斑秃，应及时通过补播或草皮块铺植来修补。杂草应用化学除草剂清除，但除草剂应尽可能只施在杂草生长的地方。利用强度高的草坪，在干旱时必须适量灌溉。

七、棒(垒)球场草坪的养护管理

棒球运动是世界性体育项目之一，在美国、英国、日本、澳大利亚等地非常盛行，被称为是美国的“全民性娱乐运动项目”。近年来，棒球运动在我国的发展也很迅速，兴建了很多新的棒球运动场。垒球运动是由棒球运动转化而来，其比赛方式、运动员职责等与棒球运动基本相同，但球场、球、规则和技术方法等稍有不同。如图2-25所示。

图2-25 棒球场草坪

1. 棒（垒）球场草坪场地规格

棒球场一般设在地面平整、四周开阔的地方。比赛场地是一个直角扇形区域，直角两边是区分界内地区和界外地区的边线。两边线长至少76.2m，而且两边线顶端联结线的任何一点距本垒尖角的距离都不应少于76.2m。两边线以内为界内地区，以外为界外地区，但界内和界外地区都是比赛有效地区。界内地区又分为内场和外场。内场呈正方形，边长为27.43m，四角各设一个垒位，在扇形的顶端垒位为“本垒”，并以逆时针方向在其他3个角上分别设“一垒”、“二垒”和“三垒”，中间设一个木制或橡皮制的投手板，投手板的前沿中心与本垒尖角的距离为18.44m。内场以外的区域称为外场。以投手板前沿中心为圆心，28.93m为半径，在界内连接两边线所划的弧线即为草地线。草地线以外的外场区域为草坪，以内的外场区域为土质。内场多为草坪，也有的棒球场全部为草坪场地，但跑垒路线必须为土质。本垒尖角后18.29m处应设置后挡网，网高4m以上，长20m以上，看台或观众席应设在此距离以外。比赛场地必须平整。不得有任何障碍物。场地周围设置围网，高度1m以上为宜。垒球场的场地与棒球场相似，在场地布置上稍有不同，有的垒球比赛要求垒球场的内场和草地线以内的外场区域均为土质，其余区域则为草坪。

选择棒球场地时，必须首先确定击球方向和本垒位置，本垒最好位于比赛场地的西南方，以避免阳光影响投手和击球员的视线。

2. 棒（垒）球场草坪的养护管理

棒球运动要求草坪致密、均一、平整，坪面具有一定的弹性和适当的抗冲击力。因此草坪管理也紧紧围绕这些要求而进行。

修剪是棒球场草坪的重要管理作业。草地早熟禾和多年生黑麦草建植的草坪，在早春草坪返青后进行修剪，修剪高度可保持在4cm左右，而在盛夏季节，草坪修剪高度可提高0.6cm，使草坪更好地度过炎热的夏季。夏末秋初，修剪高度可再次降低，以利于对草坪进行表施土壤和平整作业。暖型草坪草如狗牙根建植的草坪，夏季修剪高度可保持在2.0cm，每周至少修剪3次，此修剪高度有利于提高草坪强度，促进草坪草匍匐茎的生长。而在秋季至翌年春季，暖型草坪的修剪高度应提高至3.0cm以上，春末时逐渐降低修剪高度至2.5cm，至夏季时达到2.0cm。不论是冷型草坪草还是暖型草坪草，修剪时均需要遵循“三分之一”原则，并以此确定草坪修剪的频率。

在施肥方面，冷型草坪在春季通常施全年氮肥量的30%，而秋季则施用全年氮肥量的70%，特别强调的是晚秋施肥，可促进营养物质在草坪草根和茎部的积累，有助于翌年春季的返青及提高草坪抗逆性。对于暖型草坪，因其只有夏季一个生长高峰期，因此应在春末夏初施用富含氮、磷、钾的全价肥。暖型草坪草建植的棒球场地一般会在秋季进行交播，以满足冬季比赛的要求。对于进行交播的场地，交播前应尽量少施氮肥，以减少暖型草坪草的生长。交播后，冷型草坪草发芽出苗后，则应施用一定量的氮肥，促进交播草坪草的生长。翌年春季，可对草坪施用一定的氮肥以维持交播草坪草在低温下的生长。在暖型草坪草返青时，应少施氮肥而多施磷钾肥，促进暖型草坪的春季过度。

干旱季节对草坪要进行灌溉。不管是冷型草坪还是暖型草坪，干旱季节每周需灌水2.5cm左右。对于交播草坪，播种后需进行频繁少量的灌溉，使草坪土壤表面0.5cm始终处于潮湿状态，以促进交播种子的萌发。

打孔通气可有效促进草坪草的生长。空心打孔作业后，应将打出来的土柱粉碎并回填入孔洞中，以防止坪面疏松不平。冷型草坪的空心打孔作业可在春、秋季进行，夏季打孔则只能进行实心打孔。暖型草坪打孔作业应安排在夏季，空心打孔深度可达10cm。打孔后可进行表层覆沙作业，厚度为0.3cm，以促进坪面平整光滑。

八、网球场草坪的养护管理

在球类运动中，网球风靡世界各地，是仅次于足球的运动，素有“第二球类”之称。草地网球历史悠久，著名的温布尔登草地网球锦标赛是网球运动中最负盛名的赛事之一。传统意义上的草地网球是在天然草地上进行的，现代的草地网球场则需要人工建植和管理。如图2-26所示。

图 2-26 网球场草坪

网球运动是一项高雅的体育运动，草地网球则是网球运动的最高形式。其特点是以有生命的草坪作为运动的表面，外观美丽，弹力均匀，涵球性好，耐用性强，给观众带来美的享受。

1. 网球场草坪场地规格

草地网球场呈长方形，分为单打和双打两种。单打场地规格为23.77m×8.23m，双打场地规格为23.77m×10.97m（两边各自宽出1.37m）。场地两边的长线称为“边线”，两端的短线称为“端线”（又名底线）。场地由高为0.91m的球网分成2个面积相等的半场，每个半场的对角线长度为14.45m，靠近球网处有2个面积为4.12m×6.45m的发球区。悬挂球网的支柱应立在双打线外的0.90m处。

2. 网球场草坪养护管理

（1）修剪　职业性联赛对草地网球场表面的质量要求非常高，比赛时的修剪高度冷型草坪为0.8cm，暖型草坪为0.4～0.5cm，比赛期间必须每天以滚刀式剪草机进行修剪，并遵循“三分之一”原则。修剪后要对草坪进行滚压以保证球场表面的平整均一。在非比赛期间，草坪修剪高度可提高至2～3cm，并在比赛来临前逐渐降低直至达到比赛的要求。

（2）防止枯草层　球场草坪如出现较厚的枯草层，不仅使草坪易感染病害，而且会降低反弹性，从而影响比赛。因此要防止过厚的枯草层形成。一般枯草层厚度应控制在1.25cm以下，此厚度的枯草层可有效提高草坪的耐磨性，也使球的弹性大小适中。要防止过厚枯草层，最佳办法是对草坪进行多次表施土壤，每次厚度不超过0.3cm，所用材料应与原根系层土壤一致或类似。此外，定期对草坪进行轻度的垂直切割（刀片插入草坪冠层中的深度不超过0.3cm），适当的水肥管理也有助于减轻枯草层的积累。

（3）打孔通气　土壤紧实可通过打孔作业来疏松。由于空心打孔会对草坪表面造成松动和破坏，不宜在比赛期间进行，比赛期间常通过注水耕作或实心打孔来暂时缓解土壤紧实。

注水耕作可在草坪生长季频繁进行，操作时间短，不会对草坪表面造成破坏。实心打孔对草坪表面的扰动较小。但是，网球场草坪在适当的时候仍需进行空心打孔，一般冷型草坪应在春季赛季开始前两周进行1次、在秋季赛季结束后进行两次空心打孔。而在网球场全年开放的南方暖型草坪上，则有必要在适当的时期进行空心打孔并关闭球场几天，有利于草坪草能从打孔造成的损伤中恢复。

(4) 灌溉　为了使球场表面坚硬，弹性适中，网球场草坪的灌溉量和灌溉次数较其他运动场草坪要少得多，但需每天监测土壤湿度，必要时进行灌溉。网球场要求灌溉后半小时即可进行比赛，因此对喷灌的均匀度要求较高。在炎热的夏季，中午前后需对草坪进行短时的叶面喷水，以达到降温和防止草坪草萎蔫的目的。以沙为主的坪床，通常于春末和盛夏使用土壤湿润剂，以最大限度地减少草坪灌溉量和灌溉次数。

(5) 施肥　草地网球场草坪由于频繁的修剪养分损失大，草坪的施肥尤其重要。由于草坪草种、比赛强度、坪床结构等有所不同，对肥料要求也不同。要根据经验、草坪草生长的季节以及土壤养分测定结果来制订施肥计划，在最有利的时间追加氮肥，使草坪草茎叶生长最适宜，并通过追加适当的磷肥和钾肥，促进根系的生长发育。

比赛中网球场草坪受到高强度践踏，草坪草损伤大，比赛后需及时进行修复作业，如在践踏严重的地方进行打孔通气或注水耕作，或补植草皮等。

九、赛马场草坪的养护管理

赛马运动是一项古老的深受人们喜爱的体育运动。早在公元前776年，在首届奥林匹克运动会举办之时，赛马就被列入比赛项目。赛马也是我国民间传统的体育活动之一，具有悠久的历史，至今还流传着齐王与田忌赛马的故事。许多国际性大型体育运动会都设有赛马和马术表演等项目。传统意义上的赛马多在天然草地上进行，娱乐的意义大于比赛，而现代赛马有着严格的规则。要求在高质量的赛马场进行。如图2-27所示。

图2-27　赛马场草坪

1. 赛马场草坪场地规格

赛马场通常如田径场一样，呈长方形，两端是半圆形或椭圆形。国家级赛马场跑道周长为1600～2000m，宽20m以上，总占地面积不少于30hm²。赛马场跑道纵向坡度为0.1%～0.2%，横向坡度不超过1%，曲线半径不小于100m，面积在6～8hm²之间。跑道圈以内的场地（内场地）面积为16.86hm²。内场地是进行训练、马术表演和障碍赛的场所，其设备应是可以撤迁的活动构件，以便跑马比赛时撤除，不影响观众的观看。

2. 赛马场草坪养护管理

良好的养护管理，可使赛马场跑道草坪极耐践踏和磨损，密度大，草坪草生长繁茂旺盛，根系深而发达，能从践踏或其他损伤中迅速恢复，不仅能提高赛马的奔跑速度，还能保证比赛安全。

(1) 修剪 在比赛期间，跑道草坪的修剪高度为冷型草坪草为5～7cm，暖型草坪草为3～4cm，通常选用旋刀式剪草机在赛前1～2天进行修剪。在非比赛期，草坪修剪高度可适当高一些，冷型草坪草修剪高度可为10cm，暖型草坪草为5～6cm。剪草应严格遵守“三分之一”原则，并以此确定修剪的频度。频繁修剪可促进草坪草的分蘖，增加草坪密度。

(2) 灌溉 赛马场跑道草坪草一般在缺水时才进行灌溉，深度灌溉有利于草坪草根系向土壤深层伸展。日常养护管理中，应根据草坪草的生长状况和土壤含水量的测定结果，确定灌溉时间和灌溉量。每次比赛前，应使用洒水车把清水洒在跑道草坪上，注意用水量不宜过多，以免影响比赛的正常进行。

(3) 施肥 赛马场跑道草坪整体施肥计划的目标是形成致密的生长繁茂的草坪，使其能从损伤中快速恢复。通常冷型草坪每年施2次全价肥，选在春秋两季；暖型草坪每年春末施1次全价肥，如有必要，可在夏季再次施肥。为了使草坪草叶色浓绿，提高观赏价值，在比赛的前几天，可追施硫酸铵等氮肥，用量为15～20kg/hm²。在草坪损坏后进行修补时，可在新的草皮或草根处施用25～40kg/hm² 的氮肥，以促使草坪草较快地生长以覆盖地面。

(4) 打孔通气 由于马的严重践踏或大型剪草机的滚压，赛马场跑道草坪土壤板结严重，通气不良，对草坪质量产生影响，此时必须进行打孔通气。冷型草坪可于每年春季赛季开始前，暖型草坪在夏季非比赛期进行打孔或使用垂直切割机切断地下根状茎，增加土壤孔隙度，促进根状茎和根系的生长，使草坪草地下部分更加繁茂。根据气候、土壤等自然条件及土壤紧实程度，每年可进行2～3次通气作业。如果土壤严重板结，冷型草坪还应在秋季再次进行打孔通气作业。

(5) 比赛前后的管理 在赛马比赛前要用清扫机对跑道进行彻底清理，去除其中的石子、石块、砖头、铁钉等杂物、硬物。为保证跑道的平坦稳固，在赛马活动期间，每天使用2000～3000kg重的滚筒滚压1～2遍。赛马前，可以用草坪耙将草坪轻轻耙起，使草坪的朝向与马的奔跑方向相反，以增加草坪草的高度，并最大限度地减轻马匹快速奔跑对草坪草造成的冲击和损伤。

赛马后，需及时修补变得松动的草坪，铲掉损坏严重的草皮，重新铺植或补播。

十、射击场草坪的养护管理

射击运动、射箭运动通常是在草坪场上进行的。绿色的背景，可以防止视觉神经的疲劳，清新而具有生活力的草坪环境能提高运动员的竞技状态，对运动员进入最佳状态和提高运动员成绩是十分有益的。因此，除射击、射箭运动在草坪上进行外，解放军、武警队和民兵等军事团体，一般都拥有较大面积的草坪靶场与练兵场供训练使用。

靶场是以射击训练和比赛为主要使用目的运动场地，因此应建立半日一草种的一体化平面的草坪，使草坪靶场具开阔、平坦、均一、壮观的特点。为了增加靶场的美，通常在主射场外，可配置适量花卉、灌木，以增加运动环境的优美度。为了安全和保密，在靶场周边亦可用乔木种植林带以便隔离和隐蔽。

靶场草坪的设计应遵循以草为主，花卉、乔木、灌木为辅，合理配置，全绿化的原则。

为此，应做到：

（1）统筹规划制定符合军事训练要求和射击运动要求的草、花、树、灌合理搭配的绿化实施方案。靶场四周用乔、灌结合的树种建立围隔。场内按要求设置通道，道边用草、花镶嵌。靶台和射击台间建植草坪。

（2）确定种植部位和面积选择适宜草种。靶场草坪宜选根茎发达，覆盖性强，可生性良好，管理较粗放的草坪草种。草地早熟禾、野牛草、匍匐剪股颖、结缕草、白三叶、红三叶等均可用作建坪草种。通常匍匐型草种优于直立型草种。

（3）坪床准备与一般绿地相同，但坪床应平整，基肥要充足。视情况要对坪床土进行建坪前处理，尤其应注意预防杂草和病害、旱害的发生。

（4）靶场草坪养护管理管理较为精细。施肥、灌水要均匀，草坪修剪要勤，留茬要低。应保持平坦、低矮、均一的草坪面，以保证靶场的良好视野和美丽的射击运动背景。

第六节　常见草种草坪的养护管理

一、黑麦草草坪的养护管理

草坪型多年生黑麦草为冷地型草坪草，属禾本科黑麦草属多年生草本植物，叶片深绿色，富有弹性。喜潮湿、无严冬、无酷暑的凉爽环境，具有较强的抗旱能力，剪后再生力强，侵占力强，耐磨性好，较耐践踏。目前引进的许多品种都有不错的耐热能力，最适 pH 值为 6.0～7.0。由于它成坪快，可以起保护作用，常将它用作“先锋草种”。

1. 修剪

草坪型黑麦草适宜的留茬高度为 3.8～6.4cm。原则是每次剪去草高的 1/3。在生长旺盛期，要经常修剪草坪。如果草长得过高，可以通过多次修剪达到理想的高度。每次修剪应改变方向，以促进草直立生长。

2. 施肥

草坪型黑麦草性喜肥，在北方春季施肥，南方秋季施肥。在土壤肥力低的条件下，每年早春和晚夏施两次肥。化肥和有机复合肥均可作为草坪肥料施用。一般土壤全价复肥的施用量为 20kg/亩（1 亩＝667m^2，下同），氮：磷：钾控制在 5：3：2 为宜。在生长期，定期喷施氮肥有助于保持叶色亮绿。

3. 灌溉

在生长期间，应适时灌水。浇水应至少浇透 5cm。在秋末草停止生长前和春季返青前应各浇一次水，要浇透，这对草坪越冬和返青十分有利。

二、匍匐紫羊茅草坪的养护管理

匍匐紫羊茅为冷地型草坪草，属禾本科羊茅属多年生草本植物，它具有短的根茎及发达的须根。匍匐紫羊茅适应性强，寿命长，有很强的耐寒能力，在－30℃的寒冷地区，能安全越冬。耐阴、抗旱、耐酸、耐瘠，春秋生长繁茂，不耐炎热。最适于在温暖湿润气候和海拔较高的地区生长，在 pH 值为 6.0～7.0，排水良好，质地疏松，富含有机质的沙质黏土和干燥的沼泽土上生长最好。再生力强，绿期长，较耐践踏和低修剪。适宜于温寒带地区建植高尔夫球场、运动场以及园林绿化、厂矿区绿化和水土保持等各类草坪。

1. 修剪

匍匐紫羊茅适宜的留茬高度为3.8～6.5cm。原则是每次剪去草高的1/3。在生长旺盛期，要经常修剪草坪。养护水平低时，也应在晚春进行一次修剪以除去种穗。如果草长得过高，可通过多次修剪达到理想的高度。每次修剪应改变方向，以促进草直立生长。

2. 施肥

匍匐紫羊茅对土壤肥力要求较低，在北方春季施肥，化肥和有机复合肥均可作为草坪肥料施用。一般土壤全价化肥的施用量为15～20kg/亩，氮：磷：钾控制在2：1：1为宜。

3. 灌溉

浇水不要过量，因紫羊茅不耐涝。浇水应避开中午阳光强烈的时间，应浇透、浇足，至少湿透5cm。在秋末草停止生长前和春季返青前应各浇一次水，要浇透，这对草坪越冬和返青十分有利。

4. 覆土

在草坪草生长期，为了使坪面平整，易于修剪，将沙、土壤和有机质按原土的土质混合，均匀施入草坪中。一次施量应小于0.5cm。新建草坪的土壤表面没有凹凸不平的情况，这项工作可不做。

三、缀花草坪的养护管理

缀花草坪是以禾本科草本植物为主，配以少量观花的其他多年生草本植物，组成观赏草坪。常用的观花植物为多年生球根或宿根植物，如水仙、风信子、鸢尾、石蒜、葱兰、紫花地丁等，其用量一般不超过草坪面积的1/3。为使草坪管理容易，点缀植物多采用规则式种植。

1. 整地

深耕细耙，使土粒细碎，地表平整，土层厚度宜在25～30cm。

2. 种植草花

在整好的土地上，根据设计要求，首先种植观花植物。如可用图案式种植，也可等距离点缀，为使草坪修剪更容易，也可将草花图案用3cm厚、20cm高的水泥板围砌起来，之后进行播种。

3. 草坪草播种

根据不同草坪草的品种及当地气候特点，按要求播种。

4. 管理要点

及时清除杂草，保证草坪草的正常生长。小苗长出两叶一芯时应补肥，每平方米可施硫酸铵10g，此后少施氮肥，增施钾肥。适时适量浇水使土壤保持一定的温度，有利于草坪生长。一般情况下每年禾草修剪3次，当年的实生苗可以不修剪。对观花植物，花后应及时剪除残花败叶。注意天气变化，如遇连阴雨天，应防治病虫害。

5. 草坪的播种期的选择

草坪一般要求适时播种，其适宜的播种期应根据草坪种类生物学特性以及当地的自然条件而异。例如，在冷凉地区，冷季型草坪（如早熟禾）最宜8月中旬至9月中旬秋播。因为其最适生长温度是15～25℃。秋季土壤水分充足，气温逐渐下降，病虫害的蔓延和杂草的生长相对减少，而对于草坪的生长发育非常有利。但也不能太晚，过了9月播种则越冬可能受影响。而春播种或夏播则往往是要草和草坪草一起长，草坪生长受杂草的抑制，容易形成草荒。所以冷季型草坪以秋播为好，而暖季型草（如结缕草）播种则是5～7月最好。其最适生长温度为25～35℃，生长季节短，应在雨季夏播，以利于幼苗越冬。在我国南方地区，冷季型禾草也以秋播为宜。

四、匍匐剪股颖草坪的养护管理

匍匐剪股颖又叫匍匐茎剪股颖、本特草，为冷地型草坪草，是禾本科剪股颖属多年生草本植物。具有长的匍匐枝，节着土生有不定根。性喜冷凉湿润气候，耐阴性强于草地早熟禾，不如紫羊茅。耐寒、耐热、耐瘠薄、较耐践踏、耐低修剪、剪后再生力强。耐盐碱性强于草地早熟禾，不如多年生黑麦草。对土壤要求不严，在微酸至微碱性土壤上均能生长，最适pH值在5.6～7.0之间。绿期长，生长迅速，适于寒带、温带及亚热带的广大地区种植。被广泛应用于高尔夫球场果岭球道、足球场、保龄球场等运动场的绿化。

1. 修剪

匍匐茎剪股颖适宜的留茬高度为0.5～1.5cm，高尔夫球场果岭区为0.5～0.7cm。原则是每次剪去草高的1/3。在生长旺盛期，要及时修剪草坪，如果草层生长过密，基部叶片会因通风透气不良而变黄枯死。在抽穗前增加剪草。如果草长得过高，可以通过多次修剪达到理想的高度。每次修剪应改变方向，以促进草直立生长。

2. 施肥

匍匐茎剪股颖性喜肥，在北方春季施肥，南方秋季施肥，尤其在土壤肥力低的条件下，每年早春和晚夏施两次肥。化肥和有机复合肥均可作为草坪肥料施用。一般土壤全价化肥的施用量为20kg/亩，氮：磷：钾控制在5：3：2为宜。

3. 灌溉

匍匐剪股颖性喜湿润，需水相对较多，应充足供水以保持叶片色泽碧绿。在年降雨量低于1000mm的地区，需要人工灌水。在湿润地区，干旱时进行灌溉也是非常必要的。浇水应避开中午阳光强烈的时间，应浇透、浇足，至少湿透5cm。一般绿地在秋末草停止生长前和春季返青前应各浇一次透水，这对草坪越冬和返青十分有利。

4. 覆土

在已建成的草坪上覆土，有多种目的，包括控制枯草层、平整坪面、促进匍匐枝节间的生长及发育改善土层的通透性，易于进行修剪。将沙、土壤和有机质混合，均匀施入草坪中。一次施量应小于0.5cm。

五、日本结缕草的养护管理

1. 播种

初夏地温达到20℃以上时播种，播种量为10～15g/m^2，高尔夫球场和运动场的播种量为15～20g/m^2。播种深度0.5～1cm。正常条件下10～25天即可出苗。

2. 生长

出苗期应保持土壤湿润，每天需浇水1～2次，少量多浇。日本结缕草生长缓慢，草坪由播种至理想的盖度需2个多月的时间。

3. 土壤

日本结缕草最适宜弱酸至中性沙壤土，在弱碱性土壤中亦可生长。

4. 灌溉

日本结缕草草坪成坪后，需水量极少。成坪后，应根据草坪的生长状况来决定其浇水次数和数量。

5. 施肥

幼苗期以前一般不需施肥。

6. 修剪

结缕草草坪的修剪次数较其他草坪少。成坪后每月修剪1次，生长旺盛季节每月修剪2次。适宜的留茬高度为1.5～4.5cm。

7. 病虫害防治

结缕草一般无病虫害发生，可在春季略施杀菌剂防治病害。

8. 杂草防除

防除杂草是建坪成功的关键。成坪以后，结缕草的侵占性极强，其他杂草很难侵入。

六、结缕草草坪的养护管理

结缕草，禾本科结缕草属多年生草本植物。具直立茎，秆茎淡黄色根较深，可深入土层30cm以下。叶片革质，长3～4cm，扁平，具一定韧性，表面有疏毛。花期5～6月，总状花序。果呈绿色或略带淡紫色。有坚硬的地下茎及地上匍匐枝，并能节节生根及节部分分生新的植株。结缕草适应性强，喜阳光及温暖气候，耐高温，耐践踏具有极强的抗干旱能力，并具有良好的韧性和弹性。适于深厚肥沃、排水良好的土壤中生长，成坪后与杂草有较强的竞争力。适用于建植城市绿地、公路护坡、水土保持绿化及高质量的足球场、高尔夫球场等运动场草坪，是我国草坪植物中应用最早的一个草种。

用结缕草种子直播建坪，在坪床准备阶段，可采用$80g/m^2$复合肥进行第一次施肥。草种播种量为$18～25g/m^2$，为得到最佳效果，可以用各一半的种子从两个不同方向播种。适宜生长温度为20～35℃，保持土壤的湿润，出齐苗需21～35天。在华东地区6月初，用结缕草种子进行直播建植足球场，60天后草坪覆盖率可达到95%以上。播后用铁锹轻轻拍实，或覆盖少于0.6cm的沙土层，以使草种与土壤充分接触。

全苗后30天左右可进行第二次施肥，促进草坪生长。在此之后，每年只需春季草坪返青和夏末阶段少量施肥。新建草坪长至7cm左右时开始修剪，全日照条件下，最佳修剪高度3.5～5cm，遮阴处为5～6.5cm。成坪的草坪抗性很强，可承受强烈的践踏而不至损坏。选择春茵的优质草种，中等至低养护条件，即可形成具有弹性、长势均匀、草层致密的优美草坪。

结缕草幼苗生长缓慢，生长期间较易受到杂草的侵害，因而应选择适合其生长的最佳温度时播种，同时可适当增加播种量，或在坪床表面覆盖无纺布或地膜。

进入秋季可以对结缕草交播黑麦草草种，以使草坪冬季保持绿色。入秋前逐渐降低草坪修剪高度，到9月中旬草坪留茬高度在1～2.5cm之间，交播前先对草坪进行低修剪至0.2～0.4cm，以保证黑麦草播种的成功。

七、白三叶草坪的养护管理

白三叶为豆科多年生草坪植物，植株低矮，根系发达，寿命一般均在10年以上。主茎短，由茎节上长出匍匐茎，茎节向下产生不定根，向上长叶，具有很强的侵占性，成坪迅速。根部具有较强的分蘖能力和再生能力，保持和豆科根瘤菌共生的特性。三小叶着生于长柄顶端，故名“三叶草”。总状花序，于夏秋两季不断抽出花序。种子成熟后具有自播能力。白三叶喜光及温暖湿润气候，生长最适宜温度为20～25℃，能耐半阴，有较强的适应性。在我国长江流域广为栽培，冬季可保持常绿不枯。对土壤要求不严，只要排水良好，各种土壤皆可生长，尤喜富含钙质及腐殖质黏质土壤。

1. 施肥

施肥以磷、钾肥为主，施少量氮肥有利于壮苗。播种前，每亩施过磷酸钙20～25kg以及一定数量的厩肥作基肥。出苗后，植株矮小、叶色黄的，要施少量氮肥，每亩施10kg尿素或相应量的硫酸铵，促进壮苗。在3月追1次复合肥，按每亩30～40kg开沟施入草坪根部，然后浇水，能明显增强长势，提高抗高温的能力，减少死草现象。

2. 田间管理

白三叶苗期生长缓慢，易受杂草侵害，苗期应勤除杂草，春播的更应该如此。草层高20～25cm时，可以适当刈割增强通风透气。刈后再生能力强，可迅速形成二茬草层。高温季节，白三叶停止生长。形成草层覆盖后的2～3年间要及时去除大杂草。如果因夏季高温干旱形成缺苗，可在秋季补播，恢复草坪整齐。白三叶病害少，有时也有褐斑病、白粉病发生，可先刈割，再用波尔多液、石硫合剂或多菌灵等防治。白三叶虫害较多，尤其是蛴螬和蜗牛为害严重。对蛴螬选用的药剂为50%甲基异柳磷，按每亩地3kg兑水3t分别在4月中旬和7月下旬到8月上旬进行喷雾，喷雾后及时喷水，使药水湿透地面7～10cm，蛴螬接触药土后死亡。此法对少部分大龄幼虫效果仍不够理想。对于蜗牛，喷杀虫剂防治效果很差，而用蜗克星颗粒剂在傍晚撒于草坪内，则效果非常好，杀灭率达90%以上。

3. 冬季管理

去除枯枝、枯叶，白三叶草在生长过程中，随新老枝叶不断更新生长，地表会逐渐形成一层较厚的枯枝叶层，是病菌、虫卵越冬场所。去除枯枝、枯叶对来年病虫害的发生会起到很好的抑制作用。在寒冷冬季来临之前，浇1遍越冬水（渗透约15～20cm），结合防冻施一遍有机肥料，不仅为来年草坪生长提供足够的养分，还具有一定的保温作用。这样通过冬肥、冻水，不但能改善土壤养分、水分状况，确保安全越冬，更为翌年草坪的返青生长创造良好的条件。

八、狗牙根草坪的养护管理

该草喜光稍耐阴，较抗寒，在新疆乌鲁木齐市栽培，有积雪的情况下能越冬。因系浅根系，且少须根，所以遇夏干气候时，容易出现匍匐茎嫩尖成片枯头。狗牙根耐践踏，喜排水良好的肥沃土壤，在轻盐碱地上也生长较快，且侵占力强，在良好的条件下常侵入其他草坪地生长。在华南用该草建成的草坪绿色期 270 天，华东、华中 245 天，成都 250 天左右。在新疆乌鲁木齐市秋季枯黄较早，绿色期 170 天左右。

狗牙根是禾本科多年生草本植物，具有根茎及匍匐枝，叶片线型，较小。喜温暖湿润气候，喜光。具发达的根茎及匍匐枝，侵占性强，容易侵入其他草种中混生蔓延扩大，耐践踏性极好；抗寒性及耐旱性在暖季型草中均处于前列；喜偏酸性土壤，但在微量盐碱滩地上也能生长，最适 pH 值为 6.0～7.0。春季夜间温度高于 15℃时返青，秋季夜间温度低于 10℃开始休眠变黄。

狗牙根可用于一般绿化，运动场草坪、公路护坡及各种水土保持工程，许多改良品种可用于高尔夫果岭等高档次的草坪。可采用直接播种建坪或铺营养体建坪，当用种子繁殖时，脱壳种子的播种量为 10～15g/m²，未脱壳的种子为 15～20g/m²。一般 5～8 月播种，播种深度为 0.6～1.2cm。出苗时间为 10～20 天。

狗牙根草坪如果修剪留茬过高会导致大量的草垫层的形成，因此要维护高档次的狗牙根草坪，需要频繁的修剪，并保持经常浇灌和充足的肥料；一般的修剪留茬高度为 1.5～2.5cm，对一些改良品种修剪留茬可达 0.8～1.2cm。狗牙根对褐斑病及锈病均有较好的抗性；绝对抗寒性较差，当土壤温度低于 10℃时生长受到影响。

第三章 园林花卉的养护管理

园林花卉种类繁多，有着不同的原产地，其生物学特性及生长发育规律各不相同，因此，它们对环境条件的要求也不相同。有相当部分的多年生花卉在绿地中应用，要比其在苗圃的生长过程长得多。如何有效地使用这些园林花卉，提高和延迟园林花卉的观赏性和使用寿命。关键在于养护管理。不同种类的花卉应采取不同的养护管理措施。

第一节 一、二年生花卉养护管理

在当地栽培条件下，春播后当年能完成整个生长发育过程的草本观赏植物称一年生花卉，如鸡冠花、百日草、万寿菊、千日红、一串红、半支莲、凤仙花等；秋播后次年完成整个生长发育过程的草本观赏植物称二年生花卉，如金鱼草、三色堇、羽衣甘蓝、金盏菊、雏菊、矢车菊等。由于各地气候及栽培条件不同，二者常无明显的界限，园艺上常将二者通称为一、二年生花卉，或简称草花。繁殖方式以播种为主。在景观中应用范围很广，常栽植于花坛、花境等处，也可与建筑物配合种植于围墙、栏杆四周。

一、二年生花卉具有生长周期短，为绿地迅速提供色彩变化；株型整齐，开花一致，群体效果好；种类品种丰富，通过搭配可周年有花；繁殖栽培简单，投资少，成本低；多喜光，喜排水良好肥沃疏松的土壤等特点。所以，对其进行养护管理时应根据相应的特性采取适当的措施。

一、水分管理

一、二年生花卉的根一般都比较短浅，因此不耐干旱，应适当多浇水，以免缺水造成萎蔫。根系在生长期，不断地与外界进行物质交换，也在进行呼吸作用。如果绿地积水，则土壤缺氧，根系的呼吸作用受阻，久而久之，因窒息引起根系死亡，花株也就枯黄。所以，花坛绿地排水要通畅、及时，尤其在雨季，力求做到雨停即干。有些花卉怕积水，宜布置在地势高、排水好的绿地。

对于一、二年生花卉的灌溉方式来说，漫灌法是在其有条件的情况下常采用的一种方式，因为这样灌一次透水，可使绿地湿润3～5天。用胶管、塑料管引水浇灌也是常用的方法。另外，大面积圃地、园地的灌溉，需用灌溉机械进行沟灌、漫灌、喷灌或滴灌。决定灌溉次数的是季节、天气、土质和花卉本身的生长状况。在夏季时，温度高，蒸发快，灌溉的次数应多于春、秋季；在冬季时，温度低，蒸发慢，则少浇水或停止浇水。同一种花卉不同的生长发育阶段，对水分的需求量也不同。花卉枝叶生长盛期，需要的水分比较多，可多浇水；开花期，则只要保持园地湿润即可；结实期，可少浇水。

二、施肥

在花卉的生长发育过程中，需要大量的养分供给，所以，必须向周围的土壤施入氮、磷、钾等肥料，来补充养料，满足花卉的需求，使其健康地成长。施肥的方法、时期、施入种类、数量应根据花卉的种类、花卉所处的生长发育阶段、土质等确定。一、二年生花卉的施肥可分为以下三种。

1. 基肥

基肥也称底肥。选用厩肥、堆肥、饼肥、河泥等有机肥料加入骨粉或过磷酸钙、氯化钾作基肥，整地时翻入土中，有的肥料如饼肥、粪土有时也可进行沟施或穴施。这类肥料肥效较长，还能改善土壤的物理和化学性能。

2. 追肥

追肥是补充基肥的不足，在花卉的生长、开花、结果期，定期追施充分腐熟的肥料，及时有效地补给花卉所需养分，满足花卉不同生长、发育时期的特殊要求。追肥的肥料可以是固态的，也可以是液态的。追施液肥，常在土壤干燥时，结合浇水一起进行。一、二年生花卉所需追肥次数较多，可10～15天追1次。

3. 根外追肥

根外追肥即对花卉枝、叶喷施营养液，也称叶面喷肥。一般用于花卉急需养分补给或遇上土壤过湿时。营养液中，养分的含量极微，很易被枝、叶吸收，此法见效快，肥料利用率高。将尿素、过磷酸钙、硫酸亚铁、硫酸钾等配成0.1%～0.2%的水溶液，雨前不能喷施。应于无风或微风的清晨、傍晚或阴天施用，要将叶的正反两面全喷到。一般每隔5～7天喷1次。根外追肥与根部施肥相结合，才能获得理想的效果。

一般花卉在幼苗期吸收量少，在中期茎叶大量生长至开花前吸收量呈直线上升，一直开花后才逐渐减少。准确施肥还取决于气候、管理水平等。施用时不能玷污枝叶，要贯彻“薄肥勤施”的原则，切忌施浓肥。水、肥管理对花卉的生长、发育影响很大，只有合理地进行浇水、施肥，做到适时、适量，才能保证花卉健壮的生长。

三、整形修剪

一二年生花卉一般无需大的整形，但是需要及时、合理的修剪，一般运用剪截、摘心、打梢、剥芽、疏叶、疏蕾、绑扎等措施，对茎干、枝叶进行整理来达到整形、促花的目的。修剪时对萌芽性强、容易萌发不定芽的花卉进行重剪，对萌芽性弱、不定芽和腋芽不容易萌发的要施行轻剪、弱剪，或只采取短截、疏枝即可。修剪的主要方法是摘心、剥芽和拔蕾。

1. 摘心

摘心是指摘除正在生长中的嫩枝顶端。用以抑制枝干顶芽生长，控制植株高度，防止徒长，促进分枝，达到调整株形和延长花期的目的。萌芽分枝力强的花卉，要在开花前多次进行摘心。常需要进行摘心的花卉有一串红、百日草、翠菊、金鱼草、福禄考、矮牵牛等。但如果是植株矮小、分枝又多的三色堇、雏菊、石竹等，主茎上着花多且朵大的球头鸡冠花、凤仙花等，以及要求尽早开花的花卉，不应摘心。

2. 剥芽和剥蕾

对腋芽萌发力强或萌芽太多、繁密杂乱的花卉，应按栽培目的适当地及时剥除腋芽。如果花蕾过多会使养分分散，为保证顶蕾充分发育、花大形美，应将侧蕾或基部花蕾剥除。

对那些生长过旺、枝叶重叠、通风透光不良招惹病害的，要适当除去部分分枝、病虫叶和黄老枯叶，使之枝叶清晰，叶绿花美，达到赏心悦目的目的。此外，对于牵牛、茑萝等攀缘缠绕类和易倒伏的可设支架，诱导牵引。

四、中耕除草

1. 中耕

在花卉生长期间，疏松植株根际的土壤，增加土壤的通气性，就是中耕。通过中耕可切断土壤表面的毛细管，减少水分蒸发，可使表土中孔隙增加而增加通气性，并可促进土壤中养分分解，有利于根对水分、养分的利用。在春、夏到来后，空地易长草，且易干燥，所以应及时进行中耕。一般在雨后或灌溉后，以及土壤板结时或施肥前进行。在苗株基部应浅耕，株行距中可略深，注意别伤根。植株长大覆盖土面后，可不再进行中耕。

2. 除草

除草要除早、除净，清除杂草根系，特别要在杂草结种子前除清。除草方式有多种，可用手锄和化学除草剂。除草剂如使用得当，可省工省时，但要注意安全。要根据花卉的种类正确使用适合的除草剂，对使用的浓度、方法和用药量也要注意。此外，运用地膜覆盖地面，既能保湿，又能防治杂草。

五、防寒越冬

防寒工作主要针对二年生花卉，二年生花卉是秋季播种，以幼苗过冬。对于石竹、雏菊、三色堇等耐寒性较强的花卉，在北方地区可采用覆盖法越冬，一般用干草、落叶、塑料薄膜等进行覆盖。

第二节　宿根花卉养护管理

宿根花卉是植株地下部分宿存于土壤中越冬，翌年春天地上部分又萌发生长、开花结籽的花卉。宿根花卉比一二年生花卉有着更强的生命力，一年种植可多年开花，是城镇绿化、美化极适合的植物材料。而且节水、抗旱、省工、易管理，合理搭配品种完全可以达至“三季有花”的目标，更能体现城市绿化发展与自然植物资源的合理配置。常见种类有芍药、石竹、漏斗菜、荷包牡丹、蜀葵、天蓝绣球、铃兰、玉簪类、射干、鸢尾类等。宿根花卉一次栽植，可多年赏花，但前提还是要对它们进行精心的养护，一般分期管理较好。

一、土、肥、水的管理

在栽植时，应深翻土壤，并大量施入有机质肥料，以保证较长时期的良好的土壤条件。此外，不同生长期的宿根花卉对土壤的要求也有差异，一般在幼苗期间喜腐殖质丰富的疏松土壤，而在第二年以后则以黏质壤土为佳。定植后一般管理比较简单、粗放，施肥也可减少。但要使其生长茂盛，花多花大，最好在春季新芽抽出时施以追肥，花前、花后可再追肥一次。秋季叶枯时可在植株四周施以腐熟厩肥或堆肥。

宿根花卉比一二年生花卉耐干旱，适应环境的能力较强，浇水次数可少于一二年生花卉。但在其旺盛的生长期，仍需按照各种花卉的习性，给予适当的水分，在休眠前则应逐渐减少浇水。另外，需要注意排水的通畅性。

二、整形修剪

宿根花卉一经定植以后连续开花，为保证其株形丰满，达到连年开花的目的，还要根据不同类别采取不同的修剪手段。

1. 修剪

在养护时可利用修剪来调节花期与植株高度。如荷兰菊自然株型高大，想要求花多、花头紧密，国庆节开花，就应修剪2～4次。5月初进行一次修剪，株高以15～20cm为好；7月份再进行第二次修剪，注意分枝均匀，株型均称、美观，或修剪成球形、圆锥形等不同形状；9月初最后一次修剪，此次只摘心5～6cm，以促进其分枝、孕蕾，保证国庆节开花。

2. 摘心

多年开花，植株生长过于高大，下部明显空虚的应进行摘心，有时为了增加侧枝数目、多开花而摘心。如宿根福禄考，当苗高15cm左右时，进行摘心，以促发分枝，控制株高，保证株丛丰满矮壮，增加花量及延迟开花。

3. 剥蕾

在花蕾形成后，为保证主蕾开花营养，而剥除侧蕾，以提高开花质量。如菊花9月份现蕾后，每枝顶端的蕾较大，称为“正蕾”，开花较早；其下方常有3～4个侧蕾，当侧蕾可见时，应分2～3次剥去，以免空耗养分，可使正蕾开花硕大。有时为了调整开花速度，使全株花朵整齐开放，则分几次剥蕾，花蕾小的枝条早剥侧蕾，花蕾大的晚剥蕾，最后使每枝枝条上的花蕾大小相似，开花大小也近似。

三、防寒越冬

如何防寒越冬是花卉管理必须注意的事情，宿根花卉的耐寒性较一二年生花卉强，无论冬季地上部分落叶的，还是常绿的，均处于休眠、半休眠状态。常绿宿根花卉，在南方可露地越冬，在北方应温室越冬。落叶宿根花卉，大多可露地越冬。

露地越冬需采取培土或灌水的方式保温防寒。培土法，就是将花卉的地上部分用土掩埋，翌春再清除泥土，如芍药。灌水法就是利用水有较大的热容量的性能，将需要保温的园地漫灌。这样既提高了环境的湿度，又对花具有保温增湿的效果。这种方法在宿根花卉中很常用。

覆盖法也是宿根花卉可以采用的越冬方式。

第三节 球根花卉养护管理

球根花卉是指根部呈球状，或者具有膨大地下茎的多年生草本花卉。偶尔也包含少数地上茎或叶发生变态膨大者。根据地下茎或根部的形态结构，大体上可以把球根花卉分为鳞茎类、球茎类、块茎类、根茎类和块根类五大类，代表花分别为郁金香、唐菖蒲、马蹄莲、美人蕉和大丽花等。球根花卉种类丰富，花色艳丽，花期较长，栽培容易，适应性强，是景观布置中比较理想的一类植物材料。对宿根花卉的养护管理，主要在于它们的球根，当然其他方面的养护亦不可少。

一、生长期的管理

许多球根花卉的根又少又脆，断后不能再生新根，所以栽后在生长期间不能移植。其叶片也较少或有定数，栽培中一定要注意保护，避免损伤。否则影响养分合成，不利于新球的生长，以至于影响开花和观赏。花后正值新球成熟、充实之际，为了节省养分使球长好，应剪去残花和果实。

球根花卉中有的类别应根据需要进行除芽、剥蕾等修剪整形，如大丽花。而其他花卉基本不需要进行此项工作。但在生产球根栽培时，为了使地下部分的球根迅速肥大且充实，也要尽早剥蕾以节省养分。

除此之外，球根要保持完好，不被损伤，特别在中耕除草的时候。球根花卉大多不耐水涝，应做好排水工作，尤其在雨季。花后仍需加强水肥管理。春植球根花卉，秋季掘出贮藏越冬。秋植球根花卉，冬季的时候，在南方大多可以露地越冬，在北方要在冷床或保护越冬。

二、球根的采收

1. 采收时间

球根花卉在停止生长、进入休眠后，大部分种类的球根，需要采收并进行贮藏。渡过休眠期后再栽植。采收要适时：过早，养分尚未充分积聚于球根中，球根不充实；过晚，茎叶枯萎脱落，不易确定土中球根的位置，采收时易遗漏子球。以叶变黄 1/2～2/3 时为采收适期。

2. 采收方法

采收时可掘起球根，除去过多的附土，并适当剪去地上部分。春植球根中的唐菖蒲、晚香玉可翻晒数天，使其充分干燥，大丽花、美人蕉等可阴干至外皮干燥，勿过干，勿使球根表面皱缩。大多数秋植球根，采收后不可置于炎日下曝晒，晾至外皮干燥即可。经晾晒或阴干的球根就可进行贮藏。

3. 球根贮藏

球根成熟采收后，就需要放置室内贮藏，贮藏的好坏会影响花卉栽植后的生长发育。球根贮藏可分为自然贮藏和调控贮藏两种类型。

自然贮藏指贮藏期间，对环境不加人工调控措施，使球根在常规室内环境中度过休眠期。通常在商品球出售前的休眠期或用于正常花期生产切花的球根，多采用自然贮藏。

调控贮藏是在贮藏期运用人工调控措施，以达到控制休眠、促进花芽分化、提高成花率以及抑制病虫害等目的。常用的是药物处理、温度调节和气体成分调节等，以调控球根的生理过程。如郁金香若在自然条件下贮藏，则一般 10 月栽种，翌年 4 月才能开花。如运用低温贮藏（17℃经 3 个星期，然后 5℃经 10 个星期），即可促进花芽分化，将秋季至春季前的露地越冬，提早到贮藏期来完成，使郁金香可在栽后 50～60 天开花。

第四节 园林花卉病虫害防治

园林花卉作为美化人们生活的一种植物，一旦受到各种病虫害的侵染，则使花色失去光泽，出现枯萎，甚至死亡现象。所以，花卉的病虫害防治也是相当重要的，不可忽视。一般来说，白粉病（百日草、凤仙花、荷兰菊等）、百日草叶斑病、鸡冠花叶斑病、羽衣甘蓝霜霉病、芍药红斑病、菊花叶斑病、郁金香碎色病、美人蕉锈病、萱草锈病、四季海棠灰霉病、翠菊枯萎病、唐菖蒲干腐病、鸢尾细菌性叶斑病等是园林花卉常见的病害；短额负蝗、斜纹夜蛾、银纹夜蛾、甘蓝夜蛾、甜菜夜蛾、菜粉蝶等是常见的害虫。在花卉的养护管理中，应针对不同的病虫害，施行不同的防治措施。

一、常见园林花卉病害种类及防治

园林花卉常见的病害主要有白粉病、锈病、芍药红斑病、香石竹叶斑病、菊花褐斑病、四季海棠灰霉病、羽衣甘蓝霜霉病、翠菊枯萎病、唐菖蒲干腐病、鸢尾细菌性软腐病等。不同病害的病症表现不同，防治方法也有所异同。

1. 白粉病

（1）病症表现　表现于花卉的叶片、嫩梢。始发时，叶片上的病斑较小、白色、较淡；之后白色粉层逐渐增厚、病斑扩大，覆盖局部甚至整个叶片或植株，影响光合作用。初秋，白色粉层中部变淡黄褐色，并形成黄色小圆点，之后逐渐变深而呈黑褐色。叶面出现零星的不定型白色霉斑，随着霉斑的增多和向四周扩展相互连成片，最终导致整个叶面布满白色至灰白色的粉状薄霉层，仿佛叶面被撒上一薄层面粉。霉斑相对应的叶背面，可见到初呈黄色后变为黄褐色至褐色的枯斑，发病早且严重的叶片，扭曲畸形枯黄。

（2）防治方法

① 人工清除枯枝落叶，并集中烧毁，减少初侵染来源。

② 加强栽培管理：栽植密度、盆花摆放密度不要过大；温室栽培时，注意通风透光；增施磷、钾肥，氮肥要适量；采用滴灌或喷灌，最好在晴天的上午进行灌水。

③ 在发病初期喷施 15%粉锈宁可湿性粉剂 1500～2000 倍液、25%敌力脱乳油 2500～5000 倍液、40%福星乳油 8000～10000 倍液、45%特克多悬浮液 300～800 倍液、15%绿帝可湿性粉剂 500～700 倍液。温室内可用 10%粉锈宁烟雾剂熏蒸。BO-10（150～200 倍液）、抗霉菌素 120 也是治疗白粉病的好药剂。

2. 锈病

（1）病症表现　病发初期，病叶两面均出现黄色水渍状圆形小斑，尤以叶背为多。后期小圆斑增大，并有橙黄色至褐色的疱状突起，边缘有黄绿色晕环，直径 2～6mm，疱状突起表皮破裂，散出橘黄色粉状物（病菌的夏孢子堆），秋后病斑上产生褐色粉状物（冬孢子堆），受害严重的叶面布满病斑，并可连接成不规则形的大片坏死区，病叶黄化，最后变成褐色干枯。

（2）防治方法

① 结合绿地清理及修剪，及时将病枝芽、病叶等集中烧毁，减少病原。

② 加强管理，降低湿度，注意通风透光，增施磷钾肥，提高植株抗病能力。

③ 在发病初期喷洒 15%粉锈宁可湿性粉剂 1000～1500 倍液，每 10 天喷 1 次，连喷 3～4次；或喷洒 12.5%烯唑醇可湿性粉剂 3000～6000 倍液、10%世高水分散粒剂稀释 6000～8000 倍液、40%福星乳油 8000～10000 倍液。

3. 芍药红斑病

(1) 病症表现　发病后叶片出现不规则性病斑，病斑大小为 5～15mm，紫红色或暗紫色，潮湿条件下，叶背面可产生暗绿色霉层，并可产生浅褐色轮纹。病症严重时，叶片焦枯破碎，如火烧一般。

(2) 防治方法

① 随时清扫落叶，摘去病叶，减少侵染来源。

② 合理施肥，及时浇灌，保持充足的水肥，并且及时清除田间杂草。

③ 可喷施 70%甲基托布津可湿性粉剂 1000 倍液、10%世高水分散粒剂 6000～8000 倍液、40%福星乳油 4000～6000 倍液、70%代森锰锌可湿性粉剂 800～1000 倍液、60%防霉宝超微粉剂 600 倍液。每隔 10～15 天喷施 1 次，连续喷施 3～4 次。

4. 香石竹叶斑病

(1) 病症表现　多从下部老叶开始发病。发病叶片初期出现淡绿色圆形水渍状病斑，逐渐扩大成直径可达 3～5mm 近圆形或长条形大病斑，后期病斑中央灰白，边缘紫色或褐色。茎上发病多在茎节或枝条分杈处，病斑可环绕茎或枝条一周，造成上部枝叶枯死。花苞受害，可使花不能正常开放，并造成裂苞。所有发病部位可出现黑色霉层，即为分生孢子和分生孢子梗。

(2) 防治方法　参照芍药红斑病。

5. 菊花褐斑病

(1) 病症表现　发病初期病叶出现淡黄色褪绿斑，病斑近圆形，逐渐扩大，变紫褐色或黑褐色。发病后期，病斑近圆形或不规则形，直径可达 12mm，病斑中间部分浅灰色，边缘黑褐色，其上散生细小黑点，为病菌的分生孢子器。一般发病从下部开始，向上发展，严重时全叶变黄、干枯。

(2) 防治方法　参照芍药红斑病。

6. 四季海棠灰霉病

(1) 病症表现　表现在花及花蕾上，初期为水渍状不规则小斑，稍下陷，后变褐腐败，病蕾枯萎后垂挂于病组织之上或附近。在温暖潮湿的环境下，病部产生大量灰色霉层，即病原菌的分生孢子和分生孢子梗。

(2) 防治方法

① 及时清除病株，并集中销毁。

② 加强栽培管理，改善通风透光条件；增施钙肥，控制氮肥用量，保证肥水充足。

③ 应喷施杀菌剂，并且在生长季节。药剂有 50%扑海因可湿性粉剂 1000～1500 倍液、50%速克灵可湿性粉剂 1000～2000 倍液、45%特克多悬浮液 300～800 倍液、45%噻菌灵可

湿性粉剂4000倍液、10%多抗霉素可湿性粉剂1000～2000倍液。

7. 羽衣甘蓝霜霉病

(1) 病症表现　发病初期叶片正面产生淡绿色斑块，后期变为黄褐至褐色，潮湿条件下叶片背面长出稀疏灰白色的霜霉层。病菌也侵染幼嫩的茎和叶，使植株矮化变形。病菌以卵孢子越冬越夏，以孢子囊蔓延侵染。植株下层叶片发病较多。栽植过密，通风透光不良，或阴雨、潮湿天气发病重。

(2) 防治方法

① 及时清除病枝及枯落叶。

② 采用科学的浇水方式，避免大水漫灌。

③ 可应用1∶0.5∶240的波尔多液、69%安克锰锌可湿性粉剂800倍液、40%疫霉灵可湿性粉剂250倍液、72%克露可湿性粉剂750倍液、66.5%普力克（霜霉威盐酸盐）水剂600～1000倍液或木霉菌（灭菌灵）可湿性粉剂200～300倍液。发病后，也可用50%甲霜铜可湿性粉剂600倍液、60%乙磷铝可湿性粉剂400倍液灌根，每株灌药液300g。

8. 翠菊枯萎病

(1) 病症表现　发病后植株迅速枯萎死亡。苗期受侵染，1周内可发病，植株出现倒头，全部叶片变黄萎缩，根系常发生程度不同的腐烂。感病成株，下部叶片最先出现淡黄绿色，随即枯萎，逐渐向上发展，全株枯萎死亡。茎基部常出现褐色长条斑，剖开茎基可见维管束变褐色。有时植株仅一侧表现症状，但维管束变褐色。湿度大时，茎基部产生大量浅红色粉霉状物，此为病菌的无性繁殖体。此病在夏季高温地区表现枯萎严重，而夏季低温区则表现茎腐。

(2) 防治方法

① 拔除病株销毁，减少病菌在土中的积累。

② 土壤处理：用40%福尔马林100倍液浇灌土壤（36kg/m^2），然后用薄膜盖住1～2周，揭开3天以后再用。也可种植前用50%绿亨一号、克菌丹、多菌灵500～1000倍液浇灌，每隔10天灌1次，连灌2～3次。

③ 在发病初期可选用50%退菌特可湿性粉剂500倍液、50%多菌灵可湿性粉剂800～1000倍液、20%抗枯灵水剂400～600倍液、70%甲基硫菌灵可湿性粉剂1000倍液。

9. 唐菖蒲干腐病

(1) 病症表现　主要危害球茎，球茎组织成浅褐色至黑色干腐，叶片黄化变褐枯死和根变褐腐烂。染病部位产生水渍状不规则小斑，逐渐变成棕黄色或淡褐色斑，病斑凹陷，环状皱缩。病斑常扩展到整个球茎。植株受害后，叶柄、花柄弯曲，叶片早黄干枯，严重时花不能正常开放，甚至整株枯死。

(2) 防治方法

① 栽培期内定期检查，及时清除病株并进行销毁。

② 球茎处理：选择健康无病的种球作繁殖材料，种植前对种球可用50%三唑酮可湿性粉剂500倍液浸泡30min，或用50%福美双拌种后再植。

③ 加强栽培管理，种植前对土壤进行消毒，合理施肥，适量增施钾肥，不要偏施氮肥。

④ 栽植后，定期对植株喷施杀菌剂，如50%多菌灵500倍液、0.5%波尔多液、70%甲基托布津800倍液。

10. 鸢尾细菌性软腐病

（1）病症表现　发病初期，叶端出现水渍状条纹，整个叶片逐渐黄化、干枯。根颈部发生水渍状的概率较高，呈糊状腐烂，腐烂的根状茎具有恶臭味。由于基部腐烂，病叶很容易拔出地面。病原细菌随病残组织在土壤中越冬。温度高、湿度大，种植密度大，有虫伤时发病重。

（2）防治方法

① 及时清除病叶或病枝并进行集中销毁。

② 发病严重的土壤，用0.5%～1%福尔马林对土壤10g/m² 进行消毒后再种植，或更换新土后栽植。被污染的工具应用沸水或70%酒精或1%硫酸铜溶液浸渍消毒后再用。

③ 发病后，每月喷洒一次农用链霉素1000倍液，能控制病害蔓延。喷洒杀虫剂，防治鸢尾钻心虫。

二、花卉病虫害的综合防治

1. 生物防治

生物防治园林植物病虫害是一种污染小、有利生态平衡和保持生物多样性的防治方法。

（1）以鸟治虫　引入和保护鸟类可以防治许多种类的食叶害虫。

（2）以虫治虫　一种害虫常遭受到几种、十几种的天敌昆虫捕食或寄生，应加强调查研究，保护天敌昆虫，利用它们防治害虫。

（3）以菌治虫　一些微生物和代谢产物可以防治病害和害虫。

2. 物理防治

（1）土壤覆盖薄膜　许多叶部病害的病原物是随病残体在突然表面越冬的，在土壤覆盖薄膜可大幅度地减少叶部病害的发生。薄膜对病原物的传播起到了机械阻隔作用，而且覆盖膜后土壤温度、湿度提高，加速了病残体的腐烂，减少了侵染来源。

（2）纱网阻隔　将温室内栽培的花卉植物，采用40～60目的纱网覆罩，不仅可以隔绝蚜虫、叶蝉、粉虱、蓟马等害虫的危害，还能有效地减轻病虫害的侵染。

（3）色板诱杀　在温室等保护地应用最多的物理防治法是色板诱杀，多用于防治小型害虫，也可兼作测报。其优点是方法简便、易于操作。使用时将黄板悬挂在距植株顶部高出10～20cm处，黄板可垂直悬挂或卷成圆筒状。诱杀美洲斑潜蝇成虫，需用中黄色的色板。诱杀有翅蚜、温室白粉虱、蓟马、斑潜蝇成虫等害虫，用浅黄、中黄、柠檬黄三种色板，都有很好的效果。利用银灰色反光膜可驱除蚜虫，还可以利用银白锡纸反光的原理，拒栖迁飞的蚜虫。

（4）利用臭氧防治机灭菌　温室病虫害臭氧防治机是近几年新研制生产的无污染、无残留的灭菌消毒设备，主要用于预防和控制温室大棚气传病害。该机是以温室内的空气为原料，通过高压放电技术实现空气的臭氧化。由于臭氧的强氧化特性，达到一定浓度的臭氧化的空气可将温室内空气及植株表面的有害细菌、真菌、病毒等快速杀灭或钝化，可减少用药70%～100%。

(5) 种苗的热处理　有病虫害的花卉苗木可用热风处理，温度为35～40℃，处理时间为1～4周；也可用40～50℃的温水处理，浸泡时间为10～18min。如唐菖蒲球茎在55℃水中浸泡30min，可以防治镰刀菌干腐病；有根结线虫病的花卉在45～65℃的温水中处理（先在30～35℃的水中预热30min）可防病，处理时间为30～120min，处理后的植株用凉水淋洗。

种苗热处理的关键是温度和时间的控制，一般在休眠期间处理比较安全。对有病虫的花卉植物作热处理时，要事先进行试验。热处理时升温要缓慢，使之有个适应温热的锻炼过程。一般从25℃开始，每1天升高2℃，6～7天后达到37～40℃的处理温度。

(6) 土壤的热处理　现代温室土壤热处理是使用热蒸汽（90～100℃），处理时间约为30min。蒸汽处理可大幅度降低香石竹镰刀菌枯萎病、菊花枯萎病及地下害虫的发生程度。在发达国家，蒸汽热处理已成为常规管理。利用太阳能热处理土壤也是有效的措施。在7～8月将土壤摊平做垄，垄为南北向，浇水并覆盖塑料薄膜，在覆盖期间如保证有10～15天的晴天，耕层温度可高达60～70℃，基本上能杀死土壤中的病原物。

(7) 高温闷棚　温室建成后，选择晴天盖上棚膜，密闭闷棚7～10天，使室内温度提高到60℃以上，以杀死土表及墙体上的病菌孢子及虫卵，从而减轻对花卉的侵染及危害。如果在高温闷棚时，结合硫黄粉、敌敌畏等药剂进行烟熏，则效果更佳。

3. 化学试剂防治

由于温室花卉生产有高温高湿的生态环境，极易造成病虫害的发生和流行，因此，对其进行药物防治时要突出“预防为主”的原则。实际生产中，应随时根据花卉的长势、生育期，结合气象预报预测某种病虫害将要发生时，提早喷药预防，同时，要做好病虫害的系统监测工作。

(1) 用药原则　实施喷药防治时，应注意科学合理用药。要根据病虫害发生种类，选择适当的农药防治。根据病虫害的发生危害规律，严格掌握最佳防治时间和最佳用量，做到适时适量用药。考虑到喷药防治的长远效果，做到交替使用农药，以延缓病虫的抗药性。

(2) 常规喷药保护　温室花卉病虫害的化学防治应本着用药原则，对病虫采取定期交替喷布百菌清、甲基托布津、一帆菌克等杀菌剂和速灭杀丁、敌敌畏、螨蚧克等杀虫剂，一般每月喷施2～3次；也可在保护地中，傍晚闭棚时使用烟雾剂熏杀，此方法既省工、省事、分散均匀，又克服了喷雾不均等缺点。

(3) 主要病害的化学防治措施　灰霉病：发病前或发病初期可用80%的代森锌可湿性粉剂500倍液、50%的扑海因可湿性粉剂800倍液或75%的百菌清可湿性粉剂600倍液进行喷雾，喷药间隔期为7天左右。以上药剂解围保护性杀菌剂，所以施药时应力求喷洒均匀和周到。

三、常见园林花卉虫害种类及防治

花卉害虫种类繁多，主要有银纹夜蛾、甘蓝夜蛾、菜粉蝶和短额负蝗等害虫，了解不同害虫种类及特征，才能采取相应的有效措施。

1. 银纹夜蛾

(1) 形态特征　成虫体长12～17mm，翅展32mm，体灰褐色，胸部有两束毛耸立着。

前翅深褐色，其上有2条银色波状横线，后翅暗褐色，有金属光泽。老熟幼虫体长25～32mm，青绿色。腹部5、6及10节上各有1对腹足，爬行时体背拱曲。背面有6条白色的细小纵线。1年2～8代，发生代数因地而异。5～6月间出现成虫，成虫昼伏夜出，有趋光性，产卵于叶背。初孵幼虫群集叶背取食叶肉，能吐丝下垂，3龄后分散危害，幼虫有假死性。10月初幼虫入土化蛹越冬。

(2) 危害特点　主要危害一品红、美人蕉、大丽花、菊花、海棠、香石竹等花卉。该虫以幼虫食害叶片，造成缺刻和孔洞，发生严重时将叶片食尽。

(3) 防治方法

① 及时清除杂草或于清晨在草丛中捕杀幼虫。

② 人工摘除卵块、初孵幼虫或蛹；灯光诱杀成虫，或利用趋化性用糖醋液诱杀，糖、酒、水、醋的比例为2∶1∶2∶2，再加上少量敌百虫。

③ 在幼虫期喷Bt乳剂500～800倍液、2.5%溴氰菊酯乳油或10%氯氰菊酯乳油或2.5%功夫乳油2000～3000倍液、5%定虫隆乳油1000～2000倍液、20%灭幼脲3号胶悬剂1000倍液、0.5%富表甲氨基阿维菌素乳油1500倍液等。

2. 菜粉蝶

(1) 形态特征　菜粉蝶又称菜青虫，成虫体长12～20mm，翅展45～55mm，成虫前后翅粉白色，前翅顶角灰黑色，雌蝶前翅有黑色圆斑2个，雄蝶仅1个黑斑；老熟幼虫体青绿色，体表密布细小黑色毛瘤。以蛹在危害地附近的墙壁、篱笆、树干、杂草处越冬。

(2) 危害特点　菜粉蝶以春秋两季危害最重，危害期为4～10月份。幼虫啃食叶肉，排出的粪便污染叶球和叶片，遇雨易诱发软腐病。

(3) 防治方法

① 结合摘心、修剪等措施，及时摘除虫卵、幼虫或蛹。

② 可对低龄幼虫用Bt乳剂300～500倍液喷雾，每隔10～15天喷1次，连续喷2～3次。

③ 也可在低龄幼虫时用25%灭幼脲3号悬浮剂1000～1500倍液防治，或5%抑太保乳油1000～2000倍液，或5%农梦特乳油1000～2000倍液防治。

3. 短额负蝗

(1) 形态特征　短额负蝗又称小尖头蚱蜢，体长20～30mm，体色多变，有淡绿、浅黄及褐色，一般每年发生1～2代，以卵在土中卵囊中越冬。一般冬暖或雪多情况下，地温较高，有利于蝗卵越冬。4～5月份温度偏高，卵发育速度快，孵化早。多雨年份、土壤湿度过大，蝗卵和幼蝻死亡率高。蝗虫天敌较多，主要有鸟类、蛙类、益虫、螨类和病原微生物。

(2) 危害特点　主要危害鸡冠花、菊花、茉莉、美人蕉、牵牛花、凤仙花、唐菖蒲、金盏菊、翠菊、百日菊、扶桑、八角金盘、佛手、鸢尾等花卉。成虫和若虫（蝗蝻）蚕食叶片和嫩茎，严重时可将寄主吃成光秆或全部吃光。秋季气温高，有利于成虫繁殖危害。

(3) 防治方法

① 可用3.5%甲敌粉剂、4%敌马粉剂喷粉，30kg/hm^2；25%爱卡士乳油800～1200倍

液、40.7%乐斯本乳油1000～2000倍液、30%伏杀硫磷乳油2000～3000倍液、20%哒嗪硫磷乳油500～1000倍液喷洒。

② 也可用麦麸100份＋水100份＋40%氧化乐果乳油0.15份混合拌匀，22.5kg/hm²；也可用鲜草100份切碎加水30份，拌入40%氧化乐果乳油0.15份，112.5kg/hm²。随配随撒，不能过夜。阴雨、大风、温度过高或过低时不宜使用。

第四章

园林树木的养护管理

树木栽种后必须进行及时、合理、经常的养护管理，不管是水、肥、土的充分应用方面，还是树的整形修剪、病虫害防治方面，都需要一套专门的、科学合理的养护措施和原则。

第一节 灌溉与排水

一、园林树木的灌溉

水分是树木生存的必备因素，没有水就没有生命，所以充分、合理、及时的灌溉，是保证树木新陈代谢正常进行和健壮生长的重要措施之一。水分过少或过多都会对树木造成伤害，所以，应加强树木的水分管理工作。

1. 园林树木的灌溉时期

园林树木正确的灌溉时期应该在树木未受到缺水影响以前就开始，而不是等树木在形态上已显露出缺水症状（如叶片卷曲、果实皱缩）时才进行灌溉，否则树木的生长发育可能会招致不可弥补的损失。当然，树木外部形态也是判断树木是否需要灌水的重要依据，甚至，在当前情况下它仍是许多绿地工作者直观确定是否急需灌水的常用方法。例如，可根据早晨树叶是上翘还是下垂，中午叶片是否萎蔫及其程度轻重，傍晚叶片萎蔫后恢复的快慢程度等，确定露地树木是否需要灌溉。名贵树木或抗性比较差的树木，如紫红鸡爪槭（红枫）、红叶鸡爪槭（羽毛枫）、杜鹃等，略现萎蔫或叶尖焦干时就应立即灌水或对树冠喷水，否则就会产生旱害。有的虽遇干旱出现萎蔫，但较长时间内不灌溉也不至于死亡。

用土壤含水量确定灌溉时期也是一种较可靠的方法。一般土壤含水量达到田间最大持水量的60%～80%时，土壤中的水分和空气最符合树木生长的需要，当土壤含水量低至50%时，就需要补充水分。

此外，用土壤水分张力计也可以简便、快速、准确地测出土壤水分状况，从而确定科学的灌水时间。或者通过测定细胞液浓度、叶片水势等生理指标作为灌水的依据。总而言之，树木的灌水应根据树木的生长对水分的要求、气候和土壤水分的变化等决定不同的需要灌溉的时期。大体上，可分为以下几个时期。

(1) 休眠期灌水　树木休眠期的灌水主要在秋冬和早春进行。特别在中国的东北、西北、华北等地，降水量较少，冬春严寒干旱，休眠期灌水十分必要。秋末冬初灌水，一般称为灌“冻水”或“封冻水”，不但能提高树木的越冬安全性，而且还能防止早春干旱，特别是越冬困难的树种以及幼年树木等，灌冻水尤为重要。早春灌水不但有利于新梢和叶片的生长，而且有利于开花与坐果，同时还可促进树木健壮生长，是花繁果茂的关键措施之一。

(2) 生长期灌水

① 花前灌水。在北方一些地区容易出现早春干旱和风多雨少的现象，及时灌水补充土壤水分的不足，是促进树木萌芽、开花、新梢生长和提高座果率的有效措施；同时还可防止春寒、晚霜的危害。盐碱地区早春灌水后进行中耕，还可以起到压碱的作用。花前水可在萌芽后结合花前追肥进行。花前灌水的具体时间，则因地、因树种而异。

② 花后灌水。多数树木在花谢后半个月左右是新梢速生期，如果水分不足，会抑制新梢生长。树木此时如果缺少水分也会易引起大量落果，尤其北方各地，春天多风，地面蒸发量大，适当灌水可保持土壤的适宜湿度，可促进新梢和叶片生长，扩大同化面积，增强光合作用，提高坐果率和增大果实，同时对后期的花芽分化有良好作用。没有灌水条件的地区，也应积极采取盖草、盖沙等保墒措施。

③ 花芽分化期灌水。树木一般是在新梢生长缓慢或停止生长时开始花芽的形态分化，此时正是果实速生期，需要较多的水分和养分，如果水分不足会影响果实生长和花芽分化。因此，此次灌水对观花、观果树木非常重要。在新梢停止生长前及时而适量地灌水，可以促进春梢生长，抑制秋梢生长，有利于花芽分化及果实发育。

2. 灌水量

不同树种、不同品种、不同土质、不同气候、不同植株大小、不同生长发育时期，都会对灌水量有一定的影响，不同情况下的灌水量不同。但必须一次灌透灌足，切忌表土打湿而底土仍然干燥。一般已达花龄的乔木，大多应浇水令其渗透至土壤的80～100cm深处，适宜的灌水量一般以达到土壤最大持水量的60%～80%。

根据不同土壤的持水量、灌水前的土壤湿度、土壤容重、要求土壤浸湿的深度，可确定灌水量，其计算公式为：

灌水量＝灌溉面积×土壤浸湿深度×土壤容重×(田间持水量－灌溉前土壤湿度)

灌溉前的土壤湿度，需要在每次灌水前确定，田间持水量、土壤容重、土壤浸湿深度等项，可数年测定一次。

在应用上述公式计算出灌水量后，还可根据树种、品种、不同生命周期、物候期、间作物以及日照、温度、风、干旱期持续的长短等因素，进行调控，酌情增减，以符合实际需要。如果安装张力机，不必计算灌水量，其灌水量和灌水时期均可由张力机读数确定。

3. 灌溉方法

灌水方法正确与否，不但关系到灌水效果好坏，而且还影响土壤的结构。正确的灌水方法，可使水分在土壤中均匀分布，充分发挥水效，节约用水量，降低灌水成本，减少土壤冲刷，保持土壤的良好结构。随着科学技术的发展，灌水方法也在不断改进，正朝着机械化、自动化方向发展，使灌水效率和灌水效果均大幅度提高。根据供水方式的不同，将园林树木的灌水方法分为以下三种。

(1) 地上灌水　地上灌水包括人工浇灌、机械喷灌和移动式喷灌。人工浇水费工多、效率低，但在交通不便、水源较远、设施条件较差的情况下，还是很必要的。人工浇水时，大多采用树盘灌水形式，灌溉时以树干为圆心，在树冠边缘投影处用土壤围成圆形树堰，灌水在树堰中缓慢渗入地下。人工浇灌属于局部灌溉，灌水前应疏松树堰内土壤，使水容易渗透，灌溉后耙松表土以减少水分蒸发。有大量树木需要灌溉时，要依次进行，不可遗漏。

机械喷灌是固定或拆卸式的管道输送和喷灌系统，一般由水源、动力、水泵、输水管道及喷头等部分组成，是一种比较先进的灌水技术，目前已广泛用于园林苗圃、草坪以及其他重要的绿地系统。

机械喷灌的优点是：灌溉水首先是以雾化状洒落在树体上，然后再通过树木枝叶逐渐下渗至地表，避免了对土壤的直接打击、冲刷，基本不产生深层渗漏和地表径流，既节约用水又减少了对土壤结构的破坏，可保持原有土壤的疏松状态；机械喷灌还能迅速提高树木周围的空气湿度，控制局部环境温度的急剧变化，为树木生长创造良好条件。此外，机械喷灌对土地的平整度要求不高，可以节约劳力，提高工作效率。机械喷灌的缺点主要有：可能加重某些园林树木感染白粉病和其他真菌病害的程度；灌水的均匀性受风的影响很大，风力过大，还会增加水量损失；喷灌的设备价格和管理维护费用较高，使其应用范围受到一定限制。

移动式喷灌一般由城市洒水车改建而成，在汽车上安装贮水箱、水泵、水管及喷头组成一个完整的喷灌系统，灌溉的效果与机械喷灌相似。由于汽车喷灌具有移动灵活的优点，因而常用于城市街道行道树的灌水。

(2) 地面灌水　地面灌水可分为漫灌与滴灌两种形式。前者是一种大面积的表面灌水方式，因用水极不经济也不科学，生产上已很少采用；后者是近年来发展起来的机械化、自动化的先进灌溉技术，它是将灌溉用水以水滴或细小水流形式，缓慢地施于植物根域的灌水方法。滴灌的效果与机械喷灌相似，但比机械喷灌更节约用水。不过滴灌对小气候的调节作用较差，而且耗管材多，对用水质量要求严格，否则管道和滴头容易堵塞。目前国内外已发展到自动化滴灌装置，其自动控制方法可分时间控制法、电力抵抗法和土壤水分张力计自动控制法等，已广泛用于蔬菜、花卉的设施栽培生产中以及庭院观赏树木的养护中。滴灌系统的主要组成部分包括水泵、化肥罐、过滤器、输水管、灌水管和滴水管等。

(3) 地下灌水　地下灌水是借助于地下的管道系统，使灌溉水在土壤毛细管作用下，向周围扩散浸润植物根区土壤的灌溉方法。地下灌水具有蒸发量小、节省灌溉用水、不破坏土壤结构、地下管道系统在雨季还可用于排水等优点。

地下灌水分为沟灌与渗灌两种。沟灌是用高畦低沟方法，引水沿沟底流动来浸润周围土壤。灌溉沟有明沟与暗沟、土沟与石沟之分，石沟的沟壁设有小型渗漏孔。渗灌是采用地下管道系统的一种地下灌水方式，整个系统包括输水管道和渗水管道两大部分，通过输水管道将灌溉水输送至灌溉地的渗水管道，它做成暗渠和明渠均可，但应有一定比降。渗水管道的作用在于通过管道上的小孔，使灌水渗入土壤中，目前常用的有专门烧制的多孔瓦管、多孔水泥管、竹管以及波纹塑料管等，生产上应用较多的是多孔瓦管。

4. 灌溉注意事项

(1) 要适时适量灌溉　灌溉一旦开始，要经常注意土壤水分的适宜状态，要灌饱灌透。如果该灌不灌，则会使树木处于干旱环境中，不利于吸收根的发育，也影响地上部分的生长。甚至造成旱害；如果小水浅灌，次数频繁，则易诱导根系向浅层发展，降低树木的抗旱性和抗风性。当然，也不能长时间超量灌溉，否则会造成根系的窒息。

(2) 干旱时追肥应结合灌水　在土壤水分不足的情况下，追肥以后应立即灌溉，否则会加重旱情。

(3) 生长后期适时停止灌水　除特殊情况外，9月中旬以后应停止灌水，以防树木徒长降低树木的抗寒性，但在干旱寒冷的地区，冬灌有利于越冬。

(4) 灌溉宜在早晨或傍晚进行　因为早晨或傍晚蒸发量较小而且水温与地温差异不大，有利于根系的吸收。不要在气温最高的中午前后进行土壤灌溉，更不能用温度低的水源（如井水、自来水等）灌溉，否则树木地上部分蒸腾强烈，土壤温度降低，影响根系的吸收能力，导致树体水分代谢失常而受害。

(5) 注意灌溉水质　如果水里含有有害盐类和有毒元素及其他化合物，应处理后再使用，否则会影响树木生长。

此外，用于喷灌、滴灌的水源，不应含有泥沙和藻类植物等，以免堵塞喷头或滴头。

二、园林树木的排水

1. 排水的必要性

排水是防涝保树的主要措施。土壤中的水分与空气是互为消长的。排水会减少土壤中多余的水分，增加土壤空气的含量，促进土壤空气与大气的交流，提高土壤温度，激发好气性微生物活动，加快有机质的分解，改善树木营养状况，使土壤的理化性状全面改善。一般需要进行排水的条件有以下几个：

(1) 树木生长在低洼地，当降雨强度大时汇集大量地表径流，且不能及时渗透，而形成季节性涝湿地。

(2) 土壤结构不良，渗水性差，特别是有坚实不透水层的土壤，水分下渗困难，形成过高的假地下水位。

(3) 园林绿地临近江河湖海，地下水位高或雨季易遭淹没，形成周期性的土壤过湿。

(4) 平原或山地城市，在洪水季节有可能因排水不畅，形成大量积水。

(5) 在一些盐碱地区，土壤下层含盐量高，不及时排水洗盐，盐分会随水位的上升而到达表层，造成土壤次生盐渍化，对树木生长很不利。

2. 排水方法

园林绿地的排水是一项专业性基础工程，在景观规划及土建施工时应统筹安排，建好畅通的排水系统。园林树木的排水方法通常有以下四种。

(1) 明沟排水　就是指在地面上挖掘明沟，排除径流的方法。它常由小排水沟、支排水沟以及主排水沟等组成一个完整的排水系统，在地势最低处设置总排水沟。这种排水系统的布局多与道路走向一致，各级排水沟的走向最好相互垂直，但在两沟相交处应成锐角相交，以利水流畅通，防止相交处沟道淤塞，且各级排水沟的纵向比降应大小有别。

(2) 暗沟排水　暗沟排水是在地下埋设管道形成地下排水系统，将地下水降到要求的深度。暗沟排水系统与明沟排水系统基本相同，也有干管、支管和排水管之别。暗沟排水的管道多由塑料管、混凝土管或瓦管做成。建设时，各级管道需按水力学要求的指标组合施工，以确保水流畅通，防止淤塞。

(3) 滤水层排水　滤水层排水实际就是一种地下排水方法，一般是在低洼积水地以及透水性极差的立地上栽种的树木，或对一些极不耐水湿的树种在栽植初采取的排水措施，即在树木生长的土壤下层填埋一定深度的煤渣、碎石等材料，形成滤水层，并在周围设置排水孔，遇积水就能及时排除。这种排水方法只能小范围使用，起到局部排水的作用。

（4）地面排水　是目前使用最广泛、最经济的一种排水方法。主要利用道路、广场等有一定自然坡度的地面和水的自然重力，把土壤中多余的水分集中到排水沟，从而避免绿地树木遭受水淹。这种方法虽经济可行，但需要排水设计者经过精心设计安排，才能达到预期效果。

第二节 施肥管理

施肥，即是通过人工补充养分以提高土壤肥力，满足植物生活需要的措施。园林树木生长地的土壤条件非常复杂，既有贫瘠的荒山荒地，又有盐碱地和人为干扰和翻动过的地段；不是土壤结构不良，就是缺肥缺水或是排水和通气不畅，所以科学的施肥，改善土壤的理化性质、提高土壤的肥力，增加树木的营养，是保证树木健康长寿的有力措施之一。

一、施肥的意义和特点

1. 施肥的意义

树木定植后，在栽植地生长多年甚至上千年，主要靠根系从土壤中吸收水分和无机盐，以供正常生长需要。由于树根所能伸及范围内，土壤中所含的营养元素氮、磷、钾以及一些微量元素数量是有限的，吸收时间长了，土壤的养分就会不足，不能满足树木继续生长的需要。另外，园林树木一般生长在城市中，枯枝落叶不是被扫走，就是被烧毁，归还给土壤的数量很少；还有地面铺装及人踩车压，土壤十分紧实，地表营养不易下渗，根系难以利用；加之地下管线、建筑地基的构建，减少了土壤的有效容量，限制了根系的吸收面积；此外，随着绿化水平的提高，乔、灌、草多层次植物配置，更增加了养分的消耗和与树木的竞争。这些都说明了适时适量补充树木营养元素是十分重要的。总的来说，施肥的意义主要有下述三个方面。

（1）供给树木生长所必需的养分。

（2）改良土壤性质，特别是施用有机肥料，可以提高土壤温度，改善土壤结构，使土壤疏松并提高透水、通气和保水性能，有利于树木根系生长。

（3）为土壤微生物的繁殖与活动创造有利条件，进而促进肥料分解，改善土壤的化学反应，使土壤盐类成为可吸收状态，有利于树木生长。

2. 施肥的特点

根据园林树木生物学特性和栽培的要求与环境条件，其施肥的特点包括以下三方面。

（1）园林树木是多年生植物，长期生长在同一地点，从施入肥料的种类来看，应以有机肥为主。同时适当施用化学和生物肥料。施肥方式以基肥为主，基肥与追肥兼施。

（2）园林树木种类繁多，习性各异，作用不一，防护、观赏或经济效用各不相同，因此，就反映在施肥种类、用量和方法等方面的差异上。在这方面各地经验颇多，需要科学的、系统的分析与总结。

（3）园林树木生长地的环境条件是很悬殊的，既有高山、丘陵，又有水边、低湿地及建筑周围等，这样就增加了施肥的困难，所以应根据栽培环境的特点，采用不同的施肥方式和方法。同时，在园林绿地中对树木施肥时必须注意园容的美观，避免在白天施用奇臭的肥料，有碍游人的活动，应做到施肥后随即覆土。

施肥应当注意的是必须与浇水密切配合，肥效才能充分地发挥，达到最佳效果。

二、施肥的原则

1. 根据树种合理施肥

树木的需肥与树种及其生长习性有关。例如泡桐、杨树、重阳木、香樟、桂花、茉莉、月季、茶花等树种生长迅速、生长量大，就比柏木、马尾松、油松、小叶黄杨等慢生耐瘠树种需肥量要大，因此应根据不同的树种调整施肥用量。

2. 根据生长发育阶段合理施肥

总体上讲，随着树木生长旺盛期的到来需肥量逐渐增加，生长旺盛期以前或以后需肥量相对较少，在休眠期甚至就不需要施肥；在抽枝展叶的营养生长阶段，树木对氮素的需求量大，而生殖生长阶段则以磷、钾及其他微量元素为主。根据园林树木物候期差异，施肥方案上有萌芽肥、抽枝肥、花前肥、壮花稳果肥以及花后肥等。如柑橘类几乎全年都能吸收氮素，但吸收高峰在温度较高的仲夏；磷素主要在枝梢和根系生长旺盛的高温季节吸收，冬季显著减少；钾的吸收主要在5月～次年11月份。而栗树从发芽即开始吸收氮素，在新梢停止生长后，果实肥大期吸收最多。就生命周期而言，一般处于幼年期的树种，尤其是幼年的针叶树生长需要大量的化肥，到成年阶段对氮素的需要量减少。对古树、大树供给更多的微量元素，有助于增强对不良环境因子的抵抗力。

3. 根据树木用途合理施肥

树木的观赏特性以及园林用途影响其施肥方案。一般说来，观叶、观形树种需要较多的氮肥，而观花、观果树种对磷、钾肥的需求量大。有调查表明，城市里的行道树大多缺少钾、镁、磷、硼、锰、硝态氮等元素，而钙、钠等元素又常过量。也有人认为，对行道树、庭荫树、绿篱树种施肥应以饼肥、化肥为主，郊区绿化树种可更多地施用人粪尿和土杂肥。

4. 根据土壤条件合理施肥

土壤厚度、土壤水分与有机质含量、酸碱度高低、土壤结构以及三相比等均对树木施肥有很大影响。例如，土壤水分含量和土壤酸碱度及肥效直接相关，土壤水分缺乏时施肥，可能因肥分浓度过高，树木不能吸收利用而遭毒害；积水或多雨时养分容易被淋洗流失，降低肥料利用率；另外，如上所述，土壤酸碱度直接影响营养元素的溶解度，这些都是施用肥料时需仔细考虑的问题。

5. 根据气候条件合理施肥

气温和降雨量是影响施肥的主要气候因子。如低温，一方面减慢了土壤养分的转化，另一方面又削弱树木对养分的吸收功能。试验表明，在各种元素中磷是受低温抑制最大的一种元素；干旱常导致发生缺硼、钾及磷；多雨则容易促发缺镁。

6. 根据营养诊断合理施肥

根据营养诊断结果进行施肥，能使树木的施肥达到合理化、指标化和规范化，完全做到树木缺什么就施什么，缺多少就施多少。目前虽在生产上广泛应用受到一定限制，但应大力提倡。

7. 根据养分性质合理施肥

养分性质不同，不但影响施肥的时期、方法、施肥量，而且还关系到土壤的理化性状。一些易流失挥发的速效性肥料，如碳酸氢铵、过磷酸钙等，宜在树木需肥期稍前施入；而迟效性的有机肥料，需腐烂分解后才能被树木吸收利用，故应提前施入。氮肥在土壤中移动性强，即使浅施也能渗透到根系分布层内供树木吸收利用；而磷、钾肥移动性差故需深施，尤其磷肥宜施在根系分布层内才有利于根系吸收。化肥类肥料的用量应本着宜淡不宜浓的原则，否则容易烧伤树木根系。事实上任何一种肥料都不是十全十美的，因此实践中应将有机与无机、速效性与缓效性、酸性与碱性、大量元素与微量元素等结合施用，提倡复合配方施肥。

三、肥料的种类

1. 农家肥料

农家肥料指就地取材、就地使用的各种有机肥料。它由含有大量生物物质的动植物残体、排泄物和生物废物等积制而成，含有丰富的有机质和腐殖质及果树所需要的各种常量元素和微量元素，还含有激素、维生素和抗生素等。其特点是来源广、潜力大、养分完全、肥效期长而稳定，属迟效性肥料；农家肥施后能改良土壤，提高土壤肥力，是果园的主要用肥。其主要包括堆肥、沤肥、厩肥、沼气肥、绿肥、作物秸秆肥、泥肥和饼肥等。

（1）堆肥　堆肥是利用作物秸秆、杂草、落叶、垃圾及其他有机废物为主要原料，再配以一定量的粪尿、污水和少量泥土堆制经好气微生物分解而成的一类有机肥料。堆制过程是微生物分解有机质的过程，因此必须创造适于微生物活动的条件。堆肥多在高温季节进行，肥堆要保持足够的水分，控制水分为湿重的65%～75%为宜。为利于微生物活动，也要注意肥堆的通气。腐熟后作基肥用。

（2）沤肥　所用物料与堆肥基本相同，只是在淹水条件下，经微生物嫌气发酵而成的一类有机肥料。

（3）厩肥　也叫圈肥，是利用家畜圈内的粪尿和所垫入的杂草、落叶、泥土草炭等物质，经过沤制而成的肥料。圈肥含有氮、磷、钾三要素，其中含钾量较高，可被果树直接吸收利用。

（4）沼气肥　在密封的沼气池中，有机物在嫌气条件下经微生物发酵制取沼气后的副产物，主要由沼气水肥和沼气渣肥两部分组成。

（5）作物秸秆肥　以麦秸、稻草、玉米秸、豆秸、油菜秸等直接还田的肥料。

（6）泥肥　以未经污染的河泥、塘泥、沟泥、港泥、湖泥等经嫌气微生物分解而成的肥料。

（7）饼肥　以各种含油分较多的种子经压榨去油后的残渣制成的肥料，如菜籽饼、棉籽饼、豆饼、花生饼和芝麻饼等。

（8）绿肥　绿肥也是果园基肥来源之一，有较高的肥效，其利用方式主要有两种：

① 就地翻压。以绿肥植物蕾期至初花期刈割后，粉碎成料10cm左右。均匀撒于田面，晾晒半天，即可翻入土中。一般每亩翻压1000～1500kg为宜。有水浇条件的果园，翻后晒1～2天灌一次水，有利于绿肥腐熟；无水浇条件时，待雨季来临即可腐熟。

② 集中施入树下。即沿树冠外缘向外挖深60cm、宽60cm、长150cm的沟一条，割下

绿肥，晾晒后，粉碎成10cm左右，每坑50～70kg，将绿肥与土拌匀填入坑中，随填随踏实，施后灌足水。施肥后20天左右肥坑内即可开始出现新根。果园中常用的绿肥植物，主要有紫穗槐、毛苕子、三叶草、草木樨、田菁、沙打旺、绿豆等。

（9）人畜粪尿　是人畜粪便和尿的混合物，富含有机质和各种营养元素。其中人粪含氮量较高，畜粪都含有较多的氮、磷、钾。人粪尿中的氮素极易挥发损失，应注意收集贮存。最常用的积存方法是和泥土、垃圾、杂草等制成堆肥。堆制的比例，以能充分吸收粪尿汁液为原则，一般可以掺入粪尿量3～4倍的泥土或垃圾。在粪尿中加入3%～5%的过磷酸钙，可减少氮素的损失，并可提高磷素的可利用性。

（10）草木灰　是作物秸秆和柴草等植物体燃烧后的残渣。有机物及氮素在燃烧过程中已全部烧掉，因此不含有机物和氮素，含有磷、钾、钙等元素。其中含的钾大部分是水溶性的，能被果树直接吸收利用。草木灰要干积，注意防湿防水，以免肥分流失。草木灰不宜与腐熟的厩肥、人粪尿或硫酸铵等酸性肥料混合施用（可以配合），除盐碱地外，一般土壤可以施用，可作基肥或追肥用。

2. 商品肥料

商品肥料是指按国家法规规定，受国家肥料部门管理，以商品形式出售的肥料。包括商品有机肥、腐殖酸类肥、微生物肥、有机复合肥、无机（矿质）肥和叶面肥等。

（1）商品有机肥料　以大量动植物残体、排泄物及其他生物废料为原料，加工制成的商品肥料。

（2）腐殖酸类肥料　以含有腐殖酸类物质的泥炭（草炭）、褐煤、风化煤等经过加工制成含有植物营养成分的肥料。

（3）微生物肥料　以特定微生物菌种培养生产的含活的微生物的制剂。根据微生物肥料对改善植物营养元素的不同，可分成五类：根瘤菌肥料、固氮菌肥料、磷细菌肥料、硅酸盐细菌肥料、复合微生物肥料。

（4）有机复合肥　经无害化处理后的畜禽粪便及其他生物废物加入适量的微量营养元素制成的肥料。

（5）无机（矿质）肥料　矿物经物理或化学工业方式制成，养分呈无机盐形式的肥料，包括矿物钾肥和硫酸钾、矿物磷肥（矿磷粉）、煅烧磷酸盐（钙镁磷肥、脱氟磷肥）、石灰、石膏、硫黄等。

（6）叶面肥料　喷施于植物叶片并能被其吸收利用的肥料，叶面肥料中不得含有化学合成的生长调节剂，包括含微量元素的叶面肥和含植物生长辅助物质的叶面肥料等。

（7）有机无机肥（半有机肥）　有机肥料与无机肥料通过机械混合或化学反应而成的肥料。

（8）掺合肥　在有机肥、微生物肥、无机（矿质）肥、腐殖酸肥中按一定比例掺入化肥（硝态氮肥除外），并通过机械混合而成的肥料。

3. 其他肥料

指不含有毒物质的食品、纺织工业的有机副产品，以及骨粉、骨胶废渣、氨基酸残渣、家禽家畜加工废料、糖厂废料等有机物制成的，经农业部门登记允许使用的肥料。

4. 禁止使用的肥料

（1）未经无害化处理的城市垃圾或含有金属、橡胶和有害物质的垃圾。

（2）硝态氮肥和未腐熟的人粪尿。

（3）未获准登记的肥料产品。

四、肥料的用量

一般情况下，树木都应施用含有氮、磷、钾三要素的混合肥料。具体施用比例因不同树种、不同年龄时期、不同物候期的需要和土壤的营养状况而定。充分腐熟的厩肥含有多种营养元素，是树木尤其是幼树施肥的最好肥料之一，但是由于厩肥只适于开阔地生长的树木，施用量很大，也不太方便，因此应用并不广泛。化学肥料有效成分含量高，又便于配方，见效快，使用十分普遍，但是改良土壤结构的作用小。有很多化肥是单一性肥料，在需要集约经营的园林绿地环境中，最好能一次施足植物对营养多种要求的肥料，所以，要按需要进行配方或选用符合要求的复合肥，才能起到很好的效果。

科学施肥应该是针对树体的营养状态，经济有效地供给植物所需要的营养元素，并且防止在土壤内和地下水内积累有害的残存物质。过量的施肥不仅造成经济上和物质上的浪费，还干扰其他营养元素的吸收和利用，而且还会恶化土壤条件，污染用水。由于施肥量的确定还受多种因素的影响，所以，归纳起来可根据以下几点原则确定其施肥量。

1. 根据不同的树种而施肥

树种不同，对养分的要求不一样，如茉莉、梧桐、梅花、月季、桂花、牡丹等种类喜肥沃土壤；沙棘、刺槐、悬铃木、臭椿、山杏等则耐瘠薄的土壤；开花结果多的大树应较开花、结果少的小树多施肥，树势衰弱的树也应多施肥。不同的树种施用的肥料种类也不同，如果树和木本油料树种应增施磷肥；酸性花木，如杜鹃、山茶、栀子花、桂花等，应施酸性肥料，不能施石灰、草木灰等；幼龄针叶树不宜施用化肥。

肥料的用量不是越多越好，而是在一定生产技术措施配合下，有一定的用量范围。施肥量过多或不足，对树木生长发育均有不良影响。据辽宁农科所报道（1971），树木吸肥在一定范围内随施肥量的增加而增加，超过一定范围，施肥量增加而吸收量下降。如21年生“国光苹果”树以株施0.35kg氮素的吸收量最大，而株施0.6kg以上的则与株施0.25kg的吸收量相差很少，不如0.35kg吸收多，这说明施肥量过多，树木不能吸收。因此施肥量既要符合树木要求，又要经济实惠。

对于落叶树的施肥，一般按每厘米胸径180～1400g的化肥施用量，这一用量不会造成伤害，普遍使用的最安全用量是每厘米胸径施350～700g完全肥料。胸径不大于15cm的树木施用量减半，有些对化肥敏感的树种也要减半，大树可按每厘米胸径施用10∶8∶6的N、P、K混合肥700～900g（10∶8∶6表示肥料中有10%的N，8%的P_2O_5和6%的K_2O）。

对常绿树，特别是常绿针叶幼树最好不施化肥，因为化肥容易使其产生药害，所以过去对常绿树很少施用化肥，施有机肥比较安全。化肥应在松土或浇水时施用，以便与土壤充分混合，成年常绿针叶树施用化肥较安全。常绿阔叶树杜鹃花等酸性花木应避免施用碱性肥料，可施大量的有机肥，如堆肥、酸性泥炭藓和腐熟栎叶土、松针土等。

2. 根据不同的土壤而施肥

土壤的性质不同，所施用的肥料种类也不同。同样，土壤的性质不同，施用肥料的用量也不一样，施肥的用量应根据土壤肥沃程度及其植物对肥料的反应而定。如山地、盐碱地、瘠薄的沙地为了改良土壤，有机肥如绿肥、泥炭等施用量一般均较高；土壤肥沃、理化性质良好的土壤可以适当少施；理化性质差的土壤施肥必须与土壤改良相结合。土壤酸碱度、地形、地势、土壤温湿度、气候条件以及土壤管理制度等对施肥量都有影响，因此，确定施肥量应从多方面考虑。

3. 根据树木不同时期的要求而施肥

一年生苗在生长旺盛的后期，对氮肥需要量最大，同时对磷钾肥的需要量也大，而二年生的移植苗，是在生长前期需氮肥较多，约占当年总需要量的70%左右。如在树木需肥的营养分配中心的恰当时期施肥，施用量相应高些，效果最好。北京黄土岗花农在夏至后对梅花集中施肥1～2次，目的在于抓紧6月底关键时机，促进花芽的大量形成，借以达到来春繁花满枝的效果。在生长后期施氮肥必须加以控制，应在5～7月份施用，北京最迟不超过7月底，否则苗木入秋徒长，越冬时必将发生冻害。

4. 根据树木以往的施肥经验而施肥

园林绿地中好多工作者是根据多年施肥的经验而确定施肥量，即今年施肥量多了，下一年少施；第一次施肥量不够，第二次可以适当加多，也就是不断地试验摸索。同时根据施肥量观察植物生长发育的状况，因为树木在缺乏某种元素或某种元素过量的情况下，树木所呈现的各种症状是不同的，花农根据肉眼观察得到的植物症状，不断总结施肥的经验教训，最后摸索出一套施肥用量相对标准。这种凭经验施肥虽然比较古老，但是，是我国目前行之有效的确定施肥用量的方法。

5. 根据叶面分析法而施肥

如果对树木盲目施肥，就会造成其品质差、观赏效果不佳。所以现代的施肥应了解树木矿质营养的基本知识，对叶面进行分析，从而判断施肥的用量。

根据叶片所含的营养元素量可反映树体的营养状况，所以叶面分析法来确定树木的施肥量已被发达国家广泛应用。此法不仅能查出肉眼见得到的症状，还能分析出多种营养元素的不足或过剩，以及能分辨两种不同元素引起的相似症状，而且在病症出现前及早得知，所以可以根据叶片分析及时施入适宜的肥料种类和数量，以保证树木的正常生长和发育。

对于大多数的落叶和常绿果树来说，最有代表性和准确性的部分是叶片，但葡萄的叶柄是理想的部分。许多因素影响叶片内元素的浓度，如叶龄、枝条是否结果、叶片在植株上的位置（高度、外围或内膛、方位）、叶片的大小、采样的时间（一年内和一天内的时间）、砧木类型、灌溉水的分布、施肥、结果多少等。一般情况，采样的时间大多数是在7月下旬到8月底之间。落叶果树叶子应从生长势中等的延长新梢上采取，每一个新梢只采一张位于其中部的叶片，叶龄为2～5个月的完全展开的叶子。必须强调供分析用的样品，应该从一定类型的枝条上、一定部位采取叶龄近似的叶片，才能得到可靠的结果。叶片分析应与果园栽培技术结合起来进行判断，如果土壤排水不良，叶片分析的结果是缺素，但并不是真正的缺素，而是因排水不良造成的土壤内缺氧。同样，如果发生线虫病，树体的营养状况也不好，因为其影响树体吸收养分的能力。叶面分析作为一种科学研究的工具，可以用来评价施肥试验的结果。叶片分析技术的发展，大大简化了施肥试验，但与土壤分析结合起来进行更为科学和有效。

由于目前电子科学技术的发展，施肥量有其精确的计算公式，就是计算前先测定出树木各器官每年从土壤中吸收各营养元素量，减去土壤中能供给量，同时还要考虑肥料的损失。其公式如下：

施肥量=(果树吸收肥料元素量－土壤供给量)/肥料利用率

这种计算法需利用普通计算机和电子仪器等，虽能很快测出很多精确数据，使施肥量的理论计算成为现实，但还不能广泛应用于园林绿地中。

五、施肥的时期

确定施肥的最佳时期，就应该了解植物在何时需要何种肥料，同时还应了解植物并不是在整个生长期内，都从土壤中吸收养分，也不是土壤中有什么营养元素就吸收什么元素。植物从外界环境中吸收与利用营养元素的过程，实质上是一种选择吸收的过程，其主要决定植物本身的需要。因为每种植物在其生长发育的历史过程中，对各种营养元素的需要，已经形成了一定的比例关系，因此，施肥的时间应掌握在树木最需肥的时候施入，以便使有限的肥料能被树木充分吸收。具体施肥的时间应视树木生长的情况和季节而定。在生产上，一般分基肥和追肥，基肥施用要早，追肥要巧。

树木早春萌芽、开花和生长，主要是消耗树体贮存的养分。树体贮存的养分丰富，可提高开花质量和坐果率，有利于枝条健壮生长，叶茂花繁、增加观赏效果。树木落叶前，是积累有机养分的时期，这时根系吸收强度虽小，但是时间较长，地上部制造的有机养分以贮藏为主，为了提高树体的营养水平，北方一些省份，多在秋分前后施用基肥，但时间宜早不宜晚，尤其是对观花、观果及从南方引入的树种，更应早施，施得过迟，使树木生长不能及时停止，降低树木的越冬能力。

1. 基肥的施用时期

基肥是在较长时期内供给树木养分的基本肥料，所以宜施迟效性有机肥料，如腐殖酸类肥料，堆肥、厩肥、圈肥、鱼肥、血肥以及腐烂的作物秸秆、树枝、落叶等，使其逐渐分解，供树木较长时间吸收利用大量元素和微量元素。基肥分秋施和春施。

秋施基肥以秋分前后施入效果最好，其原因如下：基肥是较长时间内供给树木养分的基本肥料，应施迟效性的有机肥，迟效性肥料需要比较长的时间腐烂分解，秋季施入有机质腐烂分解的时间较充分，可提高矿质化程度，来春可及时供给树木萌芽、开花、枝叶和根系生长的需要。如能再结合施入部分速效性化肥，提高细胞液浓度，从而也可增强树木的越冬性。施有机肥可提高土壤孔隙度，使土壤疏松，有利于土壤积雪保墒和提高地温，防止冬春土壤干旱，并减少根际冻害。秋施基肥正值一些树木根系（秋季）生长的高峰，伤根容易愈合，并可发出新根，加之秋天树木根系吸收的时间较长，吸收的养分积累起来，为来年生长和发育打好物质基础。

春施基肥，如果有机质没有充分分解，肥效发挥较慢，早春不能及时供给根系吸收，到生长后期肥效发挥作用，往往会造成新梢二次生长，对树木生长发育不利，特别是对某些观花、观果类树木的花芽分化及果实发育不利。

2. 追肥的施用时期

追肥又叫补肥。根据树木一年中各物候期需肥特点及时追肥，以调解树木生长和发育的矛盾。追肥的施用时期，在生产上分前期追肥和后期追肥。见表4-1。

具体追肥时期，则与地区、树种、品种及树龄等有关，要紧紧依据各物候期特点进行追肥。如果花后进行了追肥，花芽分化期追肥可以考虑不施，如果秋施基肥，后期追肥也可以考虑不施。同时还决定树木种类和用途，如果是观花树种，花后追肥可以不施，花芽分化期

表 4-1 追肥方式

序号	程序	操作原则
1	前期追肥	前期追肥具体有花前追肥、花后追肥、花芽分化期追肥集中。花前追肥一般是针对春季开花的树木而言的，因为早春温度低，微生物活动弱，土壤中能让树木吸收的养分少，而树木在春天萌芽、开花需要大量的养分，为了解决土壤与树木对营养供需之间的矛盾，通常需要在早春开花前进行追肥。而花后追肥的目的是为了补充开花消耗掉的营养，保证枝条健壮生长，为果实发育与花芽分化奠定基础。对观果树木来说，花后追肥尤其重要，因为此时幼果迅速发育，新梢也开始生长，通常应在此时进行追肥以解决幼果发育与新梢生长的矛盾，减少生理落果。花芽分化期追肥，又称果实膨大期追肥。花芽的形成是开花以及结果的基础，没有花芽的形成，树木不可能开花与结果。此次追肥主要解决果实发育与花芽分化之间的矛盾，一方面减少生理落果，另一方面可保证花芽的形成
2	后期追肥	后期追肥往往是为了使树体积累大量的营养，保证花芽正常、健康的发育，为翌年树木萌芽、开花打好物质基础。对于观果树木果树，有时为了让果实迅速增大，减少后期因营养不良出现落果，更应该进行后期追肥

追肥必施，后期追肥可施可不施；而对观果树木而言花后追肥与花芽分化期追肥比较重要。对于牡丹等春季开花较晚的花木，这两次肥可合为一次；同时，花前追肥和后期追肥，有时与春施基肥和秋施基肥相隔较近，条件不允许时则可以省去，但牡丹花前必须保证施一次追肥。对于一般初栽 2～3 年内的花木、庭荫树、行道树及风景树等，每年在生长期进行 1～2 次追肥，实为必要，至于具体时期，则须视情况合理安排，灵活掌握。树木有缺肥症状时可随时进行追施。

六、施肥的方法

根据施肥部位的不同，园林树木施肥主要分为土壤施肥和根外施肥两大类。

1. 土壤施肥

(1) 施肥的位置　土壤施肥就是将肥料直接施入土壤中，然后通过树木根系进行吸收，它是园林树木主要的施肥方法。施肥的位置应最有利于根系的吸收，因此受树木主要吸收根群分布的控制。在一般情况下，吸收根水平分布的密集范围约在树冠垂直投影轮廓（滴水线）附近，大多数树木在其树冠投影中心约 1/3 半径范围内几乎没有什么吸收根。国外有一种凭经验估测多数树木根系水平分布范围的方法，即以根系伸展半径为地际以上 30cm 处直径的 12 倍为依据。例如，一棵树地面以上 30cm 处的直径为 10cm，它的根系大部分在 1.2m 的半径内，其吸收根则在离干 0.4m 的范围以外。

根据树木根系的分布状况与吸收功能，施肥的水平位置一般应在树冠投影半径的 1/3 倍至滴水线附近；垂直深度应在密集根层以上 40～60cm。在土壤施肥中必须注意三个问题：一是不要靠近树干基部；二是不要太浅，避免简单的地面喷撒；三是不要太深，一般不超过 60cm。目前施肥中普遍存在的错误是把肥料直接施在树干周围，这样做不但没有好处，有时还会有害，特别是容易对幼树根颈造成烧伤。

(2) 施肥的方法

① 环状沟施肥法。此法是幼树最常用的施肥方法，施肥沟的直径一般与树冠的冠径基本相等，沟宽多为 30～40 cm（图 4-1），施后随即覆土，施肥前最好松土，每隔 4～5 年施肥一次。此法施肥既经济，操作又简单，但挖沟时易切断水平根，施肥面积较小。

② 放射沟施肥法。是顺水平根系生长的方向挖沟，沟宽视相邻两条水平根之间的距离而定，沟深以树木根系主要分布层为准（图 4-2）。隔年或隔次更换施肥部位，以扩大施肥

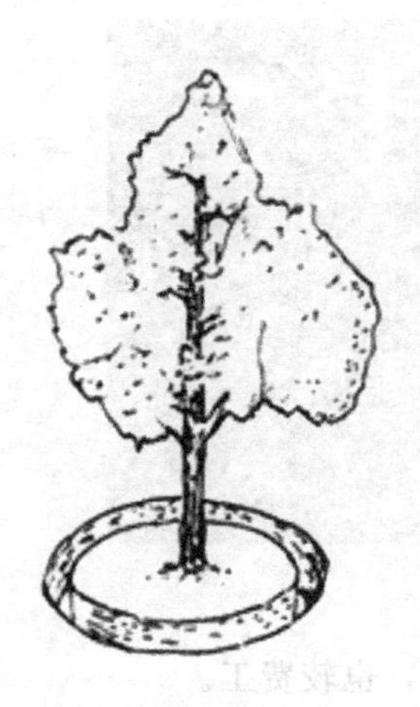

图 4-1　环状沟施肥法

图 4-2　放射沟施肥法

面积，促进根系吸收。此法伤根少，一般成年树多采用此法施肥。

③ 条状沟施肥法。在树木行间（每行或隔行）开沟（图 4-3），施入肥料，也可结合土壤深翻熟化分层进行。

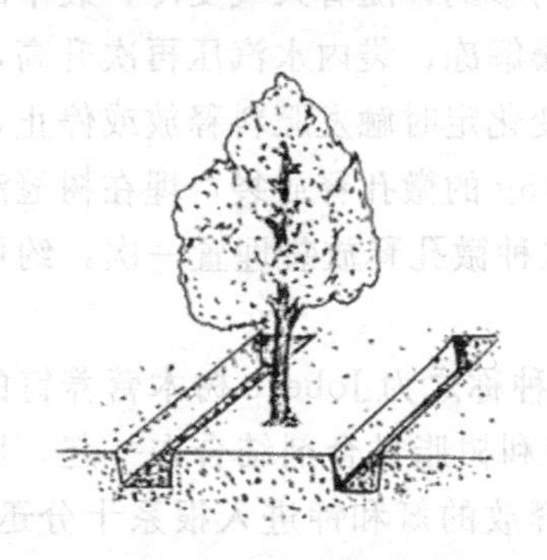

图 4-3　条状沟施肥法

④ 穴状施肥法。在树冠投影外缘附近挖若干个直径为 30cm 的穴（图 4-4），其穴的多少与深度视树木的种类、大小而定，一般约数十个，深度 30～60cm，排成一环或交错排成 2～3 环，把肥料施入穴内。然后覆土。栽在草坪上的树木即多采用穴施法，先铲起草皮，

图 4-4 穴状施肥法

将肥料施好后再将草皮还原铺上。此法肥效尚可，但施肥不均匀，也较费工。

⑤ 打孔施肥法。是由穴施衍变而来的一种方法，通常大树下面多为铺装地面或种植草坪、地被，不能开沟施肥时，可采用打洞的办法将肥料施入土壤中。可用孔径 5cm 的螺旋钻，深度视植物根系而定，一般为 30～60cm，切忌用冲击钻打洞，以免使土壤紧实影响通气性。从距树干 75～120cm 处开始，每隔 80cm 钻一个施肥洞，施肥洞点应分布到树冠外缘 2～3m 的范围内，如果地面狭窄，洞距可减少到 50～60cm。

填入洞穴的肥料最好用林业专用缓释肥料。其次可用优质有机肥为主的混合肥料，适当配入少量的速效化肥，不能用大量易溶性化肥集中填入洞中，否则会烧伤或烧死植物。在有草坪、地被条件下打洞施肥后，应随后加土封洞，再将草皮复原；在铺装地面施肥后，要将肥料和地表之间留 10cm 的空隙（原沙石层或灰浆层），用直径 2～15mm 的粗沙砾石填满，然后放好铺装砖（沥青路面用碎石填平即可）。

⑥ 微孔释放袋施肥法。是把一定量的 16∶8∶16 水溶性肥料，热封在双层聚乙烯塑料薄膜袋内施用，袋上有经过精密测定的一定量“针孔”，针孔的直径和数量决定释放养分的快慢。栽植树木时，将袋子放在吸收根群附近，当土壤中的水汽经微孔进入袋内，使肥料吸潮，以液体的形式从孔中溢出供树木根系吸收。这样释放肥料的速度缓慢，数量也相当小，但可以不断地向根系流入，不会像直接进行土壤施肥那样对根系造成伤害。对于沙性土施肥，此种方式可减少流失。微孔释放袋的活性受季节变化的影响，随着天气变冷，袋中的水汽也随之变小，最终停止营养释放。到春天气温升高，土壤解冻，袋内水汽压再次升高，促进肥料的释放，满足植物生长的需要。这样土壤水汽压的变化定时触发肥料释放或停止，确保肥料供应的有效性。对于已定植的树木，也可用 110～115g 的微孔释放袋，埋在树冠滴水线以内约 25cm 深的土层中，根据树龄大小决定的多少。这种微孔释放袋埋置一次，约可满足 8 年的营养需要。

⑦ 树木营养钉和超级营养棒法。现在国际上还推广一种称之为 Jobe’s 树木营养钉的施肥方法。这种营养钉是将 16∶8∶8 配方的肥料，用一种专利树脂黏合剂结合在一起，用普通木工锤打入土壤，打入根区深约 45cm 的营养钉，溶解释放的氮和钾进入根系十分迅速，立即可被树木利用，用营养钉给大树施肥的速度比钻孔施肥快 2.5 倍左右。此外还有一种 Ross 超级营养棒，其肥料配方为 16∶10∶9，并加入铁和锌。施肥时将这种营养棒压入树冠滴水线附近的土壤，即完成施肥工作。

⑧ 液施。这是河南鄢陵花农为给喜酸性土的花木传统施肥的方法，经北京林学院若干同志进行试验后，证明不仅可以用此法保证栀子花等喜酸性土的花木正常生长，不再黄化，

还可将已失绿的病株转绿。

具体配方：

200～250kg 水（以雨水为最好）；

10～15kg 粪（以猪粪最好）；

5～6kg 油粕饼（以芝麻饼最好）；

2.5～3kg 黑矾（$FeSO_4 \cdot 7H_2O$ 以呈黑红色枣核状的最好）。将其用料均匀混合，放入缸中，放在日光下暴晒，不加搅拌，约经 20 天后，用料全部腐熟成黑色液体，即可取上面的清液浇灌喜酸性土的植物，如栀子花、山茶花、杜鹃花等。上面的清液用完后补充一定量的水，直至液体变淡后再重新配制。

2. 根外施肥

根外施肥在我国各地都已广泛使用，它是通过叶片、枝条和树干来吸收营养的方式。目前生产上常见的根外施肥方法有叶面施肥和枝干施肥。

（1）叶面施肥　是用机械的方法，将按一定浓度配制好的肥料溶液，直接喷雾到树木的叶面上，通过叶面气孔和角质层的吸收，转移运输到树体的各个器官。一般喷后 15min 到 2h 即可被树木叶片吸收利用。但吸收强度和速度则与叶龄、肥料成分、溶液浓度等有关。由于幼叶生理机能旺盛，气孔所占面积较老叶大，因此较老叶吸收快。叶背较叶面气孔多，且叶背表皮下具有较松散的海绵组织，细胞间隙大而多，有利于渗透和吸收，因此，一般幼叶较老叶，叶背较叶面吸收快，吸收率也高。所以在实际喷布时一定要将叶面、叶背均喷到、喷匀，使之有利于树木吸收。

叶面施肥具有简单易行、用肥量小、吸收见效快、可满足树木急需等优点，避免了营养元素在土壤中的化学或生物固定。因此，在早春树木根系恢复吸收功能前，在缺水季节或缺水地区以及不便土壤施肥的地方，均可采用叶面施肥，同时，该方法还特别适合于微量元素的施用以及对树体高大、根系吸收能力衰竭的古树、大树的施肥。叶面施肥的效果与叶龄、叶面结构、肥料性质、气温、湿度、风速等密切相关。幼叶生理机能旺盛，气孔所占比重较大，比老叶吸收速度快，效率高；叶背较叶面气孔多，且表皮层下具有较疏松的海绵组织，细胞间隙大而多，利于渗透和吸收。因此，应对树叶正反两面进行喷雾。许多试验表明，叶面施肥最适温度为 18～25℃，湿度大些效果好，因而夏季最好在上午 10 时以前和下午 16 时以后喷雾，以免气温高，溶液很快浓缩，影响喷肥效果或导致药害。

叶面施肥多作追肥施用，生产上常与病虫害的防治结合进行，因而药液浓度至关重要。在没有足够把握的情况下，应宁淡勿浓。喷布前需做小型试验，确定不能引起药害，方可再大面积喷布。

（2）枝干施肥　就是通过树木枝、茎的韧皮部来吸收肥料营养，它吸肥的机理和效果与叶面施肥基本相似。枝干施肥又大致有枝干涂抹和枝干注射两种方法，前者是先将树木枝干刻伤，然后在刻伤处加上固体药棉；后者是用专门的仪器来注射枝干（图 4-5），目前国内已有专用的树干注射器。枝干施肥主要用于衰老古树、珍稀树种、树桩盆景以及观花树木和大树移栽时的营养供给。例如，有人分别用浓度 2% 的柠檬酸铁溶液注射和用浓度 1% 的

图 4-5　树干注射施肥

硫酸亚铁加尿素药棉涂抹栀子花枝干，在短期内就扭转了栀子花的缺绿症。多数实验也证明，当树木营养不良时，尤其缺少微量元素时，在树干上打孔，注射相应的营养元素，具有相当大的效果。

还有一种由美国发明的简单方法就是将所需要的完全可溶性肥料装入可溶性膜做成的胶囊中，在树干上钻一个直径1cm，深5～7cm，稍微向下倾斜的孔，将其埋入树干，通过树液湿润药物缓慢地释放有效成分，有效期可保持3～5年，主要用于行道树的缺锌、缺铁、缺锰的营养缺素症。但如果在钻孔时消毒、堵塞不严，容易引起心腐和蛀干。

第三节 土壤管理

土壤，是由一层层厚度各异的矿物质成分所组成的大自然主体。对于树木来说，土壤是它们生长的基地，是树木生命活动所需要水分和养分的供应库与贮藏库。所以，树木的整体生长状况和景观效果都直接受到土壤好坏的影响。由此可见，树木的土壤管理是园林绿地养护管理工作的重点之一，土壤的条件、土壤的改良及土壤污染的防治等都是必须关注的任务。

一、良好土壤的特性

一般而言，土壤大多需要经过适当调整和改造，才适合植物的生长。对于园林树木来说，不同树木对土壤的要求也是不同的，但总体来说，都是要求水分、气体、养分、温度相协调。因此，良好的土壤应具有以下几个特性。

1. 土壤养分均衡

良好的土壤养分状况应该是：缓效养分和速效养分，大量、中量和微量养分比例适宜；树木根系生长的土层中养分储量丰富，有机质含量应在1.5%～2%以上，肥效长；心土层、底土层也应有较高的养分含量。

2. 土体构造上下适宜

与其他土壤类型比较，园林树木生长的土壤大多经过人工改造，因而没有明显完好的垂直结构。有利于园林树木生长的土体构造应该是：在1～1.5m深度范围内，土体为上松下实结构，特别是在40～60cm处，树木大多数吸收根分布区内，土层要疏松，质地较轻；心土层较坚实，质地较重。这样，既有利于通气、透水、增温，又有利于保水保肥。

3. 理化性状良好

物理性质主要指土壤的固、液、气三相物质组成及其比例，它们是土壤通气性、保水性、热性状、养分含量高低等各种性质发生变化的物质基础。一般情况下，大多数园林树木要求土壤质地适中，耕性好，有较多的水稳性和临时性的团聚体，当40%～57%、20%～40%、15%～37%分别为固相物质、液相物质和气相物质适宜的三相比例，1～1.3g/cm^3 为土壤容重时，有利于树木生长发育。

二、土壤条件

由于园林绿地的特殊性，所涉及的土壤条件及其范围、面积是很复杂的，既有各种自然土壤，又有人为干预过的各类型的土，偶尔还会遇到田园肥土，而面积有大有小。从用途、性质、通气和肥力特征以及干扰等情况来看，园林绿地的土壤受多种因素的影响，既受高密度人口和特殊的城市气候条件的干扰，又受地域性和植被及各种污染物的影响。其特点：土壤层次紊乱；土壤中外来侵入体多而且分布较深；市政广场、管道等设施多；土壤物理性质差（特别是通气、透水不良）；土壤中缺少有机质；由于污水的影响，土壤 pH 值偏高等等。如此复杂的土壤条件大体归纳为以下几个方面。

1. 平原肥土

其土壤经过人们几年、几十年的耕耘改造，土壤熟化、养分积累、土壤结构和理化性质都已被改良，最适合树木的生长，但实际上遇到的不多。

2. 荒山荒地

其土壤未很好的风化，孔隙度低，肥力差。需要采用深翻熟化和施有机肥的措施。

3. 水边低湿地

土壤一般都很紧实，湿润黏重、通气不良，多带盐碱。在水边应该种植耐水湿的植物；低湿地可以通过填土和施有机肥或松土晒干等措施处理，还可以深挖成为湖，或直接用作湿地景观。

4. 煤灰土或建筑垃圾

煤灰土是人们生活及活动残留的废物，如煤灰、树叶、菜叶、菜根和动物的骨头等，其对树木的生长有利无害。可以作为盐碱地客土栽植的隔离层。大量的生活垃圾可以掺入一定量的好土作为绿化用地。建筑垃圾是建筑后的残留物，通常有砖头、瓦砾、石块、木块、木屑、水泥、石灰等。少量的砖头、瓦砾、木块、木屑等存留可以增加土壤的孔隙度，对树木生长无害。而水泥和石灰及其灰渣则有害于树木的生长，必须清除。

5. 市政工程的场地

城市的市政工程是很多的，如市内的水系改造、人防工程、广场的修筑、道路的铺装等等。土壤多经过人为的翻动或填挖而成，结果将未熟化的心土翻到表层，使土壤结构不良，透气不好，肥力降低。加之，机械施工碾压土地，土壤紧实度增加。对于这种情况，应该深翻栽植地的土壤或扩大种植穴和施有机肥。同时还要注意老城区的影响，因为老城区大多经过多次的翻修，造成老路面、旧地基与建筑垃圾及用材等的遗留，致使土壤侵入体多。老路面与旧地基的残存，会影响栽植其上的树木的生长，使该地段透水和透气不良，同时还会阻碍树木根系往深处伸展。

6. 工矿污染地

在工矿区，生产、实验和人们生活排出的废水、废物、废气，造成土壤养分、土壤结构和理化性质的变化，对树木的生长极其不利，应将其排走或处理。可设置排污水的管道或经过污水处理厂处理。最重要的是要遵守国家的规定："工厂排除出的废水、废气、废物不回收，不准予开工。"

7. 建筑用地

建筑对树木的影响是多方面的，在建筑用地因修建地基时用机械碾压或夯轧过，土壤很紧实，通气不良，树木在其上不能生长。因此，在建筑周围栽植树木前应进行深翻土壤或相应地扩大种植穴。另外在寒冷的地区，建筑的南北面土壤解冻的时间不同，如在哈尔滨建筑的北面比南面土壤解冻晚一周，所以，在该地区栽树时，建筑的南北面最好不同期施工，以节省劳力。

8. 人工地基

人工修造的代替天然地基的构筑物，如屋顶花园、地铁、地下停车场、地下贮水池等的上面均为人工地基。人工地基一般是筑在小跨度的结构上面，与自然土壤之间有一层结构隔开，没有任何的连续性，即使在人工地基上堆积土壤，也没有地下毛细水的上升作用。由于建筑负荷的限制，土层的厚度也受到一定的影响。

天然地基由于土层厚、热容量大，所以地温受气温的影响变化小，土层越厚，变化幅度越小。达到一定深度后，地温就几乎恒定不变。人工地基则有所不同，因土层薄其温度既受外界气温变化的影响，而且又受下面结构物传来的热量影响，所以土温的变化幅度较大，土壤容易干燥，湿度小，微生物的活动弱，腐殖质形成的速度较慢。由于种种原因，人工地基的土壤选择非常重要，特别是屋顶花园，要选择保水保肥强的土壤，同时应施入充分腐熟的肥料。如果保水保肥能力差，灌水后水分和养分很易流失，致使植物生长不良。

为了减轻建筑的负荷，节省经费开支，选用的植物材料体量要小、重量要轻；同时土壤基质也要轻，应混合保水保肥和通气性强的各种多孔性的材料，如蛭石、珍珠岩、煤灰土、泥炭、陶粒等。土壤最好使用田园土，没有时可用壤土加堆肥，土与轻量材料的体积混合比约为 3∶1。土壤厚度如有 30cm 以上时，一般可不要经常浇水。

9. 人流的践踏和车辆的碾压

致使土壤密实度增加，容重可达 $1.5 \sim 1.8 g/cm^3$，土壤板结、孔隙度小、含氧量低，树木会烂根以至死亡。受压后孔隙度的变化与土壤的机械组成有直接的关系，不同的土壤在一定的外力作用下，孔隙度变化不同，粒径越小受压后孔隙度减少得越多，粒径大的砾石受压后几乎不变化。沙性强的土壤受压后孔隙度变化小；孔隙度变化较大的是黏土，需要采用深翻和松土或掺沙、多施有机肥等措施来改变。

10. 海边盐碱地

沿海地区的土壤非常复杂，形成的原因很多，有的是山地，有的是填筑地。不管是山地和填筑地均多带盐碱，如为沙性土，其内的盐分经过一定时间的雨水淋溶能够排除。如果为黏性土，因排水性差，会长期残留。土壤中含有大量的盐分，不利于树木的生长，必须经过土壤改良（见盐碱地改良）方可栽植。另外，海边的海潮风很大，空气中的水汽含有大量的盐分，会腐蚀植物叶片，所以应选用耐海潮风的树种。如海岸松、柽柳、银杏、杜松、圆柏、糙叶树、木瓜、女贞、木槿、黑松、珊瑚树、无花果、罗汉松等。

11. 酸性红壤

在我国长江以南地区常常遇到红壤。红壤呈酸性反应，土粒细，土壤结构不良，水分过多时，土粒吸水成糊状；干旱时水分容易蒸发散失，土块变紧实坚硬，又常缺乏氮、磷、钾等元素，许多植物不能适应这种土壤，因此需要改良。可增施有机肥、磷肥、石灰等或扩大种植面，并将种植面与排水沟相连或在种植面下层设置排水层。江西的经验，在冬季种植耐瘠薄、耐干旱的肥田萝卜、豌豆等为宜；待土壤肥力初步改善后，种植紫云英、苕子、黄花苜蓿等豆科绿肥；夏季可种猪屎豆作绿肥；水土流失严重的地段可种胡枝子、紫穗槐等；热带瘠薄地可种毛蔓豆、蝴蝶豆、葛藤等多年生绿肥。

三、土壤的改良及管理

园林绿地的土壤由于自然和人为原因的结合，养分状况、土壤结构和理化性状都相对较差，主要表现为土壤板结、黏重，通气透水不良，微生物活动困难等方面，急需对土壤进行改良。增加土壤肥力，提高保水、保肥和通气能力，使其正常生长发育。根据土壤特性，可分为以下几个改良措施。

1. 深翻熟化

深翻结合施肥，特别是施有机肥，可以改善土壤结构和理化性质，促使土壤团粒结构的形成，增加孔隙度。因此，深翻后土壤的含水量和通气状况会大大改善。由于土壤中的水分和通气状况好转，使土壤微生物活动加强，加速土壤熟化，使难溶性营养物质转化为可溶性养分，相应地提高了土壤的肥力。

（1）深翻适应的范围　在荒山荒地、低湿地、建筑的周围、土壤的下层有不透水层的地方、人流的践踏和机械压实过的地段等栽植树木，特别是栽植深根性的乔木时，定植前都应深翻土壤，给根系生长创造良好的条件，促使根系往纵深发展。对重点布置区或重点树种也应该适时、适量深耕，以保证树木随着年龄的增长，对水、肥、气、热的需要。过去曾认为深翻伤根多，对树木生长不利。实践证明，合理的深翻，虽然伤断了一些根系，但由于根系受到刺激后会发生大量的新根，因而提高了吸收能力，促使树木健壮的生长。

（2）深翻的时间　深翻一般在秋末冬初进行为佳。因为此时地上部分生长基本停止或趋于缓慢，同化产物消耗少，并已经开始回流积累；这时又正值根系秋季生长高峰，伤口容易愈合，并发出部分新根，吸收能力提高，吸收的和合成的营养物质在树体内进行积累，有利于树木翌年的生长发育；同时秋翻后经过漫长的冬季，有利于土壤风化和积雪保墒。如果由于某种原因，秋季没有进行深翻，也可以在早春进行，最好在土壤一解冻就及早实施。此时地上部分尚属于休眠状态，根系刚开始活动，生长较为缓慢，但除某些树种外，伤根后也较易愈合再生新根。但是早春时间短，气温上升快，伤根后根系还未来得及很好地恢复，地上部分已经开始生长，需要大量的水分和养分，往往因为根系供应的水分和养分不能满足地上部分生长的需要，造成根冠水分代谢不平衡，致使树木生长不良。加之，早春各项工作繁忙，劳力紧张，会受其他工作冲击影响此项工作的进行。

（3）深翻的深度　翻的深度与地区、土质、树种、砧木等有关，黏重土壤深翻时要翻得较深；沙质土壤可适当浅翻，地下水位高时也宜浅翻；下层为半风化岩石时则宜加深以增加土层厚度；深层为砾石或沙砾时也应翻得深些，并捡出砾石增加好土，以免肥水流失；地下水位低，土层厚，栽植深根性树木时则宜深翻，反之则浅。下层有不透水层或为黄淤土、白干土、胶泥板及建筑地基等残存物时深翻深度则以打破此层为宜，以利渗水。可见，深翻深度要因地、因树而异，在一定范围内，翻得越深效果越好，一般为60～100cm，最好距根系主要分布层稍深、稍远一些，以促进根系向纵深及周边生长，扩大吸收面积，提高根系的抗逆性。

（4）深翻的间隔期　土壤深翻后的熟化作用可以保持数年，因此没有必要年年都进行深翻，深翻效果持续年限的长短与土壤特性有关，一般黏土地、涝洼地翻后易恢复紧实，保持年限较短，每1～2年深翻一次；疏松的沙壤土保持年限则长，可每4～5年深翻一次。据报道，地下水位低，排水良好，翻后第二年即可显示出深翻的效果，多年后效果尚较明显；排水不良的土壤，保持深翻效果的年限较短。

（5）深翻的方式　园林树木土壤深翻方式根据破土的方式不同，可分为全面深翻和局部深翻。全面深翻是指将绿地进行全部深翻，此方法熟化作用好，应用范围小。局部深翻是针对具体植物进行小范围翻垦的方式，此方法应用最广。局部深翻又可分为行间深翻、隔行深翻、树盘深翻，树盘深翻中有环状深翻和辐射状深翻。树盘深翻是指在树木树冠边缘内，即树冠的地面垂直投影线内挖取环状深翻沟或辐射状深翻沟，既有利于树木根系向外扩展，也有利近根颈附近根系更新，这多适用于绿地草坪中的孤植树和株间距大的树木。行间深翻则是在两行树木的行中间，挖取长条形深翻沟，用一条深翻沟达到对两行树木同时深翻的目的，在行列式种植的片林中。为减少对树木的根系伤害或减少当年费用，也可用隔行深翻的形式，这种方式多用于呈行列布置的树木，如风景林、防护林带、园林苗圃等。深翻方式很多，应根据具体情况灵活运用。

应注意土壤的深翻熟化应与施肥、灌溉同时进行。深翻回填土时，须按照土层状况进行适当处理，通常维持原来的层次不变，就地翻松后掺入有机肥，将心土放在下部，将表土放在最上面。有时为了促使心土迅速熟化，也可以将较肥沃的表土放置沟底，将心土放在上面，但应根据绿化种植的具体情况灵活掌握，以免引起不良副作用。

2. 客、培土栽培

（1）客土　客土是指非当地原生的、由别处移来用于置换原生土的外地土壤，通常是指质地好的土壤（沙壤土）或人工土壤。园林绿地的土壤条件非常复杂，在栽植树木时或深翻时，大部分土壤满足不了树木的要求，必须采取全部或部分换入肥沃土壤以获得适合的栽培条件。客土一般在以下情况下进行：

① 树种需要有一定酸度的土壤，而栽植地土质不合乎要求，典型的例子是在北方种植喜酸性土壤的植物，如栀子、杜鹃、山茶、八仙花等，栽植时应将局部地段或花盆内的土壤换成酸性土，至少也要加大种植穴或采用大的种植容器，并放入山泥、泥炭土、腐叶土等，还要混拌一定量的有机肥，以符合喜酸性土壤树种的要求。

② 需要栽植地段的土壤根本不适宜园林树木的生长，如重黏土、沙砾土、盐碱地及被工厂、矿山排出的有毒废水污染的土壤等，或建筑垃圾清除后土壤仍然板结，土质不良，这时应考虑全部或局部换入肥沃的土壤。

（2）培土　培土是在树木生长过程中，根据树木的需要在树木生长地添加部分土壤基质，以增加土层厚度，保护根系，补充营养，改良土壤结构的措施。在我国南方高温多雨的地区，降雨量大，易造成大量的水土流失，土壤淋洗损失严重，生长在坡地的树木根系大量裸露，造成树木缺水缺肥、生长势差甚至可能导致树木整株倒伏或死亡，这时就需要及时培土。

培土的质地应根据栽植地的土壤性质决定，土质黏重的应培含沙质较多的疏松肥土甚至河沙；含沙质较多的可培塘泥、河泥等较黏重的肥土以及腐殖土。培土量视植株的大小、土源、成本等条件而定，但一次培土不宜太厚以免影响树木根系生长。若就地培土易造成更严重的水土流失。北方寒冷地区的培土一般在晚秋初冬进行，既可起保温防冻、积雪保墒的作用，同时压土掺沙后，促使土壤熟化，改善土壤结构，有利于树木的生长。

3. 土壤质地的改良

土壤过黏或过沙都不利于树木的生长，黏重的土壤易板结，渍水，通透性差，根系生长困难，容易引起根腐；反之，土壤沙性太强，漏水、漏肥，容易发生干旱。理想的土壤应由50%的气体空间和50%的固体颗粒组成。固体颗粒由有机质和矿物质组成，很多土壤测定数据表明，理想的土壤内应含有45%的矿物质和5%的有机质。因此，土壤质地的改良通常就有增施有机质和增施无机质两种方法。

(1) 有机质改良　有机质的作用像海绵一样，既能保持水分和矿质营养，也能通气透水。在沙土中，增施纤维素含量高的有机质，可保持水分和矿质营养。在黏土中，增施有疏松性，能造成较大的孔隙度的有机质，可改善黏土的透气排水性能。

增施有机质的量一定要掌握好，一般认为 $100m^2$ 的施肥量不应多于 $2.5m^3$，约相当于增加 3cm 表土。改良土壤的最好有机质有粗泥炭、半分解状态的堆肥和腐熟的厩肥。未腐熟的肥料施用，特别是新鲜有机肥，氨的含量较高，容易损伤根系，施后不宜立即栽植植物，应待肥料发酵后再应用。

(2) 无机质改良　中壤质土是比较理想的土壤，土壤质地适中，通透性好，保水保肥性能较好，施肥后养分供应及时、平稳。增施无机质，可使土壤向中壤质方向发展。具体方法就是将不同质地的两类土壤掺入对方土壤。过黏的土壤在挖穴或深翻过程中，应结合施用有机肥掺入适量的粗沙，增加非毛管空隙的量，提高通气透水的能力；反之，如果土壤沙性过强，结合施用有机肥掺入适量的黏土或淤泥，增加毛管空隙，保水保肥。

利用粗沙改良黏土，避免使用细沙，同时要注意加入量的控制。不能太少，否则作用不大。一般情况下，加沙量必须达到原有土壤体积的 1/3，才能显示出改良黏土的良好效果。除了在黏土中加沙以外，也可加入其他松散物质，如陶粒、粉碎的火山岩、珍珠岩和硅藻土等。但这些材料比较贵，只能用于局部或盆栽土的改良。

4. 土壤的化学改良

(1) 施肥改良　利用施肥对土壤化学性质进行改良，不但可以给土壤补充各种大量元素，还有微量元素和多种生理活性物质，包括激素、维生素、氨基酸、葡萄糖、酶等。化肥施用供给的元素有限，因此多以有机肥为主。有机肥所含营养元素全面，还能增加土壤的腐殖质，其有机胶体又可改良沙土，提高保水保肥能力，改良黏土的结构，增加土壤空隙度，调节土壤的通透性状，改善土壤的水、肥、气、热条件。种植业常用的有机肥料有枝叶土杂堆肥、禽畜粪肥、鱼肥、饼肥、人粪尿、绿肥以及城市的生活垃圾肥等，有机肥均需经腐熟发酵才可使用。

(2) 土壤酸碱度调节　不同的树种对土壤酸碱度的适应程度不同，酸碱度能影响土壤养分的分解转化与有效性，影响土壤的理化性质及微生物的活动。过酸过碱都会造成树木的生长发育不良，大多数园林树木适宜中性至微酸性的土壤，我国许多地区园林绿地酸性和碱性土壤面积较大，南方的土壤 pH 值偏低，北方偏高。通常情况下，当土壤 pH 值过低时，土壤中活性铁、铝增多，磷酸根易与它们结合形成不溶性的沉淀，造成磷素养分的无效化、黏粒矿物易被分解、盐基离子大部分遭受淋失，不利于良好土壤结构的形成。当土壤 pH 值过高时，发生钙对磷酸的固定，使土粒分散，结构被破坏。所以，土壤酸碱度可用以下方法调节。

① 土壤酸化处理。主要通过施用释酸物质进行调节，偏碱土壤的 pH 值有所下降。施用有机肥料、生理酸性肥料、石膏和硫黄等，通过物质转化产生酸性物质，降低土壤的 pH 值，符合酸性景观树种生长需要。据试验，每 $100m^2$ 施用 450kg 硫黄粉，可使土壤 pH 值从 8.0 降到 6.5 左右；硫黄粉的酸化效果较持久，但见效缓慢。盆栽树木可用 1∶50 的硫酸铝钾，或 1∶180 的硫酸亚铁水溶液浇灌，降低盆栽土的 pH 值。

② 土壤碱化处理。主要通过施入碱性物质指对偏酸的土壤进行处理，使之土壤 pH 值有所提高。如土壤中施加石灰、草木灰等碱性物质，但以石灰较普遍。调节土壤酸度用的“农业石灰”，即石灰石粉（碳酸钙粉）。石灰石粉越细越好，有利增加上壤内的离子交换强

度，以达到调节土壤pH值的目的，生产上一般用300～450目的较适宜。石灰石粉的施用量（把酸性土壤调节到要求的pH值范围所需要的石灰石粉用量）应根据土壤中交换性酸的数量确定，其需要量的理论值可按如下公式计算：

石灰施用量理论值＝土壤体积×土壤容重×阳离子交换量×(1－盐基饱和度)

在酸性强，缓冲作用也强的土壤中，钙的施用量，有时高达3kg/1000kg以上。实际上，一次施入大量的钙也很难与土壤混合均匀，所以一次施用量应为1.0～1.5kg/1000kg，分2～3年施入，逐渐改善pH值。另外，经过酸碱度调节的土壤，并不会长期不变，应定期根据树木出现的征兆进行测定，继续采取相应措施。

5. 土壤的生物改良

土壤的生物改良是指利用生物的某些特性用以适应、抑制或改良被污染土壤的措施。简单来说就是利用动物与植物的活动与生长对土壤的一些条件进行改良。

(1) 植物改良　有计划地种植地被植物是城市园林绿地中用来改良土壤的有效措施之一。地被植物的应用，能使有机物或植物活体覆盖土面，防止或减少水分蒸发，减少地表径流，增加土壤有机质，调节土壤温度和减少杂草生长，为树木生长创造良好的环境条件。若在生长季进行覆盖，秋后将覆盖的有机物随即翻入土中，增加土壤有机质，改善土壤结构，提高土壤肥力，有利于园林树木根系生长；也在增加绿化量的同时避免地表裸露，防止尘土飞扬，丰富绿地景观。

选用的地被植物应具备一定的条件，它们应该是：适应性强，有一定的耐阴、耐践踏能力，覆盖面大，繁殖容易，有一定的观赏价值的能力，根系有一定的固持力，枯枝落叶易于腐熟分解，并以就地取材，经济适用为原则。在大面积粗放管理的绿地中，还可将草坪修剪下来的草头随手堆于树盘附近，用以进行覆盖。一般对于幼龄的园林树木或疏林草地的树木，多仅在树盘下进行覆盖，覆盖的厚度通常以3～6cm为宜，鲜草约5～6cm，过厚会有不利的影响，一般均在生长季节土温较高而较干旱时进行地面覆盖。常用木本种类有五加、地锦类、金银花、木通、扶芳藤、常春藤类、络石、菲白竹、倭竹、葛藤、裂叶金丝桃、野葡萄、凌霄类等。草本植物有铃兰、地瓜藤、马蹄金、石竹类、勿忘草、百里香、萱草、酢浆草、鸢尾类、麦冬类、留兰香、玉簪类、吉祥草、石碱花、沿阶草以及绿肥类、牧草类植物，如绿豆、豌豆、苜蓿、红三叶、白三叶、苕子、紫云英等，各地可根据实际情况灵活选用。在实践中要注意处理好种间关系，应根据习性互补的原则选用物种，以免对园林树木的生长造成负面影响。

(2) 动物改良　昆虫、软体动物、节肢动物、线虫、细菌、真菌、放线菌往往在园林绿地的土壤中是常有的，它们恰好有利于土壤的改良。例如蚯蚓，有利土壤混合、团粒形成通气状况的改善。一些微生物，它们数量大、繁殖快、活动性强，能促进岩石风化和养分释放、加快动植物残体的分解，促进土壤的形成和养分分解转化。

利用动物改良土壤，一方面要保护土壤中现存有益动物种类，严格控制土壤施肥、农药使用、防止土壤与水体污染，为动物创造良好的生存环境；另一方面要推广使用有益菌种，如将根瘤菌、固氮菌、磷细菌、钾细菌等制成生物肥料，它们生命活动的分泌物与代谢产物，既给园林树木提供某些营养元素、激素类物质、各种酶等，刺激树木根系生长，又能改善土壤的理化性能。

6. 土壤污染的防治

土壤污染既可指土壤中积累的有毒或有害物质超过了土壤自净能力，也可指有益物质过量，都会对园林树木正常生长发育造成伤害时的土壤状态。土壤污染直接影响园林树木的生长，如通常当土壤中砷、汞等重金属元素含量达到2.2～2.8mg/kg时就可能使树木的根系中毒，丧失吸收功能；土壤污染还会造成土壤结构破坏，肥力衰竭，引发地下水、地表水及大气等污染，因此，土壤污染不容忽视。防治土壤污染的措施主要有：

（1）预防措施　禁止工业、生活污染物体、液体混入园林绿地造成污染，加强污水监测管理，各类污水需净化后才能灌溉；清理绿地中各类固体废物、有毒垃圾、污泥等；合理施用化肥和农药；采用低量或超低量喷洒农药方法，使用药量少、药效高的农药，严格控制剧毒及有机磷、有机氯农药的使用范围；严格控制污染源。

（2）治理措施　在某些重金属污染的土壤中，加入石灰、膨润土、沸石等土壤改良剂，控制重金属元素的迁移与转化；降低土壤污染物的水溶性、扩散性和生物有效性；采用客土、换土、去表土、翻土等方法更换已被污染的土壤；另外，还有隔离法、清洗法、热处理法以及近年来为国外采用的电化法等。工程措施治理土壤污染效果彻底但投资较大。

第四节　整形修剪

一、整形修剪概述

1. 整形修剪的概念

所谓整形，就是指运用剪、锯、绑、扎等手段对树木植株施行一定的技术措施，使之形成栽培者所需要的树体结构形态；所谓修剪，就是指对植株的某些器官，如干、枝、叶、花、果、芽、根等进行剪截或删除的操作。两者合称整形修剪。整形是目的，修剪是手段。整形是通过一定的修剪手段完成的，而修剪又是在整形的基础上，根据某种树形的要求而实施的技术措施，二者密不可分。对于园林树木来说，“三分种，七分养”，所以，整形修剪是一项极其重要的养护管理措施。

2. 整形修剪的作用

（1）具有调节生长和发育的作用　整形修剪对树木的生长发育具有双重作用，即“整体抑制，局部促进；整体促进，局部抑制”。原因在于，树木的地上部分与地下部分是相互依赖，相互制约的，二者保持动态的平衡。任何一方的增强或减弱，都会影响另一方的强弱。具体来说，树木经过整形修剪必然要失掉一定的枝叶量，枝叶量的减少会影响光合作用产物的形成。由于树木地上与地下总保持着一定的相对平衡状态，所以随着而来的是供给地下的根系有机物相对减少，根的生长与树体内贮存的有机营养密切相关，因而削弱了根的作用；由于根的作用降低，供给地上部分的水和无机营养相对要减少，地上部分由于得不到足够的营养，削弱了生长势，其结果对树木整体生长起到了抑制作用。如果对直立枝或背上斜侧枝在饱满芽上面短截，则会抽生出生长势比较强的枝条，所以对这类枝条来说，修剪增强了其生长势，这就是所说的“整体抑制，局部促进”作用。以上的作用是相对而言的，由于修剪程度和修剪部位的不同，则会出现相反的结果。如对树木大部分枝条采取轻截（多用于幼树），则会促其下部侧芽萌发，大量侧芽萌发的结果，增加了枝条总的数量，由于枝叶量的增加，光合作用的产物相应地也会增多，因而供给根系生长活动需要的有机营养增加了，根的吸收和生长能力增强，相应地促进了植株的生长势。如果对背下枝或背斜侧枝剪到弱芽处，压低角度，改变枝向，则抽生的枝条生长势比较弱或根本抽不出枝条，此时对这类枝条不是增强，而起到削弱的作用，这就是“整体促进，局部抑制”作用。

整形修剪对园林树木生长的影响是有时间性的，在修剪的初期对植株的生长会产生抑制的作用，但在修剪的刺激下树木萌发大量的枝叶后，整株树木的光合作用水平会有极大的提高，从而促进植株生长。

(2) 调节生长与开花结果　生长是开花结果的基础，只有足够的枝叶量，才能制造大量的有机营养，有利于形成花芽。如果生长过旺，树体养分的消耗大于养分的积累，枝条则因营养不良而无力形成花芽。如果开花结果过多，消耗大量的营养，相应地生长也会受到抑制。在这个时候如不及时疏花疏果，则树体会因养分不足而衰弱。所以，科学合理的整形修剪，能使树木的生长与结果之间的矛盾达到相对平衡的状态。

修剪时要注意器官的数量、质量和类型。有的要抑强扶弱，使生长适中，有利结果；有的要选优去劣，集中营养供应，提高器官质量。对于生长枝既要长、中、短各类枝条互相搭配，又要有一定的数量和比例关系，同时还要注意分布的位置。对于徒长枝要去掉一部分，以缓和竞争，使多数枝条生长充实、健壮，以利生长和结果。一般来说，若想加强营养生长，则应在修剪后令其多发长枝，少发短枝，促发大量的枝叶，有利于养分集中，用于枝条生长，为尽快形成花芽奠定基础。为了使其向生殖生长转化，修剪时应令其多发中、短枝，少发长枝，促进养分积累，用于花芽分化。

通过适当的修剪可以调整营养枝和花果枝的比例，就是要使营养器官和生殖器官在数量上要相适应。如花芽过多，必须疏剪花芽或进行疏花疏果，以促进枝叶生长，维持两类器官相对均衡。同时还应着眼于各器官各部分的相应独立，即使一部分枝条进行营养生长，一部分枝条开花结果，每年交替，相互转化，使二者相对均衡。

(3) 调节树体内的营养物质　整形修剪后，树木枝条生长的强度以及外部形态会相应地发生变化，这是由树体内营养物质含量产生变化而导致的。整形修剪对营养物质的吸收、合成、积累、消耗、运转、分配及各类营养间相互关系都会产生相应的影响。

修剪可以调整植株的叶面积，从而改善光照条件，增强光合作用，改变树体的营养状况；修剪通过调节地上部分与地下部分的相对平衡，影响根系的生长，进一步影响到无机营养的吸收与有机营养的积累和代谢水平；修剪能够调节营养器官和生殖器官的数量、比例和类型，从而影响树体的营养积累和代谢状况；通过修剪控制无效叶和调节花果数量，减少营养的无效消耗；除此以外，修剪还可以调节枝条的角度、器官数量、疏导养分运输的通路，调节养分的分配，定向地运送和分配营养物质。但修剪只起调节作用，不能制造营养物质。

经过短截的枝条及短截后枝条上的芽萌发抽生的新梢，其内部含氮量和含水量相对增加，而枝条内碳水化合物的含量则相对减少。为了减少整形修剪对树体内养分造成的损失，应尽量在树木枝条内养分含量较少的时期进行修剪。一般冬季修剪应在树木秋季落叶后，养分回流到根部和枝干上贮藏，到春季萌芽前树液尚未流动时进行为宜。而生长季节对树木的修剪，如抹芽、除萌等则应在树木的芽刚萌发的时候进行或萌芽后不久进行，以尽量减少因修剪而造成的树体内营养物质的消耗。

(4) 促进老树的复壮更新　有一种修剪称为更新修剪，就是对老树保留主干、主枝部分，进行截掉全部侧枝，可刺激长出新枝，选留有培养前途的新枝代替原有老枝，形成新冠。老树通过修剪的更新复壮，一般情况下要比栽植新树的生长快得多，能保持树木的景观。因为它们具有很深很广的根系及树体，可为更新后的树体提供充足的水分、营养及骨架。树体进入衰老阶段后，长势减弱，花果量明显减少，出现落花、落果、落叶、枯枝死杈、树体出现向心枯亡现象，导致原有的园林景观消失。但有些树种的枝干皮层内可有隐芽或潜伏芽，通过诱发形成健壮的新枝，达到恢复树势、更新复壮的目的，如柳树、国槐、白蜡等。对许多月季灌木，在每年休眠期，将植株上的绝大部分枝条修剪掉，仅仅保留基部主茎和重剪后的短侧枝，让它们翌年重新萌发新枝。

(5) 改善良好的通风透光条件　枝条密生，树冠郁闭，内膛枝条细弱老化，枝叶上病虫害滋生，这种情况的树木一般就是因为自然生长或是修剪不当而造成的。一方面，内膛枝条得不到光照，影响光合作用，小枝因营养不良饥饿而死亡，其结果造成开花部位外移，成为天棚型。另一方面，由于枝条密集，影响紫外线的照射，树冠内积聚闷热潮湿的空气。整形修剪恰好解决了这个问题，通过修剪、疏枝，老弱枝、病虫枝、伤残枝等都被剪除，树冠内可以通风透光，病菌和害虫没有生存的条件，树木感染病虫害的机会自然就减少；同时由于改善了光照条件，内膛小枝因得到了光照而有机营养增加，进行花芽分化，开花满树，呈现出立体开花效果。

(6) 提高树体景观效果　树木的景观价值及其自然形状是树木整形成功的基础。整形修剪可使树体的各层主枝在主干上分布有序、错落有致、主从关系明确、各占一定空间，从而形成合理的树冠结构，达到完美的景观效果。

园林绿地中的一些树木自然树形很美，是直接被利用的，但是，它们年复一年的生长，终年经受风吹日晒与“自疏”，会逐渐出现枯死枝；还会受到病虫的侵袭，形成病虫枝；诸多的无用枝条的存在都会影响树木的外形美观。对于观赏花木，人们不但希望它们开花多，色彩鲜艳，而且希望开花的枝条富有艺术性。因此很多观花树木要进行整形修剪，在自然美的基础上，创造出人为干预的自然与艺术融合为一体的美。

(7) 调节与建筑设施的矛盾　在城市中由于市政建筑设施复杂，常常出现与树木的矛盾。尤其行道树，比如枝条与电缆或电线的距离太近的现象，超过规定的标准，往往会发生危险。为了安全，只有修剪树木来解决二者之间的矛盾，去掉即将超越枝条与电缆或电线距离的枝条，是保证线路安全的重要措施。下垂的枝条，如果妨碍行人和车辆通行，必须剪到2.5～3.5m左右的高度。同样，为了防止树木对房屋等建筑的损害，也要进行合理的修剪，甚至挖除。如果树木的根系距离地下管道太近，也只有通过修剪树木的根系或将树木移走来解决，别无他法。所以，目前街道绿化必须严格遵守有关规定的树木与管道、电缆和电线、建筑等之间的距离。

二、整形修剪的原则

1. 根据树木在园林绿地中的功用

园林绿地中栽植的树木都有其自身特定的功能和目的，不同的整形方式将形成不同的景观效果。以观花为主的树木，如梅、桃、樱花、紫薇、夹竹桃等，应以自然式或圆球形为主，使上下花团锦簇、花香满树；绿篱类则采取规则式的整形修剪，以展示树木群体组成的几何图形美；庭荫树以自然式树形为宜，树干粗壮挺拔，枝叶浓密，发挥其游憩休闲的功能。如槐树和悬铃木用来作庭荫树则需要采用自然树形，而用来做行道树则需要整剪成杯状形。

在游人众多的主景区或规则式园林中，整形修剪应当精细，并进行各种艺术造型，使园林景观多姿多彩，新颖别致，生机盎然，发挥出最大的观赏功能以吸引游人。在游人较少的地方，或在以古朴自然为主格调的游园和风景区中，应当采用粗放修剪的方式，保持树木的粗犷、自然的树形，使人身临其境，有回归自然的感觉。

2. 根据树木生长发育的习性

不同的树种，生长发育习性各异，顶端优势强弱也不一样，而形成的树形也不同。如顶端优势强的桧柏、南洋杉、银杏、箭杆杨等整形时应留主干和中干，分别形成圆锥形、尖塔形、长卵圆形和柱状的树冠；顶端优势较强的柳树、槐树、元宝枫、樟树等整形时也应留主干和中干，使其分别形成广卵形、圆球形的树冠；顶端优势不强的，萌芽力很强的桂花、杜鹃、榆叶梅、黄刺玫等整形时不能留中干，使其形成丛球形或半球形；而龙爪槐、垂枝桃、垂枝榆等枝条下垂并且开展，所以可将树冠整剪成为开张的伞形。观赏树木种类非常丰富，在栽培过程中又形成许多类型和品种。在选择整形修剪方式时，首先应考虑树木的分枝习性、萌芽力和成枝力、开花习性、修剪后伤口的愈合能力等因素。

不同的树种和品种花芽着生的位置，花芽形成的时间及其花期是不同的，春季开花的花木，花芽通常在前一年的夏、秋季进行分化，着生在二年生枝上，因此在休眠季修剪时必须注意花芽着生的部位。具有顶花芽的花木，如玉兰、黄刺玫、山楂、丁香等在休眠季或者在花前修剪时绝不能采用短截（除了更新枝势）；具有腋花芽的花木如榆叶梅、桃花、西府海棠等，则在休眠季或花前可以短截枝条。树木的花芽如果腋生又为纯花芽，在短截枝条时应注意剪口芽不能留花芽（除混合芽外），因为花芽只能开花，不能抽生枝叶。花开过后，在此会留下很短的干枝段，这种干枝段残留的过多。则会影响观赏效果。对于观果树木，由于花上面没有枝叶作为有机营养的来源，在花谢后不能坐果，致使结果量减少，最后也会影响观赏效果。

3. 根据树木生长的环境

园林树木的整形修剪，还应考虑树木与生长环境的协调、和谐，通过修剪使树木与周围的其他树木和建筑物的高低、外形、格调相一致，组成一个相互衬托、和谐完整的整体。例如，在门厅两侧可用规则的圆球式或悬垂式树形；在高楼前宜选用自然式的冠形，以丰富建筑物的立面构图；在有线路从上方通过的道路两侧，行道树应采用杯状式的冠形。如果树木生长地周围很开阔、面积较大，在不影响与周围环境协调的情况下，可使分枝尽可能地开张，以最大限度地扩大树冠；如果空间较小，应通过修剪控制植株的体量，以防拥挤不堪，影响树木的生长，又降低观赏效果；如果地形空旷，风力比较大，应适当控制高大树木的高度生长，降低分枝点高度，并降低树冠的枝叶密度，增加树冠的通透性，以防大风对园林树木造成风折、风倒等危害。

由于不同地域的气候类型各不相同，对不同地域园林树木的修剪也应采用与当地气候特征相适应的修剪方法。在雨水较多的南方地区，空气特别潮湿闷热，树木的生长速度较快，也特别容易引发树木的病虫害，因此在南方地区栽植树木除加大株行距外，还应对树木进行重剪，降低树冠的枝叶密度，增强树冠的通风和透光条件，保持树木健壮生长。在干旱的北方地区，降雨量较少，树木生长速度相对较慢，所以修剪一般不宜过重，应尽量保持树木较多的枝叶量，用以保存树体内的含水量，求得较好的绿化效果。

4. 根据树木的树龄和生长势

不同年龄的树木应采用不同的修剪方法。幼龄期树木应围绕如何扩大树冠及形成良好的冠形来进行适当的修剪；盛花期的壮年树木，要通过修剪来调节营养生长与生殖生长的关系，防止不必要的营养消耗，促使分化更多的花芽；观叶类树木，在壮年期的修剪只是保持其丰满圆润的冠形，不要发生偏冠或出现树冠空缺的现象；生长逐渐衰弱的老年树木，则应使用回缩、重剪等方法刺激休眠芽的萌发，萌发出强壮的枝条来代替衰老的大枝，以达到更新复壮的目的。

不同生长势的树木所采用的修剪方法也不同。对于生长旺盛的树木，宜采取轻剪或不剪的管理方法，以逐渐缓和树木的生长势，保持树木的良好生长状况；对于生长势较弱的树木，则应采用较重的修剪方法，一般对其进行重短剪或回缩，剪口下留饱满芽或刺激潜伏芽萌发产生较为强壮的枝条进而形成新的树冠以取代原来的树冠，以求恢复树木的生长势，取得良好的绿化效果。

三、整形修剪的常用工具

园林树木常用的整形修剪工具有：修枝剪、修枝锯、斧头、刀具、梯子、割灌机等。

1. 修枝剪

修枝剪（图 4-6）也叫剪枝剪，包括普通修枝剪、绿篱剪、高枝剪等。

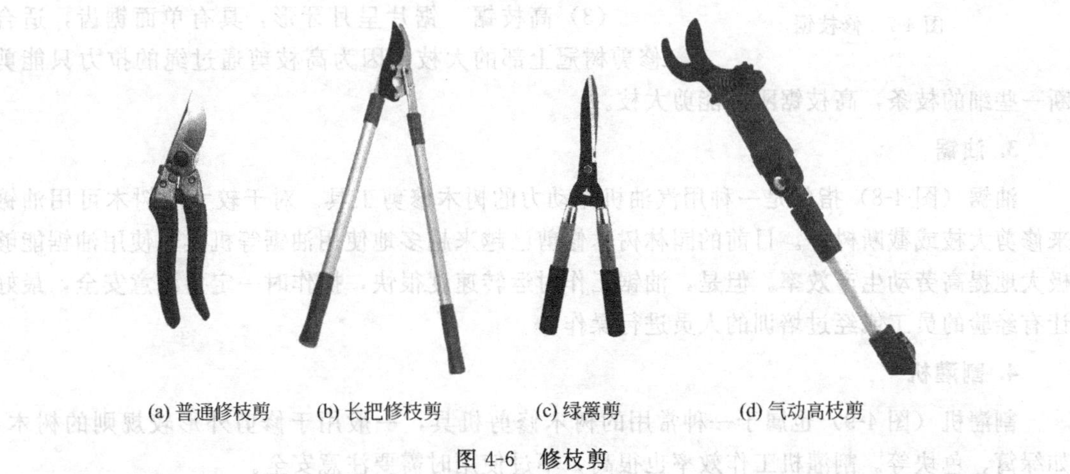

(a) 普通修枝剪　(b) 长把修枝剪　(c) 绿篱剪　(d) 气动高枝剪

图 4-6　修枝剪

（1）普通修枝剪　由一片主动剪片和一片被动剪片组成，主动剪片的一侧为刀口，需要在修剪前打磨好刀刃。一般能剪截 3cm 以下的枝条，只要能够含入剪口内，都能被剪断。这是每个园林工人和花卉爱好者人人必备的修剪工具，操作时，如果用右手握剪，则用左手将粗枝向剪刀小片方向猛推，很容易将枝条剪断，千万不要左右扭动剪刀，否则剪刀容易松口，刀刃也容易崩裂。

（2）长把修枝剪　其剪刀呈月牙形，虽然没有弹簧，但手柄很长，因此，杠杆的作用力相当大，在双手各握一个剪柄的情况下操作，修剪速度也不慢。这种剪适用于园林中有很多较高的灌木丛，它能使工作人员站在地面上就能短截株丛顶部的枝条。

（3）高枝剪　剪刀装在一根能够伸缩的铝合金长柄上，可以随着修剪的高度进行调整。在刀叶的尾部绑有一根尼龙绳，修剪的动力是靠猛拉这根尼龙绳来完成的。在刀叶和剪筒之间还装有 1 根钢丝弹簧，在放松尼龙绳的情况下，可以使刀叶和镰刀形固定剪片自动分离而张开。用来剪截高处的枝条，被剪的枝条不能太粗，一般在 3cm 以下。

（4）绿篱剪　用于修剪绿篱和树木造型，其条形刀片很长，修剪一下可以剪掉一片树梢，这样才能将绿篱顶部与侧面修剪平整。绿篱剪的刀片较薄，只能用来平剪嫩梢，不能修剪已木质化的粗枝，如果个别的粗枝露出绿篱株丛，应当先用普通修枝剪将其剪断，然后再使用绿篱剪修剪。

2. 修枝锯

修枝锯分为单面修枝锯、双面修枝锯和高枝锯，可用于锯掉较粗的枝条。通常在冬季修剪时使用修枝锯来修剪树木的大枝。实践中使用的高枝锯通常与高枝剪合并在一起，如图 4-7(b) 所示。

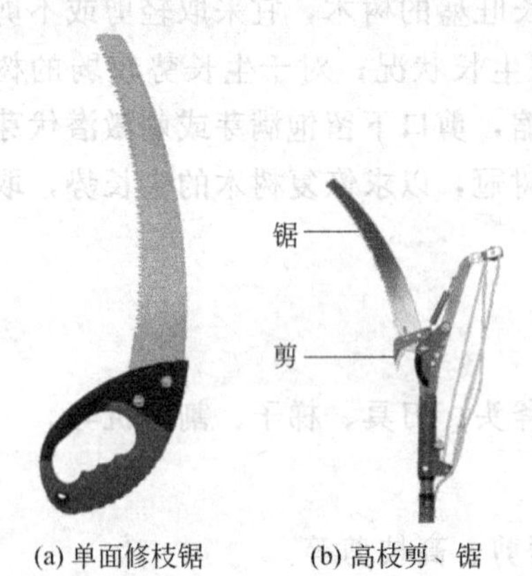

(a) 单面修枝锯 (b) 高枝剪、锯

图 4-7 修枝锯

(1) 单面修枝锯 弓形的细齿单面手锯，用于截断树冠内的一些中等枝条，由于此锯的锯片很窄，可以伸入到树丛当中去锯截，使用起来非常自由。

(2) 双面修枝锯 锯片两侧都有锯齿，一边是细锯齿，另一边是深浅两层锯齿组成的粗齿。比较适合锯除粗大的枝时，这种锯在锯除枯死的大枝时用粗齿，锯截活枝时用细齿，以保持锯面的平滑。这种锯的锯柄上有一个很大的椭圆形孔洞，可以用双手握住来增加锯的拉力。

(3) 高枝锯 锯片呈月牙形，具有单面锯齿，适合修剪树冠上部的大枝，因为高枝剪通过绳的拉力只能剪断一些细的枝条，高枝锯刚好能剪大枝。

3. 油锯

油锯（图 4-8）指的是一种用汽油机作动力的树木修剪工具。对于较大的树木可用油锯来修剪大枝或截断树干。目前的园林树木修剪已越来越多地使用油锯等机具。使用油锯能够极大地提高劳动生产效率。但是，油锯工作时运转速度很快，操作时一定要注意安全，最好让有经验的员工或经过培训的人员进行操作。

4. 割灌机

割灌机（图 4-9）也属于一种常用的树木修剪机具，一般用于修剪外形较规则的树木，如绿篱、色块等。割灌机工作效率也很高，不过使用时需要注意安全。

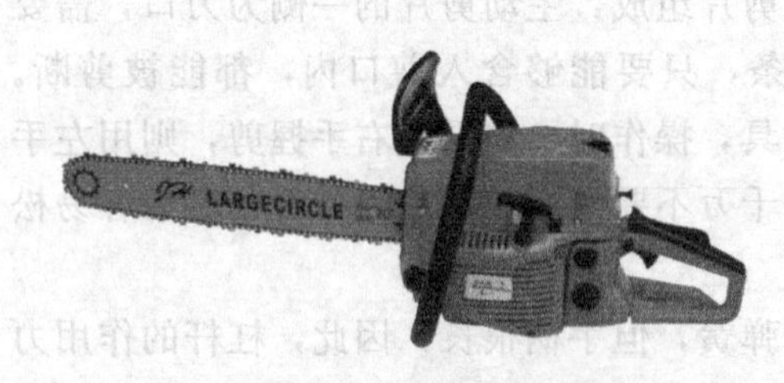

图 4-8 油锯

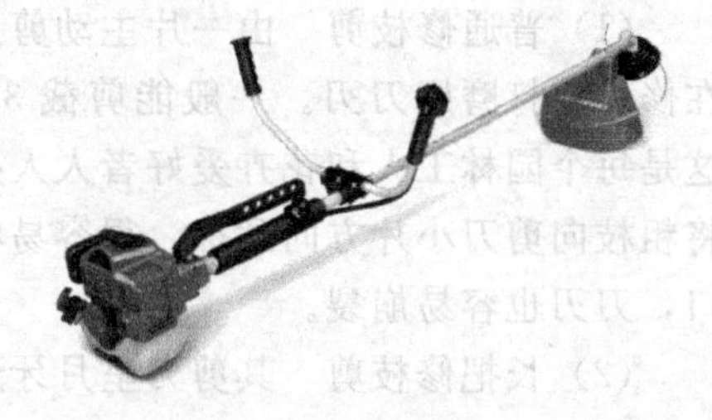

图 4-9 割灌机

5. 梯子

梯子对于修剪高大树木的位置较高的枝干时为了登高而用辅助工具。在使用前首先应观察地面凹凸及软硬情况，以保证安全。

四、整形修剪的时间

1. 修剪时间

尽管树木的种类繁多，习性与功能各异，各有其相宜的修剪季节，但一般说来，树木的修剪分为休眠期修剪和生长期修剪两个时间段。

（1）休眠期修剪　休眠期修剪又叫“冬季修剪”，是指从落叶休眠开始到第二年春季萌芽之前进行的修剪。主要目的是调整树形，保证树体营养的贮存与利用。在这一时期，大部分时间为冬季，树体贮藏的养分充足，枝叶营养大部回归主干、根部，地上部分修剪后，枝芽减少，可集中利用树体贮藏的营养来供给新梢的萌发，因此新梢生长加强，剪口附近的芽体长期处于生长优势，对于加强树势有明显作用。

整个休眠期中，修剪的最好时期是休眠期即将结束时的早春修剪时期，即树液流动前约1～2个月，此时伤口最容易形成愈合组织。但要注意不能过迟，以免临近树液上升时再修剪而造成养分损失。

（2）生长期修剪　生长期修剪又叫“夏季修剪”，是指从春季萌芽开始至新梢或副梢停止前进行的修剪。主要目的是缓解与终止某些器官的生长，促进某些器官的生长，改善树冠的通风透光性能。这一时期的修剪，容易调节光照条件和枝梢密度，也容易判断病虫、枯死与衰弱的枝条，同时也便于把树冠修整成理想的形状，而最大的不足之处是不可避免地要造成树体营养的损失。因此，生长期修剪多用于幼树整形和控制树体旺长。

大多数常绿树种的修剪终年都可以进行，但宜在春季气温开始上升、枝叶开始萌发后进行，因为这段时间修剪的伤口，大都可以在生长季结束之前愈合，同时可以促进芽的萌动和新梢的生长。

2. 整形方式

（1）自然式整形　这种整形方式依据树木本身的生长发育习性，保持了树木的自然生长形态，对树冠的形状略加辅助性的调节和整理，既保持树木的优美自然形态，同时也符合树木自身的生长发育习性，树木的养护管理工作量小。在修剪中，只疏除、回缩或短截破坏树形和有损树体健康及行人安全的过密枝、徒长枝、萌发枝、内膛枝、交叉枝、重叠枝及病虫枝、枯死枝等。一般常见自然式树形有圆柱形、塔形、卵圆形、丛生形、垂枝形等（图4-10），并且具有这些良好冠形的树种主要有：

圆柱形：塔柏、杜松、钻天杨等；

塔形：雪松、水杉、落叶松等；

卵圆形：桧柏（壮年期）、白皮松、毛白杨、银杏、加拿大杨等；

球形：圆头椿、珊瑚朴、元宝枫、贴梗海棠、黄刺梅、国槐、栾树等；

垂枝形：龙爪槐、垂枝榆、垂枝碧桃等；

伞形：合欢、鸡爪槭、垂枝桃、龙爪槐等。

（2）人工式整形　以人的观赏理念为目的，不考虑树木的生长发育特性而进行的一种装饰性的整形方式就是人工式整形。一般为了满足人们的艺术要求，将树修整成各种几何体或非规则式的形体。几何式的整形一般采用的树种必须具有很强的萌芽力和成枝力，并耐修剪。修剪时，必须按照几何形体构成的规律

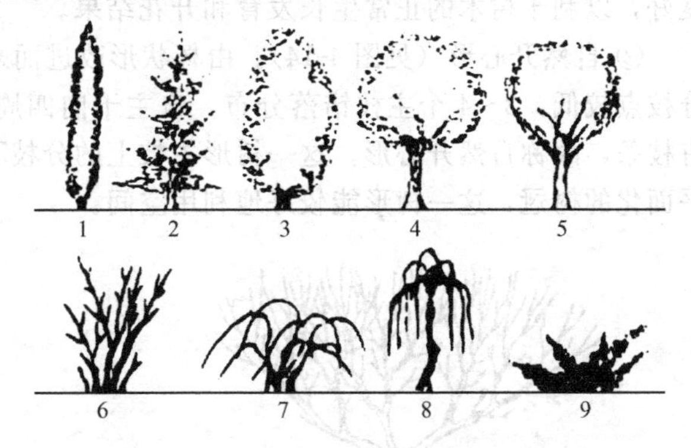

图4-10　常见自然式树形

1—圆柱形；2—塔形；3—卵圆形；4—球形；5—倒卵形；6—丛生形；7—拱枝形；8—垂枝形；9—匍匐形

进行，修剪出的形状有圆形、方形、梯形、柱形、杯形、蘑菇形等。

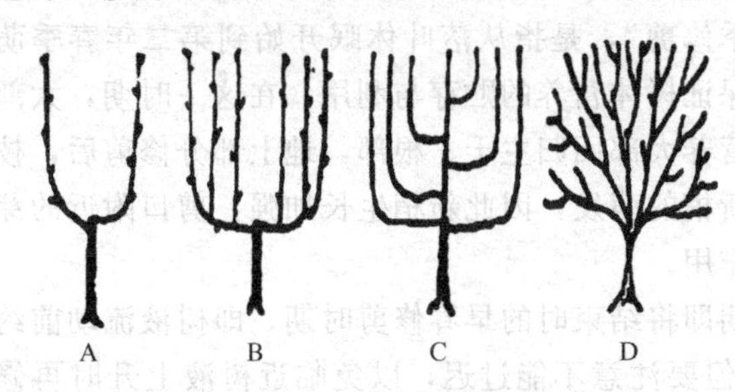

图 4-11 常见坦壁式整形

A—U 字形；B—叉子形；C—肋骨形；D—扇形

非规则式的整形一般分为坦壁式和雕塑式。坦壁式常出现于庭院及建筑物附近，为了垂直绿化墙壁。常见的形状有 U 字形、叉子形、肋骨形、扇形等（图 4-11），这种整形，需要培养一个低矮的主干，在干上左右两侧呈对称或放射性配列主枝，并使枝头保持在同一平面上。雕塑式选择枝条茂密、柔软、叶形细小而且耐修剪的树种，根据整形者的意图，创造出各种各样的形体（图 4-12），但是一定要注意所作形体与周围环境的协调，线条简单，轮廓简明大方。一般形状有龙、凤、狮、马、鹤、鱼等。养护时，随时修剪伸出形体外的枝条，并及时补植已枯植株，这样才能始终保持形体的完美。

(3) 混合式整形 指在树木原有的自然形态基础上，根据人们的观赏要求略加人工改造的整形方式。多针对小乔木、花果木及藤木类树木。这种方式修剪出的形状主要有自然杯状形、自然开心形、中央领导干形、多主干形、丛生形、棚架形等。

图 4-12 雕塑式整形

① 自然杯状形（见图 4-13）。这种树形的树木没有中心干，仅有很短的主干，主干高度一般为 40～60cm，主干上着生 3 个主枝，主枝和主干的夹角约为 45°，3 个主枝之间的夹角为 60°，每个主枝上着生 2 个侧枝，共形成 6 个侧枝，每侧枝各分生 2 个枝条即成 12 枝，即所谓“三股、六杈、十二枝”的树形。这种树形的树木树冠内一般没有明显的直立枝、内向枝。这种树形主要是用于极为喜光的花灌木，要求树形开张，树冠保持一定的厚度，使整个树冠的通风透光性能良好，以利于树木的正常生长发育和开花结果。

② 自然开心形（见图 4-14）。由杯状形改进而来的一种树形，树体没有中心干，主干上分枝点较低，3～4 个主枝错落分布，自主干向四周放射生长，树冠向外展开，树冠中心没有枝条，故称自然开心形。这一树形主枝上的分枝不一定必须为两个分枝，树冠也不一定是平面化的树冠，这一树形能较好地利用空间。

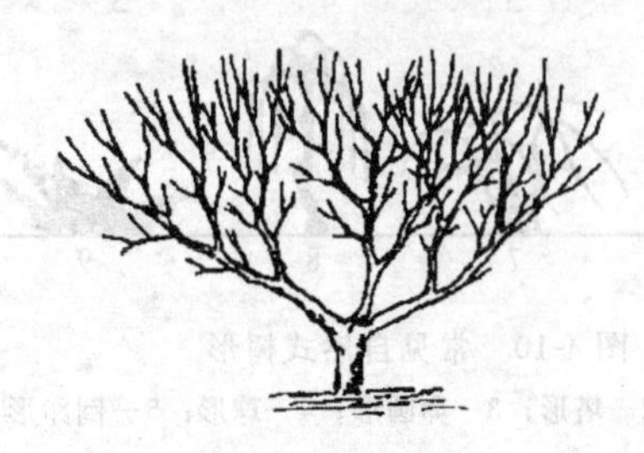
图 4-13 自然杯状形

图 4-14 自然开心形

③ 中央领导干形（见图 4-15）。这一树形的特点是在树冠中心保持较强的中央领导干，在中央领导干上均匀配置多个主枝。若主枝在中央领导干上分层分布，则称为疏散分层形。这种树形，中央领导干的生长优势较强，能不断向外和向上扩大树冠，主枝分布均匀，通风透光良好。中央领导干形适用于干性较强的树种，能形成较为高大的树冠，是庭荫树、观赏树适宜选择的树形。

④ 多主干形（见图 4-16）。这一树形的特点是一株树木拥有 2～4 个主干，主干上分层配备侧生主枝，形成规则优美的树冠。适用于观花灌木和庭荫树，如紫薇、紫荆、蜡梅等树种。

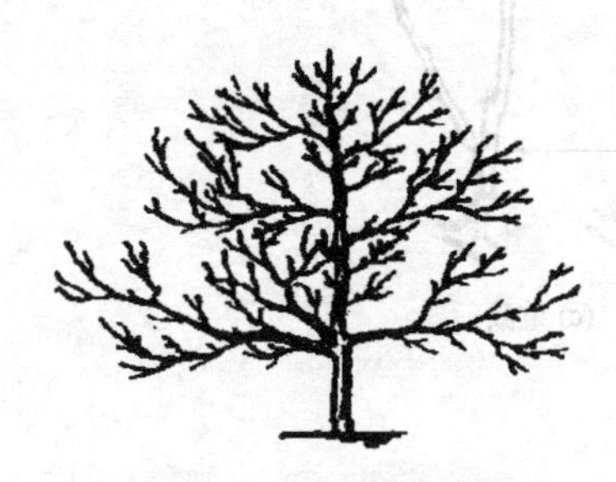
图 4-15 中央领导干形

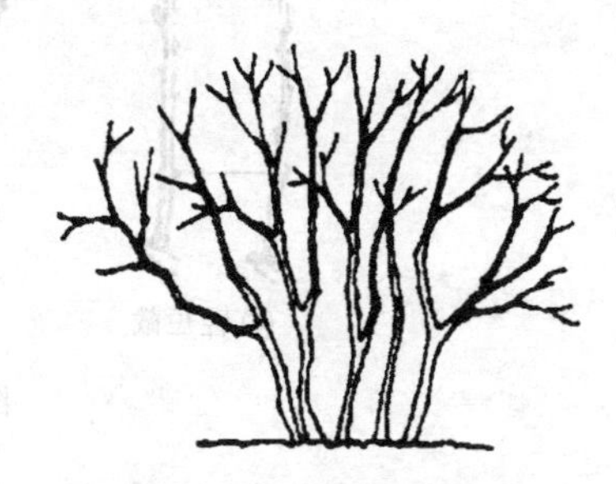
图 4-16 多主干形

⑤ 丛生形。树形类似多主干形，只是主干较短，每个主干上着生数个主枝成丛状。这一树形的叶幕较厚，观赏和美化的效果较好。一般的灌木都为这一树形。

⑥ 棚架形（见图 4-17）。先建好各种形式的棚架、廊、亭，在旁边种植藤本树木，按藤本树木的生长习性加以修剪、整形和诱引，使藤木顺势向上生长，最后藤木和棚架、廊、亭等结合到一起共同形成独特的园林树木景观类型。

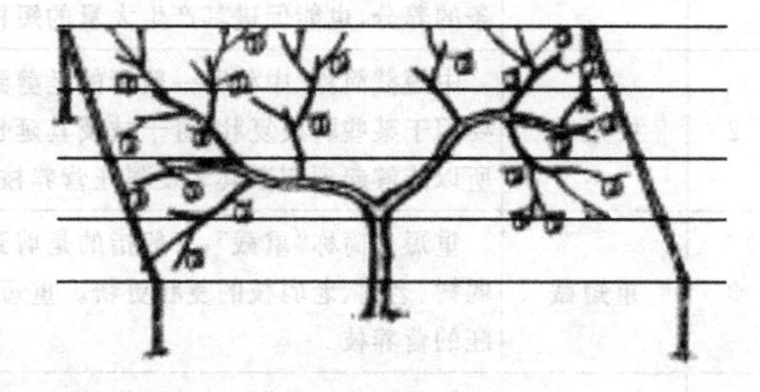
图 4-17 棚架形

在树木整形的这三种方式中，以自然式整形为主，因为自然式整形可以充分利用树木优美的自然树形，又能节省人力、物力。其次是混合式整形，在自然树形的基础上进行适当的人工整形，即可达到最佳的绿化、美化效果。树木的人工式整形，费时费工，又需要具有较高整形修剪技艺的人，并且树形保持的时间短，因此只在局部或特殊要求的地方应用。

五、整形修剪的方法

园林树木的修剪方法按树木修剪的时间不同可有冬季修剪（休眠期修剪）和夏季修剪（生长期修剪）两大类。树木冬季修剪所采取的一般方式包括：短截、回缩、疏枝、缓放、截干、平茬等。树木夏季修剪一般所采取的方法有：摘心、剪梢、除萌、抹芽等。在对园林树木进行修剪时一定要根据修剪的具体时间、所修剪树木的生长状况及修剪的目的选择合适的修剪方法。

1. 冬季修剪的方法

(1) 短截［图 4-18 (a)］ 短截指的是把园林树木一年生枝条的前端剪去一截的修剪方法。此法对于刺激剪口下的侧芽萌发，增加树木的枝量，促进树木营养生长和增加树木开花结果量有较大作用。对一年生枝条剪截长度的不同，往往又将短截分为表 4-2 中的几种类型。

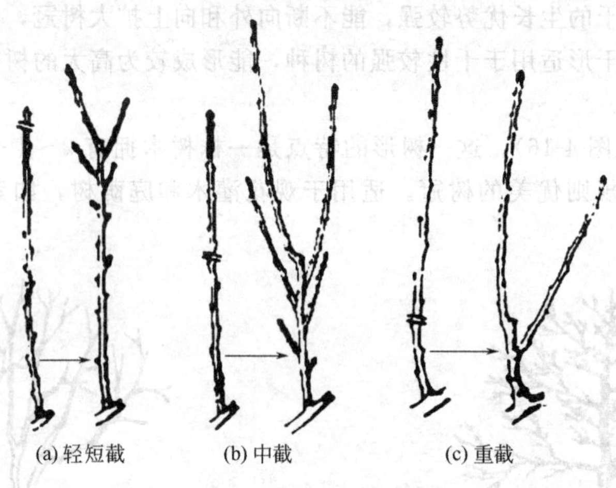

图 4-18 枝梢的短截

表 4-2 短截类别

序号	类别	主要说明
1	轻短截	轻短截简称“轻截”，指的是轻剪枝条的顶梢，即剪去枝条全长的 1/5～1/4，主要应用于花果类植物强壮枝的修剪。进行轻短截可以去掉枝条顶梢后，可以刺激其下部多数半饱满芽的萌发，既分散了枝条的养分，也能促进其产生大量的短枝，同时这些短枝会容易形成花芽
2	中短截	中短截简称“中截”，一般指的是剪到枝条中部或中上部饱满芽处，即剪去枝条全长的 1/3～1/2，主要用于某些弱枝复壮、骨干枝及其延长枝的培养。中短截后的剪口芽强健而壮实，养分又相对集中，所以能够起到刺激其多发强旺营养枝的作用
3	重短截	重短截简称“重截”，一般指的是剪到枝条下部半饱满芽处，即剪去枝条全长的 2/3～3/4，主要用于弱树、老树、老弱枝的复壮更新。重短截因为是剪掉枝条的大部分，因此刺激作用大，通常能萌发成强旺的营养枝
4	极重短截	极重短截简称“极重截”，指的是在枝梢基部留 1～2 个瘪芽，其余全部剪去，主要用于树木的更新复壮。因为极重短截后的剪口芽在基部，质量较差，因此通常只能萌发出中短营养枝，但个别也能萌发旺枝

一般说来，短截的作用包括以下五个方面：

① 短截能改变顶端优势的现象，故可采用“强枝短剪，弱枝长剪”的做法，以此调节枝势的平衡。

② 培养各级骨干枝通常采用短截的方法，能起到控制树冠的大小和枝梢长短的作用。短截时，应根据空间与整形的要求，注意剪口芽的位置和方向，剪口芽要留在可以发展的、有空间的地方，对于留芽的方向要注意是否有利于树势的平衡。

③ 轻短截可刺激树木顶芽下面的侧芽萌发，使得分枝数加多，增加了枝叶量，并且对于有机物积累，更好地促进花芽的分化等有积极的影响。

④ 短截较疏剪对于增强同一枝上的顶端优势效果更好，即在短截后其枝梢上下部水分、氮素分布的梯度增加，要比疏剪的明显。所以强枝在过度短截后，往往会出现顶端新梢徒长，不过下部新梢过弱，不能形成花枝。

⑤ 短截后，因为缩短了枝叶与根系营养运输之间的距离，因此便于养分的运输。根据有关数据的测定，植物处于休眠季短截后，新梢内水分和氮素的含量要比对照的高，而糖类

的含量则较低，充分说明了短截能够对枝条的营养生长和更新复壮产生积极的影响。

有些果树如苹果、梨等，当其主枝选留的数量达到要求，树木又生长得较高以后，通常需要进行截顶工作。园林实践中，有很多树木需要将顶尖剪除，目的是为了降低其高度。实质上，这种截顶是一种回缩更新的方法。这类回缩方法通过去掉正常树冠而改变树形，因此伤口很大，极易使锯断处的伤口产生严重的腐朽，还有可能因为去掉枝叶而失去遮阴的功能，反而导致树皮突然长期暴露在直射的阳光下而发生日灼病。因此，在剪除大枝时，对于剪口的保护，应该用石蜡、沥青、油漆等作涂抹处理；还应逐年、分期进行截顶，不可急于求成，目的在于防止破坏树形与发生日灼。

此外，老弱树木修剪的目的一般包括以更新复壮为主，可采用重截的方法，使营养集中在少数的叶芽内，以萌发壮枝。老弱树的修剪一般有“大更新”、“小更新”之分，如图4-19和图 4-20 所示。

图 4-19　树木大更新

图 4-20　树木小更新

（2）回缩（图 4-21）　回缩也被称为缩剪，是指将多年生枝条剪去一部分，多用于枝组或骨干枝更新，还有用来控制树冠辅养枝等。

回缩因为修剪量较大，因而具有刺激较重、更新复壮的作用。缩剪反应与缩剪程度、留枝强弱、伤口大小等有关，所以回缩的结果可能是促进作用，也可能是抑制作用。如果回缩后留强的直立枝，而且伤口较小，缩剪又适度，一般能促进营养生长；反之，若缩剪后留斜生枝或下垂枝，而且伤口又较大，可能抑制树木的生长。前者多用于树木的更新复壮，即在回缩处留有生长势好的、位置适当的枝条；后者多在控制树冠或者辅养枝方面使用。

此外，毛白杨在回缩大枝时需注意皮脊，皮脊即是主枝基部稍微鼓起、颜色较深的环（或半环状）。皮脊起保护的作用，也就是往木材里延伸形成一个膜，将枝与干分开，称之为保护颈。在剪除大枝时，要求剪口或锯口留在皮脊的外侧，留下保护颈，目的是预防微生物等侵入主干，防止木材的朽烂。如图 4-21 所示。

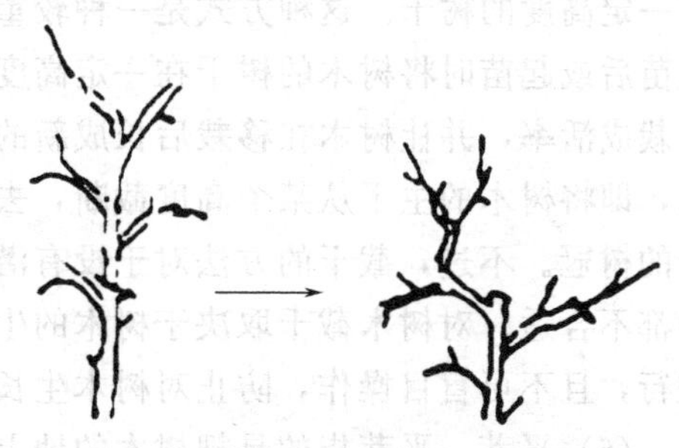

图 4-21　缩剪

（3）疏枝（图 4-22）　疏枝指的是将枝条从基部剪去的修剪方法，又称疏剪或疏删。把新梢、一年生枝、多年生枝从基部去掉均称为疏枝。疏枝主要用于除去树冠内过密的枝条，减少树冠内枝条的数量，使枝条均匀分布，以此使树冠产生良好的通风透光条件，减少病虫害，增加同化作用产物，使枝叶生长健壮，对花芽分化和开花结果有利。疏枝会削弱树木的总生长量，同时在局部的促进作用上不如短截明显。但是，如果只是去除树木的衰弱枝，还是能起到促使整株树木的长势加强的作用。

疏枝的对象主要有病虫枝、伤残枝、干枯枝、内膛过密枝、衰老下垂枝、重叠枝、并生枝、交叉枝与干扰树形的竞争枝、徒长枝、根蘖枝等。

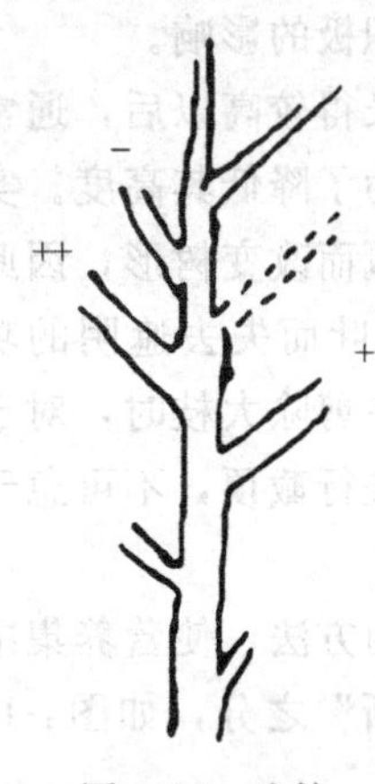

图 4-22 疏枝
＋＋促进生长，重；
＋促进生长，轻；
－削弱生长

根据疏枝的强度可将其分为轻疏（疏枝量占全树枝条的10%或以下）、中疏（疏枝量占全树的10%～20%）和重疏（疏枝量占全树的20%以上）。树木的疏枝强度取决于树木的种类、生长势和年龄。通常对于萌芽力和成枝力都很强的树种，疏剪的强度可大些；对于萌芽力及成枝力较弱的树种，如雪松、凤凰木、白千层等，则要尽量少疏枝。对生长旺盛的幼树，为了促进树体迅速长大成形，通常进行轻疏枝或不疏枝；成年树的生长与开花进入旺盛期，为了调节树木营养生长与生殖生长的平衡，通常要对其进行适当中疏；衰老期的树木，由于树冠内枝条较少，疏枝时要特别注意，只能疏去少量应疏除的枝条。对于花灌木类，宜轻疏枝以达到提早形成花芽开花的目的。

（4）缓放　缓放指的是对园林树木的枝条不作处理，任其自然生长的一种修剪方法，即对一年生枝条不进行短截，任其自然生长。应注意的是，缓放不是在修剪的过程中遗忘了对某些枝条进行处理，而是针对枝条的生长发育情况，对其不作修剪而达到任其自然生长的目的。通常在树木的修剪过程中，对于同一株树木的枝条，不一定要全部进行修剪，通常只对其中的一部分枝条进行修剪，而对另外一部分枝条则进行缓放的处理方法。

一般情况下，针对单个枝条生长势逐年减弱的现象，对部分长势中等的枝条长放不剪，树干的下部容易萌发产生中、短枝。这些枝条停止生长早，同化面积大，光合产物多，有利于花芽形成。所以，常对幼树、旺树进行长放进而缓和树势，促进提早开花、结果。长放的方法对于长势中庸的树木、平生枝、斜生枝的应用等效果更好。但是，对幼树骨干枝的延长枝或背生枝、徒长枝，则无法采用长放的修剪方法。对于弱树也不宜多用长放的方法。

（5）截干　截干指的是将树木的主干截断的一种修剪方法，即将树木的树冠去掉，只留下一定高度的树干。这种方式是一种较重的修剪方法。截干的方法一般在树木移栽时使用，起苗后或起苗时将树木的树干在一定高度剪断乃至锯断，将树木的树冠去掉，以求提高树木移栽成活率，并让树木在移栽后长成新的树冠。另外，截干的方法也可用于未进行移植的树木，即将树木的主干从某个高度截断，去掉树木原有的树冠，刺激主干上的潜伏芽萌发长出新的树冠。不过，截干的方法对于没有潜伏芽或潜伏芽寿命较短和萌芽力、成枝力较弱的树种都不合适。对树木截干取决于树木的生长习性和园林树木的具体要求，选择适宜的时间来进行，且不可盲目操作，防止对树木生长造成严重影响甚至导致树木死亡。

（6）平茬　平茬指的是把树木的地上部分在近地面处截去，只保留几厘米到十几厘米长的一段树干的修剪方法。平茬的方法一般用于灌木。有时平茬也可用于乔木幼树的主干培育，将主干生长弯曲的乔木进行平茬，能够刺激树木的潜伏芽萌发长出较为强壮的笔直的主干。平茬的方法也能在树木移植时使用。对于在冬天地上部分容易受到冻害的灌木进行平茬时，需将留下的部分埋入土中防寒防冻，以使其在第二年萌发产生新的树冠。而对于当年形成花芽当年开花的灌木，要刺激萌发较为强壮的枝条，产生新的强壮的树冠，并创造良好的观花效果，一般采用平茬的方法进行修剪。在移栽树体较小的灌木时，也可将树木的地上部分进行平茬，达到其在移栽后长出新的树冠的目的。

以上各种修剪方法的选择应结合树木的生长特性及其生长发育的具体情况确定，应当灵活选择，综合运用。在对树木采取合理修剪措施的同时，也应对土、肥、水等方面进行综合管理，方可使园林树木产生较好的景观效果。

(7) 开张枝梢角度　幼年果树的枝条，往往较直立，生长势强旺，不易早结果。所以幼年树枝条开张角度很重要；成年的大树，有时需保持树性要改造一些不适宜的枝，如徒长枝，也要用开张角度的修剪方法。这类方法很多种，这里介绍一般会用到的几种方式（图 4-23)。

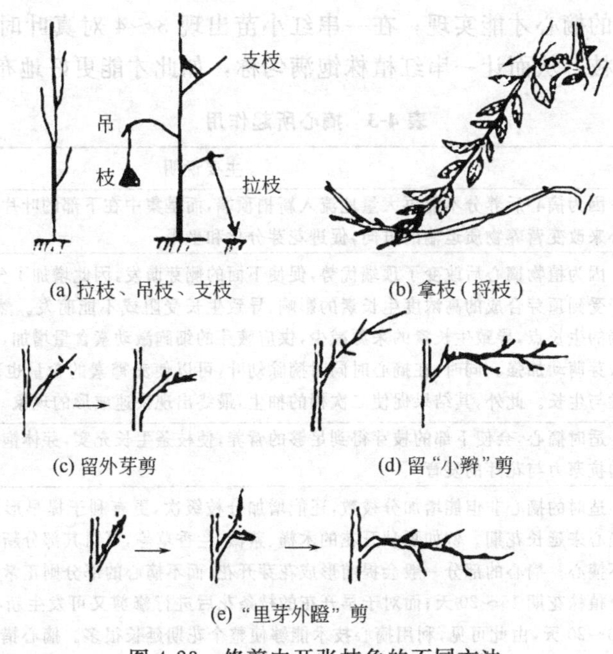

图 4-23　修剪中开张枝角的不同方法

① 拉枝。用绳子将枝角拉大，绳子一端固定到地上或树上；或用木棍把枝角支开；或用重物使枝下坠。拉枝的时期以春季树液流动以后好，拉一两年生枝，这时枝较柔软，开张角度易到位同时不伤枝。夏季修剪中，拉枝是一项不可少的修剪工作。

② 拿枝。对 1 年生枝用手从基部起逐步向下弯曲，要尽量伤及木质部又不折断，做到枝条自然呈水平状态或先端略向下。拿枝的时间一般以春夏之交、枝梢半木质化时最好，容易操作，开张角度、削弱旺枝生长的效果最佳，还能在促进花芽分化和较快地形成结果枝组产生积极作用。树冠内的直立枝、旺长枝、斜生枝，可以用拿枝的方法改造成有用的枝。幼年树的一部分枝用拿枝的方法可以提早结果，还避免了过多地疏剪或短截，做得好则省工省力。冬剪时对 1 年生枝也可以拿枝，不过要特别细心操作，弄不好则是枝条折断。拿枝不能太多，需要作出详尽的计划进行安排。

③ 留外芽剪、留“小辫”剪。枝条短截时，剪口下芽面向外的，萌发的新梢向外生长，角度较大；留“小辫”剪，如图 4-23 (d) 所示，也就是剪留向外长的副梢向外开角，这个副梢短截到饱满芽处。这两种开角的修剪方法，后者效果更突出，但出的新梢生长势较弱。

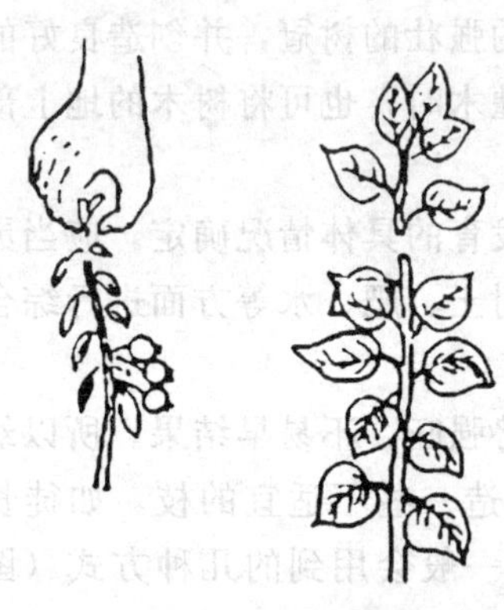

图 4-24 摘心

④“里芽外蹬”的剪法。此方法有点“先擒后纵”的意思，也就是剪口芽留向里生长的芽，而第 2 芽向外，等第 1 芽萌发成枝后，剪除，让第 2 芽的枝成导向枝。此法开角效果很好，尤其是在桃、苹果等生长势强劲的幼树上。

2. 夏季修剪的方法

（1）摘心（图 4-24） 摘心也叫卡尖或捏尖，是指将新梢顶端摘除的技术措施。摘心所起到的作用见表 4-3。

摘心一般用于花木的整剪，还常用于草本花卉上。例如园林绿化中较常应用的草本花卉，大丽花进行摘心可以培育成多本大丽花；大丽菊要想达到一株可着花数百朵乃至上千朵，必须经过无数次的摘心才能实现；在一串红小苗出现 3～4 对真叶时进行摘心，可以促其生出 4 个以上的侧枝，从而让一串红植株饱满匀称，如此才能更好地布置花坛和花径。

表 4-3 摘心所起作用

序号	主要作用	主要说明
1	促进花芽分化	因为摘心后养分不能再大量地流入新梢顶端，而是集中在下部的叶片和枝条内，因此能通过摘心来改变营养物质运输的方向，促进花芽分化和坐果
2	促进分枝	因为植物摘心后改变了顶端优势，促使下面的侧芽萌发，因此增加了分枝。枝条叶腋中的芽由于受到顶芽合成的高浓度生长素的影响，导致生长受阻或不能萌发。然而摘心后由于去除了顶端的生长点，导致生长素的来源减少，供应腋芽的细胞激动素含量增加，营养供应增加，能够引起腋芽萌动加强。同时，在摘心时同时摘除幼叶，可以使赤霉素的含量也减少，更有利于腋芽的萌发与生长。此外，其结果促使二次梢的抽生，最终出现快速成形的现象
3	促使枝芽充实	适时摘心，会使下部的枝芽得到足够的营养，使枝条生长充实，芽体饱满，从而有利于提升枝条的抗寒力与花芽的发育
4	增加分枝数	适时的摘心非但能增加分枝数，还能增加分枝级次，更有利于提早形成花芽。此外，还能通过摘心来延长花期。例如夏秋开花的木槿、紫薇、兰香草等，可对其部分新梢进行摘心，另一部分则不摘心。摘心的部分一般会提前形成花芽开花，而不摘心的部分则正常花期开花，这样能延长整个植株花期 15～20 天；而对于早开花的枝条花后进行修剪又可发生新枝开花，也能够延长花期 10～20 天，由此可见，利用摘心技术能够使整个花期延长很多。摘心措施的实施，首先要保证有足够的叶面积；其次要在急需养分的关键时期方可进行，不宜过早或过迟

（2）剪梢 剪梢指的是在树木的生长季节将新梢的前端剪去一截的修剪方法。剪梢的作用与摘心类似，也是应控制新梢的长度，去掉新梢的顶端优势，促使剪口下的侧芽萌发产生新梢的二次枝。剪梢还能抑制新梢的生长、促进花芽分化的作用。

不过，剪梢的方法对树木生长的影响一般比摘心对树木的生长造成的影响大。这是由于运用剪梢的方法剪去的新梢枝叶要比摘心去掉的枝叶更多，这样就减少了树木光合作用制造的营养，从而对树木的生长产生比较严重的影响。所以若要控制新梢的生长来说，优先使用摘心的方法，而在没有及时对新梢进行摘心的情况下，才能进行剪梢的方法进行补救。对于绿篱，在生长季节进行剪梢，可使其枝叶密生，提高绿篱的观赏效果及其防护功能。

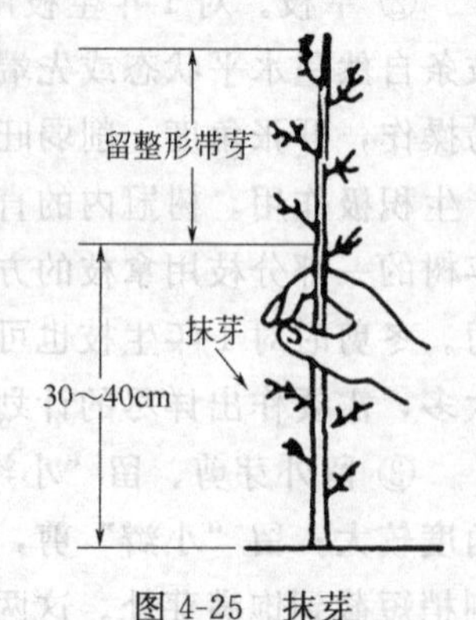

图 4-25 抹芽

（3）抹芽（图 4-25） 抹芽指的是把已经萌发的叶芽及时除去，以防止其继续生长成为新梢的修剪方法。对于园林树木的主干、主枝基部或锯断大枝的伤口周围通常会有潜伏芽萌发而抽生新梢，从而扰乱树形，影响树木主体的生长。通过抹芽则能够减少树体上生长点的数量，降低新梢前期生长对树体贮存养分的消耗，并改善树木的光照条件。更重要的是通过抹芽来控制新梢发生的部位，能够避免在不当的部位长出新梢扰乱树形，有利于在幼树期培养良好的树形。而嫁接后对砧木采取抹芽的措施有利于接穗的生长。在树木的生长期进行抹芽还能减少树木冬季修剪的工作量，也可避免树木在冬季修剪后伤口过多。树木抹芽的工作一般选择于早春树木萌芽后进行，通常越早越好。

(4) 去蘖　去蘖也叫做除萌，指的是嫁接繁殖或易生根蘖的树木。观花植物中，桂花、月季和榆叶梅在栽培养护过程中需要频繁除萌，目的是防止萌蘖长大后扰乱树形，并防止养分无效地消耗；蜡梅的根盘一般会萌发很多萌蘖条，除萌时应根据树形来决定适当的保留部分，再及早地去掉其他的，进而保证养分、水分的集中供用；而对牡丹、芍药，由于牡丹植株基部的萌蘖很多，所以除了有用的以外，其余的均应去除，而芍药花蕾比较多，可以将过多的、过小的花蕾疏除，确保花朵大小一致。

(5) 摘蕾、摘果　有关摘蕾、摘果，如果是腋花芽，则是疏剪的范畴；若是顶花芽，则是截的范畴。

摘蕾在园林中得到广泛的应用，如对聚花月季往往要摘除主蕾或过密的小蕾，目的是使花期集中，能够开出多而整齐的花朵，突出观赏效果；杂种香水月季由于是单枝开花，因此常将侧蕾摘除，目的是让主蕾得到充足的营养，以便开出美丽而肥硕的花朵；牡丹则通常在花前摘除侧蕾，让营养集中于顶花蕾，不仅花开得大，而且色艳。此外，月季每次花后都要剪除残花，由于花是种子植物的生殖器官，如果留下残花令其结实，则植株会为了完成它最后的发育阶段，将全部的生命活力都集中在养育种实上，而这个全过程一旦完成，月季的生长和发育都会缓慢下来，开花的能力也会衰退，甚至停止开花。

摘果也经常应用于园林中，如丁香花若是作为观花植物应用时，在开花后应进行摘果，若是不进行摘果，因为其很强的结实能力，在果实成熟后，会有褐色的蒴果挂满树枝，非常地不美观。又如紫薇，紫薇又称百日红，紫薇花谢后如果不及时摘除幼果，它的花期就无法达到百日之久，而是只有25天左右。

对于果树而言，摘花摘果也叫做疏花疏果，目的是提高品质，避免大小年现象，以此保证高产、稳产。

(6) 摘叶　摘叶指的是带叶柄将叶片剪除。通过摘叶可以改善树冠内的通风透光条件，比如观果的树木果实在充分见光后着色好，增加了果实美观程度，同时提高了其观赏效果。摘叶还对防止病虫害的发生有利，例如对枝叶过密的树冠进行摘叶。摘叶同时还具有催花的作用，比如广州在春节期间的花市上都会有有几十万株桃花上市，但在此时期，并不是桃花正常的花期，原来，花农在了解春节时间的早晚的基础上，在前一年的10月中旬或下旬就对桃花采取了摘叶的工作，才使得桃花在春节期间开放。还有在国庆节开花时候的北京连翘、丁香、榆叶梅等春季开花的花木，就是通过摘叶法进行了催花。

(7) 疏花　疏花指的是将树木的部分花朵去掉的修剪方法，又叫摘花或剪花。疏花的对象，一是摘除残花，比如杜鹃的残花久存不落，影响美观及嫩芽的生长，应摘除；二是不需要结果时应剪去凋谢的花，以免其结果而消耗树木的营养；三是摘除残缺不全、发育不良或有病虫害而影响美观的花朵。对于当年形成花芽当年开花的花灌木，通常可在花后对着生残花的枝条进行剪梢，连同残花一起剪去，进而刺激发出新的枝条再次成花开花。

（8）疏果　疏果指的是将园林树木的果实摘去一部分的修剪方法。疏果的对象一般是树上生长不良的小果、病虫果或过多的果实。对于观果树木，摘去树木的部分果实能让剩下的果实得到更为充足的营养供应，生长发育良好，一般果实的个头更大，颜色更加鲜艳，表现良好的观赏效果。同时，摘除部分果实也使树木的树体生长得到更多的营养供应，从而调节树木生殖生长与营养生长之间的平衡。而对于生产果实的树木来说，去除树木的部分果实对于提高果实品质和生产效益来说十分重要。

（9）环剥　环剥（图 4-26）又称为环状剥皮。是指在枝干或枝条基部的适当位置将枝干的皮层与韧皮部剥去一圈的措施。用此法后，在一段时期内阻止枝梢碳水化合物向下输送，有利于环状剥皮上方枝条营养物质的积累和花芽分化。常用于发育盛期开花结果量小的枝条。

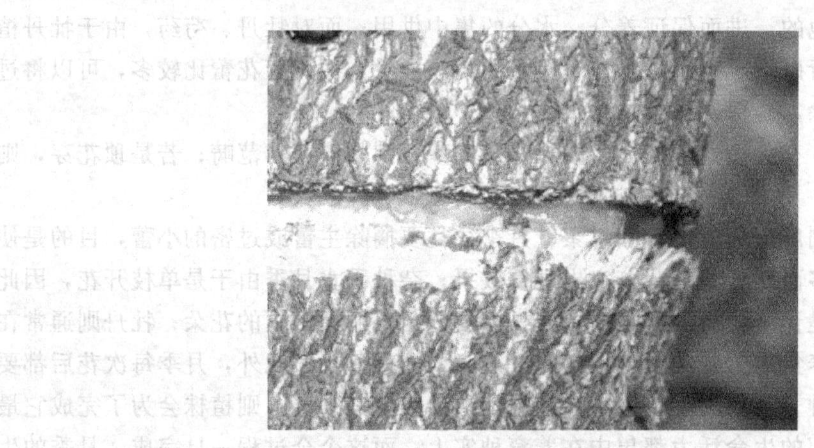

图 4-26　环剥

六、整形修剪的技术

1. 剪口及剪口芽的处理

剪去或剪断树木的枝条后在树体上留下的伤口称为剪口。剪口的形状可以是平剪口或斜切口，通常的剪口都是平口。在剪断的枝条上剪口以下的第一个芽叫作剪口芽。修剪时通常在剪口芽上方 0.5～1cm 处对枝条进行短截，对剪口的要求是平滑整齐。剪口芽萌发后形成新梢的生长方向及强壮程度受剪口芽着生的位置与剪口芽的饱满程度的影响很大。如果要使修剪后萌发的新梢填补树冠内膛，则应选择枝条的内芽作为剪口芽；相反，如果为了扩张树冠而进行短截，那么需选择枝条上的外芽作为剪口芽。如果要改变枝条延伸的方向，所留剪口芽应朝向将来枝条延伸的方向。如果为了让剪口下萌发出较弱的枝条，应选留枝条上生长较弱的叶芽作为剪口芽；反之，那么需选择生长健壮的饱满芽作剪口芽。

2. 大枝的修剪方法

在对树体内较大的枯死枝、衰老枝、病虫枝等进行整体剪除时，为了尽量缩小伤口，要从枝条分枝点的上部斜向下锯，保留分枝点下部凸起的部分，并以留桩高度为 1～2cm 为宜［图 4-27（a）］，这样能起到减小伤口面积，使伤口易愈合的作用。若留桩过长，将来会形成残桩枯朽［图 4-27（b）］，伤口愈合一般较为困难。

回缩多年生大枝时，通常会萌生徒长枝。为了防止徒长枝大量抽生，可先在回缩前几年对其进行疏枝和重短截，削弱枝条的长势然后接着进行回缩。在疏除多年生大枝时，为避免撕裂树皮和造成其他损伤，通常采用两锯或三锯法。对于直径在10cm以下的大枝，疏除时采用两锯法，第一锯从下向上锯，深达枝条直径的1/3为止，第二锯是从上向下截掉枝条。对于直径在10cm以上的大枝，疏除时采用三锯法，就是先在待锯枝条上距锯口约25cm处，从下向上锯一切口，至深达枝条直径的1/3或开始夹锯为止；接着在第一切口前方约5cm处，从上向下锯断枝条；最后在位于留下枝桩上方的分枝处位置向下截断残桩（图4-28）。

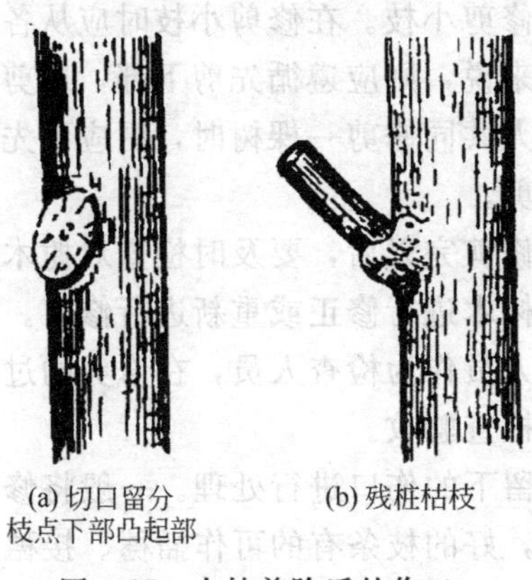

(a) 切口留分枝点下部凸起部　(b) 残桩枯枝

图4-27　大枝剪除后的伤口

图4-28　大枝的剪除

3. 伤口的保护

一般来说，树木修剪后留下的伤口即使不采取其他的保护措施也能自行愈合。对于通常的修剪创伤，要求创面要平滑。剪枝或截干后如果在树体上留下较大的伤口，则首先应用锋利的刀削平伤口，再用硫酸铜溶液消毒，再涂保护剂，以防止伤口由于日晒雨淋、病菌入侵进而导致的腐烂。

七、整形修剪的工作要点

1. 园林树木修剪前的准备工作

在对园林树木修剪以前应做好准备工作。首先，应调查所要修剪树木的基本情况。然后，在调查研究的基础上制订修剪计划，比如确定修剪树木的范围、要使用的修剪方法、修剪的时间安排、修剪所需工具以及材料设备的购置和维修保养、修剪的工作人员组成及人员培训、修剪所需费用的预算、制订修剪的安全操作规程、明确修剪废物的处理办法等以及修剪工作相关内容。

2. 园林树木修剪的程序

园林树木修剪的程序总体来说就是“一知、二看、三剪、四检查、五处理”。

（1）“一知”　就是修剪人员必须熟练掌握操作规程、修剪技术要点及所修剪树木的生长习性。修剪人员只有全面明白和掌握关于修剪的操作要求、知识和技能，才能避免修剪错误和安全事故。所以，对于临时性的修剪人员，一定要先对其进行培训，经考核合格后方可上岗。

（2）“二看”　也就是实施修剪前应对所剪树木进行仔细观察，根据树木的生长习性及生长状况及园林的要求制订合理的修剪方案，争取做到因树修剪，合理修剪。观察的具体目的在于了解植株的生长习性、枝芽的发育特点、植株的生长情况、冠形特点及周围环境与园林功能。这样方可结合实际制订修剪方案。

（3）“三剪” 也就是严格按照制订好的修剪方案对树木进行修剪。修剪树木时切忌没有头绪，或者不存在适宜的修剪方案，这样不知从何处下手，或随意修剪一通，最后的修剪效果很差。所以，要制订修剪方案并严格按方案进行修剪。例如修剪观赏花木时，首先要观察分析树势是否平衡，如果不平衡，则应分析造成的原因。如果是因为枝条多，特别是大枝多造成生长势强，则应该进行疏枝。对于疏枝前先要决定选留的大枝数目及其在骨干枝上的位置，将无用的大枝先剪掉，等到大枝条整好以后再修剪小枝。在修剪小枝时应从各主枝或各侧枝的前端做起，向下依次进行。而对于整株树木来说，则应遵循先剪下部，后剪上部；先剪内膛枝，后剪外围枝的修剪的先后次序。在几个人共同修剪一棵树时，更应预先研究好修剪方案，并确定每个人的分工，最后再分头进行修剪。

（4）“四检查” 也就是在树木修剪的过程中和修剪完以后，要及时检查对树木的修剪是否合适，是否存在漏剪与剪错的地方，以便及时对树木进行修正或重新进行修剪。如果参加修剪的人数众多的话，则应派修剪技术水平较高的人员作为检查人员，在修剪的过程中，还要随时随地进行检查指导，最后对修剪的结果进行检查验收。

（5）“五处理” 也就是在修剪完以后对树体上留下的伤口进行处理。一般将修剪下的枝叶、花果进行集中处理。修剪下的枝条要及时收集，好的枝条有的可作插穗、接穗备用，而病虫枝则应集中烧毁。最后还应清理树木修剪的场地。

3. 园林树木修剪工作注意事项

（1）在修剪前要做好技术培训和安全教育工作，以确保修剪工作顺利、安全地进行。

（2）在修剪的过程中应全程进行技术和安全的监督与管理。如在上树修剪时，所有用具、机械必须灵活、牢固，以防发生事故。修剪行道树时应对高压线路特别注意，并避免锯落的大枝砸到行人与车辆。此外，修剪工具应锋利，以防修剪过程中造成树皮撕裂、折枝、断枝。修剪病枝的工具，还需用硫酸铜消毒后再修剪其他枝条，以防交叉感染。

（3）修剪结束后对修剪过的树木应全面详细地检查验收。检查验收要求对修剪工作中存在的问题及时进行纠正，对整个修剪工作要做全面的总结，总结经验教训。还要对每个员工的工作都作出客观合理的评价，以此作为发放工作酬金的依据。同时，详细的工作总结也为以后的工作提供参考，逐步提高本单位或部门的园林树木修剪水平与技术。

第五节 园林树木病虫害防治

多样的自然界生物物种和复杂的生物链，以及近年来环境的污染和其他各种因素，使生长在自然环境中的植物不可避免地遭受到各种致病微生物和害虫的危害。所以，病虫害的防治是景观植物栽培养护的重要内容之一。

对于景观植物病虫害的防治，一定要贯彻“预防为主，综合治理”的原则，掌握有害生物出现的时间和范围，了解病虫害产生的原因、与环境的关系，制订切实可行的防治措施。调查表明，我国总计有园林病害 5508 种、园林植物害虫 3997 种，其他有害生物 162 种。其中有近 400 种病害虫发生普遍而严重。

一、病害的病原与症状

1. 病原

导致园林树木产生病害的直接原因称为病原。病原有两大类：生物性病原和非生物性病原。

（1）生物性病原　主要有真菌、细菌、病毒、线虫、支原体、藻类、螨类和寄生性种子植物等。由生物性病原引起的树木病害都具有传染性，称为侵染性病害或传染性病害。

（2）非生物性病原　主要指不利于树木生长的环境因素，主要包括营养失调、温度不适、水分失调、光照不适、通风不良和环境中的有毒物质等。由非生物性病原引起的病害称为生理性病害或非侵染性病害。当植物生长的环境条件得到改善或恢复正常时，此类病害的症状就会减轻，并有逐步恢复常态的可能。

2. 症状

植物在受生物或非生物病原侵染后，其外表所显现出来的不正常状态叫作症状。症状是病状及病症的总称。寄主植物感病后植物本身所表现出来的异常变化，称为病状。病状一般是受病植株生理解剖上的病变反映到外部形态上的结果。植物病害都有病状，如花叶、斑点、腐烂等。病症是病原物侵染寄主后，在寄主感病位置产生的各种结构特征。病症是寄主病部表面病原物的各种形态结构，能通过眼睛直接观察。由真菌、细菌和寄生性种子植物等因素引起的病害，病部多表现较显著的病症，如锈状物、煤污等病症。有些植物病害，如白粉病，病症部分特别突出，而寄主本身无显著变化；而有些病害，如非侵染性病害和病毒病害等，并不表现病症。一般而言，一种病害的症状存在其固定的特点，有一定的典型性，不过不同的植株或器官上，会有特殊性。

根据其主要特征，可把症状划分为以下几种类型。

（1）病状类型

① 变色。植物感病后，叶绿素的形成受抑或被破坏数量降低，其他色素过多而使叶片表现出了不正常的颜色。主要有三种类型，褪绿、黄化和花叶。病毒、支原体和营养元素缺乏等原因均可引起此症状。

② 坏死。植物受病原物危害后出现细胞或组织消解或死亡的现象叫作坏死。此症状在植物各个部分均可发生，但受害部位不同，症状表现有差异。在植物的根及幼嫩多汁的组织表现出的腐烂，在树干皮层表现为溃疡，在叶部主要表现为形状、颜色、大小不同的斑点，像山茶花腐病、杨树溃疡病、水仙大褐斑病等。

③ 萎蔫。萎蔫指的是植物因病而表现失水状态。典型的枯萎或萎蔫指植物根部或干部维管束组织感病后表现为失水状态或枝叶萎蔫下垂现象。其主要原因在于植物的水分疏导系统受阻。根部或主茎的维管束组织被破坏则表现出全株性萎蔫，侧枝受害则表现为局部萎蔫，例如菊花青枯病、石竹枯萎病等。

④ 畸形。因细胞或组织过度生长或发育不足引起的形态异常成为畸形。常见的有植物的根、干或枝条局部细胞增生发生瘿瘤，如月季根癌病；植物的主枝或侧枝顶芽生长受抑制，腋芽或不定芽大量出现丛枝，如泡桐丛枝病；感病植物器官失去原来的形状，如桃缩叶病；植物流脂及流胶，如桃流胶病。

（2）病症类型

① 粉霉状物。此类病症是植物感病部位病原真菌的营养体和繁殖体呈现各种颜色的霉状物或粉状物。一般都是病原微生物表生的菌体或孢子。月季霜霉病、百合青霉病、仙客来灰霉病、牡丹煤污病、月季白粉病等都属于此类。

② 锈状物。这种病症是病原真菌在病部所表现的黄褐色锈状物。香石竹锈病、桧柏锈病等属于这种病症。

③ 线状物、颗粒状物。这种病症是病原真菌在病部产生的线状或颗粒状结构。苹果紫纹羽病即在根部形成紫色的线状物等均属于此类。

④ 马蹄状物及伞状物。这种病症是植物感病部位真菌产生肉质、革质等颜色各异、体型较大的伞状物或马蹄状物。郁金香白绢病等均属于此类。

⑤ 脓状物。这种病症为病部出现脓状黏液，其干燥后成为胶质的颗粒。这是细菌性病害，如菊花青枯病等独具的病症。

二、病虫害的综合防治

1. 植物检疫

植物检疫法又称法规防治，即一个国家或地区用法律形式或法令形式，禁止某些危险的病虫、杂草人为地传入或传出，或对已发生的危险性病虫、杂草，采取有效措施消灭或控制蔓延，如就地销毁、消毒处理、禁止调用或限制使用地点等。我国除制定了国内植物检疫法规外，还与有关国家签订了国际植物检疫协定。它对保证园林生产安全具有重要意义。

2. 栽培防治法

栽培防治法就是通过改进栽培技术措施，使环境不利于病虫害的发生，而利于植物的生长发育，直接或间接地消灭或抑制病虫害发生和危害。这种方法不需要额外投资，而且又有预防作用，可长期控制病虫害，因而是最基本的防治方法。一般通过选育抗性品种的树苗、培育健苗、适地适树、合理进行植物配置、圃地轮作、施肥灌水等措施，使树木健壮生长，增强其抗病虫能力。

3. 物理防治法

利用各种物理因子（声、光、电、色、热、湿等）及机械设备来防治植物病虫害的方法，称为物理机械防治。这类方法既包括古老的人工捕杀，又包括一些高新技术的应用。物理机械防治方法简单易行，很适合小面积场圃和庭院树木的病虫害防治。缺点是费工费时，有很大的局限性。具体的措施主要有土壤热处理、繁殖材料热处理、繁殖材料冷处理、机械阻隔和射线处理。

4. 生物防治法

生物防治的传统概念是利用有益生物来防治虫害或病害。近年来由于科学技术的发展和学科间的交叉、渗透，其领域不断扩大。当今广义的生物防治是指利用生物及其代谢产物来控制病虫害的一种防治措施。生物防治法是发挥自然控制因素作用的重要组成部分，是一项很有发展前途的防治措施，生物防治对人、畜、植物安全，对环境没有或极少污染，害虫不产生抗性，有时对某些害虫可以达到长期抑制作用，而且天敌资源丰富，使用成本较低，便于利用。但生物防治的缺点也是显而易见的，如作用比较缓慢，不如化学防治见效迅速；多数天敌对害虫的寄生或捕食有选择性，范围较窄；天敌对多种害虫同时发生时难以奏效；天敌的规模化人工饲养技术难度较大；能够用于大量释放的天敌昆虫种类不多，而且防治效果常受气候条件影响。因此必须与其他防治方法相结合，才能充分发挥应有的作用。生物防治的内容主要包括以虫治虫，以苗治虫，以病毒治虫，以鸟治虫，蛛螨类治虫，激素治虫，昆虫不育性的利用，以菌治病等。

5. 化学防治法

化学防治是指用农药防治害虫、病菌、线虫、螨类、杂草及其他有害动物的一种方法。

化学防治具有防治效果好、收效快、受季节性限制较小、适宜于大面积灾区使用等优点。其缺点是使用不当能够引起人畜中毒、污染环境、杀伤天敌、造成药害；长期使用农药，可使某些病虫产生不同程度的抗性等。当前，各国均在寻求发展高效、安全、经济的农药品种。化学防治在解决病虫害及杂草问题上，今后相当长时期内仍占重要位置。只要使用得当，与其他防治方法互相配合，扬长避短，农药使用上的缺点在一定程度上是可以逐步解决的。

在化学防治中，使用的化学药剂种类很多，因其对防治对象的作用一般可分为杀虫剂和杀菌剂两大类：

(1) 杀菌剂　通常将用于防治病害的化学农药称为杀菌剂。杀菌剂通常分为保护剂和内吸剂两种。

保护性杀菌剂只对树木起保护作用，而没有治疗效果；而内吸性杀菌剂则可把侵入的病菌杀死，起到治疗的作用，不过保护作用不明显。保护性杀菌剂是防治病害侵入的，喷施后在树体表面形成一层保护膜，进而防止病菌和叶片接触，但若病菌已经侵入，正处于潜育阶段，保护剂就不起作用。因此，保护性杀菌剂要在病害发生前或发生初期使用，以保证良好的保护效果。内吸性杀菌剂可杀灭已侵入的病害，一般在病害发生初期使用，可起到良好的杀菌作用。不过当病害发生严重时，使用内吸剂，即使多次用药，效果也不会太好，反而对树体生长、发育产生一定的影响。所以控制病害，一定要在病害发生前或发生初期使用。

一般的杀菌剂包括波尔多液、石硫合剂、多菌灵、甲基托布津、百菌清等。杀菌剂的使用方法主要有种苗消毒、土壤消毒、喷雾、淋灌或注射和烟雾法等。

(2) 杀虫剂　能防治植物害虫的化学农药称为杀虫剂。有些杀虫剂品种同时具有杀螨和杀线虫的作用，则将其称为杀虫杀螨剂或杀虫杀线虫剂。杀虫剂是使用很早、品种最多、用量最大的一类农药，其种类划分也十分复杂，一般有以下几种划分方法。

① 按成分与来源划分。见表4-4。

表4-4　按成分及来源划分

序号	类别	主要内容
1	无机杀虫剂	无机杀虫剂的主要成分是无机化合物。常见的有砷酸铅、砷酸钙、亚砷酸盐、氟化钠、氟硅酸钠、硫黄、磷化锌等
2	有机杀虫剂	有机杀虫剂的主要成分是有机化合物。生产上常用的杀虫剂中，绝大部分为有机杀虫剂。根据有机物来源不同，有机杀虫剂又分为天然有机杀虫剂和人工合成有机杀虫剂两类。 天然有机杀虫剂又包括植物性杀虫剂和矿物性杀虫剂两类。常见的植物性杀虫剂主要包括鱼藤、除虫菊、烟草、松脂、茴蒿素、印楝素、川楝素等；常用的矿物性杀虫剂主要包括柴油乳剂和石油乳剂两种。 人工合成的有机杀虫剂处于有机杀虫剂中种类最多，应用最广。根据其有机元素不同，又将它们分为有机氯杀虫剂(如林丹)、有机氮杀虫剂(如叶蝉散、西维因、抗蚜威、速灭威等)、有机磷杀虫剂(如敌百虫、敌敌畏、硫磷类、乐果及氧化乐果等)、菊酯类杀虫剂(如功夫、戊菊酯、联苯菊酯、氯氰菊酯等)和其他有机杀虫剂(如定虫隆、除虫脲等苯基脲类，盖虫散等酰基脲类，杀虫双、多噻烷等人工合成沙蚕毒素系列杀虫剂)等几种类型

② 按作用及效应划分。见表4-5。

③ 按剂型划分。见表4-6。

杀虫剂的使用方法有喷粉、喷雾、熏烟等。在病虫害防治过程中，通常将杀菌剂和杀虫剂混合在一起使用，以达到综合防治、省工省时的目的。如内吸性杀菌剂长期使用，病菌容

表 4-5 按作用及效应划分

序号	类别	主要内容
1	胃毒剂	胃毒剂指的是由害虫的口器吸入带有药剂的植物组织或毒饵，经害虫消化系统吸收进而使害虫中毒致死的药剂。乙酰甲胺磷、敌百虫等属于胃毒剂
2	触杀剂	触杀剂指的是害虫接触药剂后，药剂从表皮、足、触角、气门等部位进入虫体，导致害虫中毒致死的药剂。马拉硫磷等有机磷杀虫剂，拟除虫菊酯类杀虫剂等是触杀剂
3	熏蒸剂	熏蒸剂指的是药剂在常温下能挥发成有毒气体，或经过一定的化学作用而产生的有毒气体，通过害虫的气门等呼吸系统侵犯体内，而使害虫中毒致死的药剂。溴甲烷、磷化氢、敌敌畏等都是熏蒸剂
4	内吸剂	内吸剂指的是药剂能被植物的根、茎、叶等组织吸收，并传导至植物的其他部位，或由种子吸收后传导到幼苗乃至植株的各部位，而其药量足以导致在其中为害的害虫中毒致死的药剂。氧化乐果、乐果、甲拌磷、甲基异硫磷、甲基硫环磷等都是内吸剂
5	拒食剂	拒食剂指的是农药施用在农作物上被害虫接触或取食后，破坏害虫正常的生理机能和消化道中消化酶的分泌，且会干扰害虫的神经系统，使害虫拒取食料，最后使虫体逐渐萎缩饿死，就算不死的昆虫也会发生生理性的萎缩变态的药剂。杀虫脒、多种萜类化合物，如印楝素等是拒食剂
6	忌避剂	忌避剂指的是药剂本身无毒杀害虫的作用，但其所具有的特殊气味使害虫忌避，因此达到保护农作物不受危害的药剂。樟脑丸属于忌避剂
7	引诱剂	引诱剂指的是可以诱集各种害虫然后将其杀灭的药剂。引诱剂应用较多的是由雌性昆虫释放出来的一种极微量就能引诱同种雄虫处于交配的性引诱剂。当性引诱剂在空气中在一定含量时，会使害虫迷向，减少交尾、产卵和繁殖，从而起到减少害虫、保护植物的作用。棉铃虫性诱素、红铃虫性诱素、大螟性诱素小菜蛾性诱素等是引诱剂
8	不育剂	不育剂指的是当昆虫接触或吸食这种药剂后，破坏其生殖器官功能，使其失去生殖能力，使雌性昆虫虽交配而不产卵，或产的卵不能正常孵化，即使孵化其后代也无法正常生育繁殖，可使种群数量减少，甚至在一定范围内绝种的药剂。替派、噻替派等是不育剂
9	特异性昆虫生长调节剂	这类药剂能起到干扰和破坏害虫的正常新陈代谢，抑制几丁质合成，致使幼虫畸形甚至死亡的作用。灭幼脲、农梦特、优乐得、定虫隆、除虫脲、盖虫散、早熟素等是这种类型
10	综合杀虫剂	目前使用的大部分有机合成农药同时具有几种杀虫作用。这些兼有多种杀虫作用的杀虫剂通常称为综合杀虫剂。例如大多数有机磷农药都兼有胃毒和触杀作用；氧化乐果、久效磷、甲胺磷既有触杀、胃毒作用，也具备内吸杀虫作用；而大部分拟除虫菊酯类杀虫剂既有胃毒、触杀作用，又有一定的忌避作用

表 4-6 按剂型划分

序号	类别	主要内容
1	粉剂	粉剂指的是用农药原药，加填充剂，经机械粉碎后，均匀混合而制成的粉状制剂。如 2.5%敌百虫粉剂，其中 2.5%为敌百虫杀虫的有效成分，其余为填充剂，如陶土、滑石粉等。粉剂一般只能作喷粉施用或供拌种、毒饵和土壤处理施用，避免加水喷雾使用
2	可湿性粉剂	可湿性粉剂指的是用原药加湿润剂和填充剂，经机械粉碎而制成的粉状混合物制剂。它易被水湿润，可分散并悬浮于水中，通常能够兑水供喷雾施用
3	乳油	乳油指的是用原药加溶剂和乳化剂而制成的透明油状液体，加水可乳化为乳状液（乳剂）。乳油的乳液稳定性越高，则质量越好。乳油通常供喷雾施用
4	烟雾剂	烟雾剂指的是原药加燃料、氧化剂、消焰剂而制成的粉状或锭状制剂。此类药剂可点燃但无火焰。农药受热气化在空气中凝成微粒，具有杀虫或灭菌作用
5	油雾剂或油烟剂	油雾剂或油烟剂指的是原药的油溶性制剂。通常将可直接喷雾或用热力喷雾装置喷成油雾状的制剂称为油烟剂
6	油乳剂	油乳剂指的是用原药加油类和乳化剂而制成的油状液体。一般即可加水喷雾使用，也可用热力喷雾装置喷成油雾

易产生耐药性，所以应与代森锰锌、无机硫等配合使用，以延缓病菌对内吸剂型的耐药性发展。杀菌剂与杀虫剂或杀螨剂或其他杀菌剂混合使用时，还应考虑这几种药剂的理化性能，看是否会发生化学反应，以免影响药效。比如代森锰锌不能与铜制剂、汞制剂、强碱性农药混合，石硫合剂应避免与波尔多液等铜制剂、机械油乳剂及在碱性条件下易分解的农药混合。假如生产中要求这样使用，用药时应注意两种农药之间的安全间隔期，一般为 7～10 天。

药剂的使用浓度要以最低的有效浓度获得最好的防治效果为原则，不要盲目增加浓度以免对植物产生药害。同时，因为化学农药在环境中释放存在3R问题，即农药残留（residue）、有害生物再猖獗（resurgence）及有害生物抗药性（resistance），因此在生产实践中一定要合理、安全、科学地使用化学农药，并和其他防治措施相互配合，才能起到理想的防治作用。

6. 采取技术措施防治病虫害

植物病虫害的发生为园林植物、病虫害和环境三者相互作用的结果。因此，通过采取一定的技术措施也能起到防治病虫害的作用。一般植物栽培技术措施主要通过改进其栽培技术，使环境条件有利于植物的生长发育的同时不利于病虫害，从而直接或间接地控制病虫害的发生和危害。这是景观植物病虫害防治中最重要的方法。具体的技术措施主要有培育无病虫的健康种苗、适地适树、合理进行植物配置、圃地轮作等，同时也需注意圃地卫生、加强水肥管理、改善植物生长的环境条件。通过这些措施，植物能够健壮地生长，由此增强了其抗病虫能力。

7. 抗性育种措施

选育抗病虫品种预防植物病虫害是一种经济有效的措施，尤其是对那些没有有效防治措施的毁灭性病虫害，是一种可行的方法。同时抗性育种措施与环境及其他一些植物保护措施有良好的相容性。

抗病虫育种的方法主要有传统的方法、诱变技术、组织培养技术和分子生物学技术等。传统的方法包括利用引种、系统选育或利用具有抗病虫性状的优良品种资源的杂交和回交选育新的抗性品种。诱变技术通常有在X射线，γ射线及激素作用下，诱导植物产生变异，再从变异个体中筛选抗病虫个体，这种方法由于随机性很大，无定向性，不易操作，应用不普遍。抗病虫品种的培育成功通常需要比较长的时间，时效性弱，见效慢。一个抗病虫品种，无论新品种还是原有的抗性品种，其抗性在栽培过程中有可能因为环境的变化或病虫害产生变异而丧失或减弱。

三、常见树木病害种类及其防治

在进行园林树木病害诊断时，一定要根据园林树木的生长环境（土壤、水肥、气候条件等）、栽培措施等因素做出科学的分析，逐步诊断出病原，然后才能提出相应的防治措施。对于非侵染性病害，普遍的表现是黄化、枯萎、畸形、落花、枯死等，但没有病症表现，应该重点改善树木生长环境的栽培措施，这里不做过多说明。而对于侵染性病害，一般具有明显的病症，根据发生部位的不同，园林树木常见的病害种类分为叶部病害、枝干病害和根部病害三大类，以下做详细说明。

1. 叶部病害

(1) 白粉病

① 病症表现。白粉病是园林树木上发生既普遍又严重的重要病害，种类较多，寄主转化型很强，这种病害的病状最初常常不太明显，一般病症常先于病状。病症初为白粉状，最明显的特征是由表生的菌丝体和粉孢子形成白色粉末状物。秋季时白粉层上出现许多由白而黄、最后变为黑色的小颗粒，少数白粉病晚夏即可形成这种小颗粒。除了针叶树外，许多观赏植物都有白粉病。据全国园林树木病害普查资料汇编报道，在观赏树木病害中，白粉病占

总数的10%左右。

白粉病症状中主要的病症很明显，一般的病状不明显，但危害幼嫩部位时也会使被害部位产生明显的变化。不同的白粉病症虽然总体上相同，但也有某些差异。如黄栌白粉病的白粉层主要在叶正面，臭椿白粉病在叶背。一般发生在叶正面的白粉层中的小黑点小而不太明显，发生在叶背面白粉层中的小黑点大而明显。

② 防治方法。

a. 化学防治常用的有25%粉锈宁可湿性粉剂1500～2000倍液，残效期长达1.5～2个月；50%苯来特可湿性粉剂1500～2000倍液；碳酸氢钠250倍液。

b. 夜间喷硫黄粉也有一定的效果，将硫黄粉涂在取暖设备上任其挥发，能有效地防治月季白粉病。

c. 生物农药BO-10（150～200倍液），抗霉菌素120对白粉病也有良好的效果。

d. 休眠期喷洒0.3°Bé～0.5°Bé的石硫合剂（包括地面落叶和地上树体），消灭越冬病原物。

e. 叶片上出现病斑时喷药，每年喷1次基本上能控制住白粉病的发生。

f. 除喷药外，清除初侵染源非常重要，如将病落叶集中烧毁；选育和利用抗病品种也是防治白粉病的重要措施之一。

（2）锈病

① 病症表现。锈病也是园林树木中的常发性病害。据全国园林树木病害普查资料统计，花木上有80余种锈病。植物锈病的病症一般先于病状出现。病状通常不太明显，黄粉状锈斑是该病的典型病症。叶片上的锈斑较小，近圆形，有时呈泡状斑。在症状上只产生褪绿、淡黄色或褐色斑点。在病斑上，常常产生明显的病症。当其他幼嫩组织被侵染时，病部常肥肿。有些锈菌不仅危害叶部，还能危害果实、叶柄或嫩梢，甚至枝干。叶部锈病虽然不能使寄主植物致死，但常造成早落叶、果实畸形，削弱生长势，降低产量及观赏性。

② 防治方法。

a. 减少侵染来源：休眠期清除枯枝落叶，喷洒0.3°Bé的石硫合剂，杀死芽内及病部的越冬菌丝体；生长季节及时摘除病芽或病叶，然后集中烧毁或深埋处理。

b. 改善环境条件：增施磷、钾、镁肥，氮肥要适时；在酸性土壤中施入石灰等能提高植物的抗病性。

c. 生长季节喷洒25%粉锈宁可湿性粉剂1500倍液；或喷洒敌锈钠250～300倍液，10～15天喷一次；或喷0.2°Bé～0.3°Bé的石硫合剂也有很好的防治效果。

（3）炭疽病

① 病症表现。炭疽病是园林树木上常见的一大类病害。炭疽病虽然发生于许多树种，危害多个部位，它们的症状也有某些差异，但也有共同的特征。

在发病部位形成各种形状、大小、颜色的坏死斑，比较典型的症状是常在叶片上产生明显的轮纹斑，后期在病斑处形成的粉状物往往呈轮状排列，在潮湿条件下病斑上有粉红色的黏粉物出现。在枝梢上形成梭形或不规则形的溃疡斑，扩展后造成枝枯。在发病后期，一般都会产生黑色小点，在高湿条件下多数产生焦枯状的带红色的粉状物堆，这是诊断炭疽病的标志。炭疽病主要危害叶片，降低观赏性，也有的对嫩枝危害严重，如山茶炭疽病。

② 防治方法。

a. 加强经营管理措施，促使树木生长健壮，增强抗病性。

b. 及时清除树冠下的病落叶及病枝和其他感病材料，并集中销毁，以减少侵染来源。

c. 利用和选育抗病树种和品种，是防治炭疽病中应注意的方面。

d. 化学防治。侵染初期可喷洒70%的代森锰锌，500～600倍液，或1：0.5：100的波尔多液（即1份硫酸铜、0.5份生石灰和100份水配制而成），或70%的甲基托布津可湿性粉剂1000倍液。喷药次数可根据病情发展情况而定。

(4) 叶斑病　除白粉病、锈病、炭疽病等以外，叶片上所有的其他病害统称为叶斑病。

① 病症表现。在园林树木上常发生的叶斑病有黑斑病、褐斑病、角斑病及穿孔病。各种叶斑病的共同特性是局部侵染引起的，叶片局部组织坏死，产生各种颜色、各种形状的病斑，有的病斑可因组织脱落形成穿孔。病斑上常出现各种颜色的霉层或粉状物。叶斑病的主要病原物是半知菌。

② 防治方法。

a. 及时清除树冠下的病落叶、病枝和其他感病材料，并集中销毁，以减少侵染来源。

b. 化学防治：在早春植株萌动之前，喷洒3°Bé～5°Bé的石硫合剂等保护性杀菌剂或50%的多菌灵600倍液。

c. 展叶后可喷洒1000倍的多菌灵或75%的甲基托布津1000倍液。隔半个月喷一次，连续喷2～3次。

2. 枝干病害

枝干部病害种类不如叶部病害多，但危害较大，常常引起枝枯或全株枯死。幼苗、幼树及成年的枝条均可受害，主干发病时全株枯死。引起枝干部病害的生物性病原有真菌、细菌、支原体、寄生性种子植物和线虫等，非生物性病原主要有日灼及低温。

(1) 溃疡病或腐烂病　溃疡病是指树木枝干局部性皮层坏死，坏死后期因组织失水而稍下陷，有时周围还产生一圈稍隆起的愈伤组织。除包括典型的溃疡病外，还包括腐烂病（烂皮病）、枝枯病、干癌病等所有引起树木枝干韧皮部坏死或腐烂的各种病害。

① 病症表现。溃疡病的典型症状是发病初期枝干受害部位产生水渍状斑，有时为水泡状、圆形或椭圆形，大小不一，并逐渐扩展；后失水下陷，在病部产生一些粉状物。病部有时会出现纵裂，甚至于皮层脱落。木质部表层褐色。后期病斑周围形成隆起的愈伤组织，阻止病斑的进一步扩展。有时溃疡病在植物生长旺盛时停止发展，病斑周围形成愈伤组织，但病原物仍在病部存活。次年病斑继续扩展，然后周围又形成新的愈伤组织，如此往复年年进行，病部形成明显的长椭圆形盘状同心环纹，且受害部位局部膨大，有的多年形成的大型溃疡斑可长达数十厘米或更长。

抗性较弱的树木，病原菌生长速度比愈伤组织形成的速度快，病斑迅速扩展，或几个病斑汇合，形成较大面积的病斑，后期在上面长出颗粒状的病症，皮层腐烂，此即为腐烂病或称烂皮病。当病斑环绕树干1周时，病部上面枝干枯死。

② 防治方法。

a. 通过综合治理措施改善树木生长的环境条件，提高树木的抗病能力。

b. 注意适地适树，选用抗病性强及抗逆性强的树种，培育无病壮苗。

c. 在起苗、假植、运输和定植的各环节，尽量避免苗木失水。在保水性差且干旱少雨的沙土地，可采取必要的保水措施，如施吸水剂、覆盖薄膜等。

d. 清除严重病株及病枝，保护嫁接及修枝伤口，在伤口处涂药保护，以避免病菌侵入。

e. 秋冬和早春用含硫黄粉的树干涂白剂涂白树干，防止病原菌侵染。

f. 用50%多菌灵300倍液加入适当的泥土混合后涂于病部，或用50%多菌灵、70%甲基托布津、75%百菌清500～800倍液喷洒病部，有较好的效果。

(2) 枯萎病 枯萎病也称导管病或维管束病。树木枯萎病种类不多但危害极大。非侵染性病原或侵染性病原危害均能导致树木枯萎，如长期干旱、水浸、污染物的毒害，使植物根部皮层腐烂，导致根部的吸收作用被破坏，或者因其他一些原因造成输导系统堵塞，都可使树木枯萎。枯萎病能在短期内造成大面积的毁灭性灾害，榆树枯萎病、松材线虫病均属此类病害。

① 病症表现。感病植株叶片失去正常光泽，随后凋萎下垂，脱落或不脱落，终至全株枯萎而死。有的半边枯萎，在主干一侧出现黑色或褐色的长条斑。在患病植株枝干横断面上有深褐色的环纹，在纵剖面上有褐色的线条。急性萎蔫症型的病株会突然萎蔫，枝叶还是绿的，称为青枯病，这种症状多发生在苗木或幼树上。慢性萎蔫型的感病植株先表现某些生长不良现象，叶色无光泽，并逐渐变黄，病株常要经较长时间才最后枯死。

② 防治方法。

a. 首先严格检疫，严防带病及传播媒介昆虫的苗木、木材及其制品外流及传入。枯萎病发展快，防治困难，感病后的植株很难救治。

b. 减少初侵染来源，及时清除和销毁病株和病枝条。

c. 对土壤进行消毒。用福尔马林50倍液，每平方米4～8kg淋土，或用热力法进行土壤消毒。

d. 选用抗枯萎病的品种。

(3) 松材线虫病

① 病症表现。此病显著的特征是，被侵染的松树针叶失绿，并逐渐黄化萎蔫，然后枯死变为红褐色，最终全株迅速枯萎死亡，但针叶长时间内不脱落，有时直至翌年夏季才脱落。从针叶开始变色至全株死亡约30天左右。外部症状的表现，首先是树脂分泌减少至完全停止分泌，蒸腾作用下降，继而边材水分迅速降低。病树大多在9月至10月上、中旬死亡。约经2个月针叶开始失去原有光泽，松脂分泌开始减少；接着，针叶开始变色，松脂分泌停止；然后，大部针叶变黄褐色，萎蔫；最后，全部针叶变为黄褐色至红褐色，萎蔫，全株枯死，枯死针叶当年不脱落。这一过程表现为急性型，一般在夏季感病的，经过夏秋高温季节，秋冬前都枯死。

另外，有些植株感病后，由于感病较迟或本身的抗性或气温较低，可能延迟到冬春以后逐渐枯死。此外，有些植株感病后先造成下部枝条枯死，向全株扩展比较缓慢，感病株一般在1～2年内不会枯死，表现为慢性型。

松脂明显减少和完全停止分泌这一特点可作为本病早期诊断的依据。另外，如果松树原生长较好，突然急性萎蔫，又无其他外伤，也是诊断本病重要的倾向性依据。

② 防治方法。

a. 加强检疫制度，严禁疫区松苗、松木及其产品外运（包括原木、板材、包装箱等），并防止携带松墨天牛出境。

b. 尽量消灭该病的媒介体——松墨天牛。

c. 及时伐除和处理被害木，并集中销毁。

d. 在生长季节的5～6月份松墨天牛补充营养期，喷洒50%的杀螟松乳油200倍液。可在树干周围 90cm 处开沟施药或喷药保护树干。也可用飞机喷洒 3%的杀螟松，每公顷约喷 60L，可以保持 1 个月左右的杀虫效果。

e. 选用和培育抗病树种。

3. 根部病害

（1）根癌病

① 病症表现。根癌病又名冠瘿病，主要发生在根颈处，有时也发生在主根、侧根和地上部的主干、枝条上。受害处形成大小不等、形状不同的瘤。初生的小瘤，呈灰白色或肉色，质地柔软，表面光滑，后渐变成褐色至深褐色，质地坚硬，表面粗糙并龟裂。

② 防治方法。

a. 加强植物检疫，防止带病苗木出圃，发现病苗及时拔除并烧毁。

b. 对可疑的苗木在栽植前进行消毒，用 1%硫酸铜浸泡 5min 后用水冲洗干净，然后栽植。

c. 精选圃地，避免连作。选择未感染根癌病的地区建立苗圃，如果苗圃污染，需进行 3 年以上的轮作。

d. 对感病苗圃用硫黄粉、硫酸亚铁或漂白粉进行土壤消毒。

e. 对于初发病株，切除病瘤，用石灰乳或波尔多液涂抹伤口，或用甲冰碘液（甲醇 5 份、冰醋酸 25 份、碘片 12 份、水 13 份）进行处理，可使病瘤消除。

f. 选用健康的苗木进行嫁接，嫁接刀要在高锰酸钾溶液或 75%的酒精中消毒。

g. 用生物制剂 K84 和 D286 的菌体混合悬液浸根，明显降低根癌病的发生率。

（2）根结线虫病

① 病症表现。在树木幼嫩的支根和侧根上、小苗的主根上产生大小不等的许多等圆形或不规则的瘤状虫瘿。初期表面光滑、淡黄色，后粗糙、颜色加深、肉质。切开可见瘤内有白色且稍微发亮的小型粒状物，镜检可观察到梨形的根结线虫。感病后植株根系吸收功能减弱，生长衰弱，叶小而发黄，易脱落或枯萎，有时会发生枝枯，严重的整株枯死。

② 防治方法。

a. 加强检疫，防止根结线虫病发生和蔓延。

b. 选择无病苗圃地育苗，在曾发病的圃地，选择非寄主植物进行轮作。

c. 育苗前用药剂作土壤消毒处理，或用熏蒸剂处理以杀死土壤中的线虫。可用的土壤熏蒸剂有溴甲烷、棉隆等，但熏蒸剂对植物有害，土壤处理后 15～25 天再种植植物。或将药剂穴施或沟施于土壤中，或环施于植株周围，有良好的防治效果。

d. 用猪屎豆引诱根结线虫的侵染，侵染猪屎豆的很多线虫不能顺利发育产卵，可减少土壤中线虫的虫口密度，减轻危害。

（3）苗木猝倒病（幼苗猝倒和立枯病） 幼苗猝倒病和立枯病是园林树木常见病害之一。苗期都可发生猝倒病和立枯病。针叶树育苗每年都有不同程度的发病，重病地块发病率可达 70%～90%。

① 病症表现。常见的症状主要有 3 种类型：种子或尚未出土的幼芽被病菌侵染后，在土壤中腐烂，称腐烂型；出土幼苗尚未木质化前，在幼茎基部呈水渍状病斑，病部缢缩变褐腐烂，在子叶尚未凋萎之前，幼苗倒伏，称猝倒型；幼茎木质化后，造成根部或根颈部皮层腐烂，幼苗逐渐枯死，但不倒伏，称立枯型。

② 防治方法。

a. 猝倒和立枯病的防治，应采取以栽培技术为主的综合防治措施，培育壮苗，提高抗病性。

b. 不宜选用瓜菜地和土质黏重、排水不良的地作为圃地。精选种子，适时播种。

c. 对土壤进行消毒。用多菌灵配成药土垫床和覆种。具体方法是：用10%多菌灵可湿性粉剂，每公顷用75kg与细土混合，药与土的比例为1∶200。也可用2%～3%硫酸亚铁溶液浇灌土壤来进行消毒。

d. 播种前用0.5%高锰酸钾溶液（60℃）浸泡种子2h，对其消毒。

e. 幼苗出土后，可喷洒多菌灵50%可湿性粉剂500～1000倍液或喷1∶1∶120波尔多液，每隔10～15天喷洒1次。

根部病害的防治较其他病害困难，因为早期不易发现，失去了早期防治的机会。而且对于根部而言，侵染性病害与生理性病害容易混淆。在这种情况下，要采取针对性的防治措施是有困难的。

根部病害的发生与土壤的理化性质是密切相关的，这些因素包括：土壤积水、黏重板结、土壤贫瘠、微量元素异常、pH值过高或过低等。由于某一方面的原因就可导致树木生长不良，有时还可加重侵染性病害的发生。因此，在根部病害的防治上，选择适宜于树木生长的立地条件，以及改良土壤的理化性状，要作为一项根本性的预防措施。

四、常见树木虫害种类及其防治

园林树木害虫主要根据危害部位可划分为食叶害虫、蛀干害虫、枝梢害虫、种实害虫和地下害虫五类。

1. 食叶害虫

食叶害虫种类繁多，主要为鳞翅目的各种蛾类和蝶类，鞘翅目的叶甲和金龟子，膜翅目的叶蜂等。其猖獗发生时能将叶片吃光，削弱树势，为蛀干害虫侵入提供适宜条件。多营裸露生活，受环境影响影响大，虫口密度变化大。

（1）叶蜂

① 形态特征。成虫体长7.5mm左右，翅黑色、半透明，头、胸及足有光泽，腹部橙黄色。幼虫体长2.0mm左右，黄绿色。蔷薇叶蜂一年可发生2代，以幼虫在土中结茧越冬，有群集习性。

② 危害特点。主要危害月季、蔷薇、黄刺玫、十姐妹、玫瑰等植物。常数十头群集于叶上取食，严重时可将叶片吃光，仅留粗叶脉。雌虫产卵于枝梢，可使枝梢枯死。

③ 防治方法。

a. 人工连叶摘除孵化幼虫。

b. 冬季控茧消灭越冬幼虫。

c. 可喷施80%敌敌畏乳油1000倍液、90%敌百虫800倍液、50%杀螟松乳油1000～1500倍液、2.5%溴氰菊酯乳油2000～3000倍液。

（2）大蓑蛾

① 形态特征。雌成虫无翅，蛆状，体长约25mm。雄成虫有翅，体长约为5～17mm，褐色。幼虫头部赤褐色或黄褐色，中央有白色“人”字纹，胸部各节背面黄褐色，上有黑褐色斑纹幼虫、雌成虫外有皮囊，外附有碎叶片和少数枝梗。大蓑蛾一年发生1代，以老熟幼虫在皮囊内越冬。

② 危害特点。主要危害梅花、樱花、桃花、石榴、蔷薇、月季、紫薇、桂花、蜡梅、山茶、悬铃木等树木。其幼虫取食植物叶片，可将叶片吃光只残存叶脉，影响被害植株的生长发育。雄蛾有趋光性。

③ 防治方法。

a. 初冬人工摘除植株上的越冬虫囊。

b. 幼虫孵化初期喷 90%敌百虫 1000 倍液，或 80%敌敌畏乳油 800 倍液，或 50%杀螟松乳油 800 倍液。

(3) 拟短额负蝗

① 形态特征。又称小绿蚱蜢，小尖头蚱蜢。虫体长约 20mm，淡绿或黄褐色，梭状，前翅革质，淡绿色，后翅膜质透明。若虫体小、无翅，卵黄褐色到深黄色。拟短额负蝗一年可发生 3 代左右，以卵块在土壤越冬。

② 危害特点。主要危害月季、茉莉、桃叶珊瑚、扶桑等花木。成虫和若虫均可咬食叶片，造成孔洞或缺刻，严重时，可把叶片吃光只留枝干。该虫喜欢生活在植株茂盛、湿度较大的环境中。

③ 防治方法。

a. 清晨进行人工捕捉，或用纱网兜捕杀。

b. 冬季深翻土壤暴晒或用药剂消毒，减少虫卵。

c. 喷施 50%杀螟松乳油 1000 倍液，或 90%敌百虫 800 倍液，或 80%敌敌畏乳油 1000 倍液。

(4) 刺蛾类

① 形态特征。成虫体长 15cm 左右。头和胸部背面金黄色，腹部背面黄褐色，前翅内半部黄色，外半部褐色，后翅淡黄褐色。幼虫黄绿，背面有哑铃状紫红色斑纹。

② 危害特点。主要危害紫薇、月季、海棠、梅花、茶花、桃、梅、白兰花等树木。黄刺蛾一年发生 1～2 次，以老熟幼虫在受害枝干上结茧越冬，以幼虫啃食造成危害。严重时叶片吃光，只剩叶柄及主脉。

③ 防治方法。

a. 灯光诱杀成虫。

b. 人工摘除越冬虫茧。

c. 在初龄幼虫期喷 80%敌敌畏乳油 1000 倍液，或 25%亚胺硫磷乳油 1000 倍液，或 2.5%溴氰菊酯乳油 4000 倍液。

2. 枝梢害虫

枝梢害虫种类繁多，为害隐蔽，习性复杂。从危害特点大体可区分为刺吸类和钻蛀类两大类。下面主要介绍前者。

(1) 介壳虫类

① 形态特征。介壳虫有数十种之多，常见的有吹绵蚧、粉蚧、长白蚧、日本龟蜡蚧、角蜡蚧、红蜡蚧等。介壳虫是小型昆虫，体长一般 1～7mm，最小的只有 0.5mm，大多数虫体上被有蜡质分泌物，繁殖迅速。

② 危害特点。主要危害金柑、含笑、丁香、夹竹桃、木槿、枸骨、珊瑚树、月桂、大叶黄杨、海桐等。介壳虫常群聚于枝叶及花蕾上吸取汁液，造成枝叶枯萎甚至死亡。

③ 防治方法。

a. 少量的可用棉花球蘸水抹去或用刷子刷除。

b. 剪除虫枝虫叶，集中烧毁。

c. 注意保护寄生蜂和捕食性瓢虫等介壳虫的寄生天敌。

d. 在产卵期，孵化盛期（约4～6月），用40%氧化乐果乳油1000～2000倍，或50%杀螟松乳油1000倍液喷雾1～2次。

（2）蚜虫类

① 形态特征。主要有桃蚜和棉蚜、月季长管蚜、梨二叉蚜、桃瘤蚜等。蚜虫个体细小，繁殖力很强，能进行孤雌生殖，在夏季4～5天就能繁殖一个世代，一年可繁殖几十代。

② 危害特点。主要危害桃、梅、木槿、石榴等树木。蚜虫积聚在新叶、嫩芽及花蕾上，以刺吸式口器刺入植物组织内吸取汁液，使受害部位出现黄斑或黑斑，受害叶片皱曲、脱落，花蕾萎缩或畸形生长，严重时可使植株死亡。蚜虫能分泌蜜露，招致细菌生长，诱发煤烟病等病害。此外还能在蚊母树、榆树等树种上形成虫瘿。

③ 防治方法。

a. 通过清除附近杂草，冬季在寄主植物上喷3～5°Bé的石硫合剂，消灭越冬虫卵或萌芽时喷0.3～0.5°Bé石硫合剂杀灭幼虫。

b. 喷施乐果或氧化乐果1000～1500倍液，或杀灭菊酯2000～3000倍液，或2.5%鱼藤精1000～1500倍液，一周后复喷一次杀灭幼虫。

c. 注意保护瓢虫、食蚜蝇及草蛉等天敌。

（3）叶螨（红蜘蛛）

① 形态特征。主要有朱砂叶螨、柑橘全爪螨、山楂叶螨、苹果叶螨等，叶螨个体小，体长一般不超过1mm，呈圆形或卵圆形，橘黄或红褐色，可通过两性生殖或孤雌生殖进行繁殖。繁殖能力强，一年可达十几代。

② 危害特点。主要危害茉莉、月季、扶桑、海棠、桃、金柑、杜鹃、茶花等树木。以雌成虫或卵在枝干、树皮下或土缝中越冬，成虫、若虫用口器刺入叶内吸吮汁液，被害叶片叶绿素受损，叶面密集细小的灰黄点或斑块，严重时叶片枯黄脱落，甚至因叶片落光而造成植株死亡。

③ 防治方法。

a. 冬季清除杂草及落叶或圃地灌水以消灭越冬虫源。

b. 个别叶片上有灰黄斑点时，可摘除病叶，集中烧毁。

c. 虫害发生期喷20%双甲脒乳油1000倍，20%三氯杀螨砜800倍液，或40%三氯杀螨醇乳剂2000倍液，每7～10天喷一次，共喷2～3次。

d. 保护深点食螨瓢虫等天敌。

（4）蓟马

① 形态特征。主要有花蓟马、中华管蓟马、日本蓟马等。蓟马体小细长，体长一般为0.5～0.8cm。若虫喜群集取食，成虫分散活动。

② 危害特点。主要危害月季、山茶、柑橘等树木。若虫和成虫刺吸花器、嫩叶或嫩梢的汁液，受害部位呈灰白色的点状。

③ 防治方法。

a. 清除苗圃的落叶、杂草，消灭越冬虫源。

b. 用80%敌敌畏乳油，或2.5%溴氰菊酯乳油熏蒸。

c. 发生期喷施2.5％溴氰菊酯2000～2500倍液，或喷施乐果、氧化乐果、杀螟松、马拉硫磷等。

(5) 绿盲蝽

① 形态特征。成虫体长5mm左右，绿色，较扁平，前胸背板深绿色，有许多小黑点，小盾片黄绿色，翅革质部分全为绿色，膜质部分半透明，呈暗灰色。一年发生5代左右，以卵在木槿、石榴等植物组织的内部越冬。

② 危害特点。主要危害月季、紫薇、木槿、扶桑、石榴、花桃等树木。成虫或若虫用口针刺害嫩叶、叶芽、花蕾，被害的叶片出现黑斑或孔洞，发生扭曲皱缩。花蕾被刺后，受害部位渗出黑褐色汁液，叶芽嫩尖被害后，呈焦黑色，不能发叶。该虫在气温20℃，相对湿度80％以上时发生严重。

③ 防治方法。

a. 清除苗圃内及其周围的杂草，减少虫源。

b. 用80％敌敌畏乳油1000倍液或40％氧化乐果乳液1000倍液、50％杀螟松乳油1000倍液、50％辛硫磷乳油2000倍液、50％杀灭菊酯2000～3000倍液、50％二溴磷乳油1000倍液喷雾防治。

(6) 蚱蝉

① 形态特征。成虫体长约4cm，黑色有光泽，被金色细毛，头部前面有金黄色斑纹中胸背板呈“x”形隆起，棕褐色，翅膜质透明，基部黑色，卵乳白色，菱形。若虫黄褐色，长椭圆形。12天左右发生1代。

② 危害特点。主要危害白玉兰、梅花、桃花、桂花、蜡梅、木槿等树木。其若虫吸食植物根汁液。雌成虫可将产卵器插在枝干上产卵，造成枝条干枯。

③ 防治方法。

a. 人工捕杀刚出土的老熟幼虫或刚羽化的成虫。

b. 8、9月份及时剪除产卵枝，集中烧毁。

c. 利用熬黏的桐油粘捕成虫。

(7) 叶蝉

① 形态特征。成虫体长约3mm，外形似蝉，黄绿色或黄白色，可行走、跳跃，非常活跃。若虫黄白色，常密生短细毛。一年可发生5～6代，以成虫在侧柏等常绿树上或杂草丛中越冬。

② 危害特点。主要危害碧桃、樱桃、梅、李、杏、牡丹、月季等树木。其若虫或成虫用嘴刺吸汁液，使叶片出现淡白色斑点，危害严重时斑点呈斑块状，或刺伤表皮，使枝条叶片枯萎。

③ 防治方法。

a. 冬季清除苗圃内的落叶、杂草，减少越冬虫源。

b. 利用黑光灯诱杀成虫。

c. 可喷施50％杀螟松乳油1000倍液或90％敌百虫1000倍液。

3. 蛀干害虫

蛀干害虫包括鞘翅目的小蠹、天牛、吉丁虫、象甲，鳞翅目的木蠹蛾、透翅蛾，膜翅目的树蜂等。多危害衰弱木，生活隐蔽，防治困难，树木一旦受害很难恢复。

(1) 天牛类

① 形态特征。主要有菊小筒天牛、桃红颈天牛、双条合欢天牛、星天牛等。各种天牛形态及生活习性均差异较大。成虫体长 9～40mm，多呈黑色，一年或 2～3 年发生一代。

② 危害特点。主要危害菊花、梅花、桃花、海棠、合欢、核桃等树木。幼虫或成虫在根部或树干蛀道内越冬，卵多产在主干、主枝的树皮缝隙中，幼虫孵化后，蛀入木质部危害树木。蛀孔处堆有锯末和虫粪。受害枝条枯萎或折断。

③ 防治方法。

a. 人工捕杀成虫。成虫发生盛期也可喷 5%西维因粉剂或 90%敌百虫 800 倍液。

b. 成虫产卵期，经常检查树体枝条，发现虫卵及时刮除。

c. 用铁丝钩杀幼虫或用棉球蘸敌敌畏药液塞入洞内毒杀幼虫。

d. 成虫发生前，在树干和主枝上涂白涂剂，防止成虫产卵。白涂剂用生石灰 10 份、硫黄 1 份、食盐 0.2 份、兽油 0.2 份、水 40 份配成。

(2) 木蠹蛾类

① 形态特征。主要有小木蠹蛾、日本木蠹蛾等。成虫体灰白色，长 5～28mm。触角黑色，丝状，胸部背面有 3 对蓝青色斑，翅灰白色，半透明。幼虫红褐色，头部淡褐色。一年发生 1～2 代，以幼虫形式在枝条内越冬。

② 危害特点。主要危害石榴、月季、樱花、山茶、木槿等树木。以幼虫蛀入茎部为害，造成枝条枯死、植株不能正常生长开花，或茎干蛀空而折断。

③ 防治方法。

a. 剪除受害嫩枝、枯枝，集中烧毁。

b. 用铁丝插入虫孔，钩出或刺死幼虫。

c. 孵化期喷施 40%氧化乐果、80%敌敌畏乳油 1000 倍液或 50%杀螟松乳油 1000 倍液。

4. 地下害虫

又称根部害虫，常危害幼苗、幼树根部或近地面部分，种类较多。常见的有鳞翅目的地老虎类、鞘翅目的蛴螬（金龟子幼虫）类和金针虫（叩头虫幼虫）类、直翅目的蟋蟀类和蝼蛄类、双翅目的种蝇类等，以下介绍主要危害树木的金龟子类。金龟子有铜绿金龟子、白星金龟子、小青花金龟子、苹毛金龟子、东方金龟子、茶色金龟子等。

① 形态特征。体卵圆或长椭圆形，鞘翅铜绿色、紫铜色、暗绿色或黑色等，多有光泽。金龟子一年发生 1 代，以幼虫在土壤内越冬。

② 危害特点。可危害樱花、梅花、桃、木槿、月季、海棠等树木。成虫主要夜晚活动，有趋光性，为害部位多为叶片和花朵，严重时可将叶片和花朵吃光。金龟子的幼虫称为蛴螬，是危害苗木根部的主要地下害虫之一。

③ 防治方法。

a. 利用黑光灯诱杀成虫。

b. 利用成虫假死性，可于黄昏时人工捕杀成虫。

c. 喷施 40%氧化乐果乳油 1000 倍液，或 90%敌百虫 800 倍液。

第六节 树体的保护和修补

园林树木对于人类来说具有不可替代的功能，但是常常受到病虫害、冻害、日灼等自然因素和人为修剪所带来的伤害。所以，为了保证树木的正常生长和观赏价值，必须对受损的树体进行相应的保护措施，并且一定要贯彻“防重于治”的精神。对树体上已经造成的伤口，应该及早救治，防止扩大蔓延，治疗时，应根据树体伤口的部位、轻重和特点，采取不同的治疗和修补方法。

一、树体的伤口处理

1. 树干伤口处理

（1）树木的枝干因病、虫、冻、日灼等造成的伤口，首先用锋利的刀刮净削平四周，使伤面光滑、皮层边缘呈弧形，然后用药剂（2%～5%硫酸铜液，0.1%的升汞溶液，石硫合剂原液）消毒，再涂抹伤口保护剂。

（2）树木因修剪造成的伤口，应将伤口削平然后涂以保护剂，选用的保护剂要求容易涂抹，黏着性好，受热不融化，不透雨水，不腐蚀树体组织，同时又有防腐消毒的作用，如铅油、接蜡等均可。大量应用时也可用黏土和鲜牛粪加少量石硫合剂的混合物作为涂抹剂，如用激素涂剂对伤口的愈合更有利，用含有 0.01%～0.1%的 α-萘乙酸膏涂在伤口表面，可促进伤口愈合。

（3）树木因风折而使枝干折裂，应立即用绳索捆缚加固，然后消毒涂保护剂。

（4）树木因雷击使枝干受伤，应将烧伤部位锯除并涂保护剂。

2. 树皮伤口处理

（1）刮树皮　树木的老皮会抑制树干的加粗生长，这时，就可用刮树皮来进行解决，此法亦可清除在树皮缝中越冬的病虫。刮树皮多在树木休眠期间进行，冬季严寒地区可延至萌芽前，刮的时候要掌握好深度，将粗裂老皮刮掉即可，不能伤及绿皮以下部位，刮后立即涂以保护剂。但对于流胶的树木不可采用此法。

（2）植皮　对于一些树木可在生长季节移植同种树的新鲜树皮来处理伤口（图 4-29）。在形成层活跃时期（6～8 月）最易成功，操作越快越好。其做法首先对伤口进行清理，然后从同种树上切取与创伤面相等的树皮，创伤面与切好的树皮对好压平后，涂以 10%萘乙酸，再用塑料薄膜捆紧，大约在 2～3 周，长好后可撤除塑料薄膜。此法更适用于小伤口树木，但是名贵树木尽管伤口较大，为了保护其价值，依旧可进行植皮处理。

图 4-29　植皮

二、树洞修补

树干的伤口形成后，如果不及时进行处理，长期经受风吹雨淋，木质部腐朽，就形成了空洞。如果让树洞继续扩大和发展，就会影响树木水分和养分的运输及贮存，严重削弱树木生长势，降低树木枝干的坚固性和负荷能力，枝干容易折断或树木倒伏，严重时会造成树木死亡。不仅缩短了树木的寿命，而且影响了美观，还可能招致其他意外事故。所以说，树洞修补至关重要，应谨慎对待。以下是修补树洞的几个方法。

1. 开放法

如果树洞很大，并且有奇特之感，使人想特意留作观赏艺术时，就用开放法处理。此法只需将洞内腐烂木质部彻底清除，刮去洞口边缘的死组织，到露出新组织为止，用药剂消毒，然后涂上防腐剂即可。当然改变洞形，会有利于排水。也可以在树洞最下端插入导水铜管，经常检查防水层和排水情况，每半年左右重涂防腐剂一次。

2. 封闭法

同样将洞内的腐烂木质部清除干净，刮去洞口边缘的死组织，但是，用药消毒后，要在洞口表面覆以金属薄片，待其愈合后嵌入树体。也可以钉上板条并用油灰（油灰是用生石灰和熟桐油以 1∶0.35 制成的）和麻刀灰封闭（也可以直接用安装玻璃的油灰，俗称腻子封闭），再用白灰、乳胶、颜料粉面混合好后，涂抹于表面，还可以在其上压树皮状花纹或钉上一层真树皮，以增加美观。

3. 填充法

首先得有填充材料，有木炭、玻璃纤维、塑化水泥等，现在，以聚氨酯塑料为最新的填充材料，我国已开始应用，这种材料坚韧、结实、稍有弹性，易与心材和边材黏合；操作简便，因其质量轻，容易灌注，并可与许多杀菌剂共存；膨化与固化迅速，易于形成愈伤组织。具体填充时，先将经清理整形和消毒涂漆的树洞出口周围切除 0.2～0.3cm 的树皮带，露出木质部后注入填料，使外表面与露出的木质部相平。

填充时，必须将材料压实，洞内可钉上若干电镀铁钉，并在洞口内两侧挖一道深约 4cm 的凹槽，填充物边缘应不超过木质部，使形成层能在它上面形成愈伤组织。外层用石灰、乳胶、颜料粉涂抹，为了增加美观，富有真实感，可在最外面钉上一层真树皮。

三、常用的伤口敷料

在对树体进行保护的时候，一定要注意敷料的合理应用。理想的伤口敷料应容易涂抹，黏着性好，受热不融化，不透雨水，不腐蚀树体，具有防腐消毒、促进愈伤组织形成的作用。常用的敷料主要有以下几种。

1. 紫胶清漆

防水性能好，不伤害活细胞，使用安全，常用于伤口周围树皮与边材相连接的形成层区。但是单独使用紫胶清漆不耐久，涂抹后宜用外墙使用的房屋涂料加以覆盖。它是目前所有敷料中最安全的。

2. 沥青敷料

将固体沥青在微火上熔化，然后按每千克加入约 2500mL 松节油或石油充分搅拌后冷却，即可配制成沥青敷料，这一类型的敷料对树体组织有一定毒性，优点是较耐风化。

3. 杂酚敷料

常利用杂酚敷料来处理已被真菌侵袭的树洞内部大伤面。但该敷料对活细胞有害，因此在表层新伤口上使用应特别小心。

4. 接蜡

用接蜡处理小伤口具有较好的效果，安全可靠、封闭效果好。用植物油 4 份，加热煮沸后加入 4 份松香和 2 份黄蜡，待充分熔化后倒入冷水即可配制成固体接蜡，使用时要加热。

5. 波尔多膏

用生亚麻仁油慢慢拌入适量的波尔多粉配制而成的一种黏稠敷料。防腐性能好，但是在使用的第一年对愈伤组织的形成有妨碍，且不耐风化，要经常检查复涂。

6. 羊毛脂敷料

现已成熟应用的主要有用 10 份羊毛脂、2 份松香和 2 份天然树胶溶解搅拌混合而成的和用 2 份羊毛脂、1 份亚麻仁油和 0.25%的高锰酸钾搅拌混合而成的敷料。它对形成层和皮层组织有很好的保护作用，能使愈伤组织顺利形成和适度扩展。

第七节　古树名木养护管理

古树，即树龄在百年以上的树木，如果树龄在三百年以上，则称为一级古树，其余的为二级古树。名木，即具有纪念意义、历史意义或因其他社会影响而闻名的珍贵、稀有的树木。它们更多的时候一身二任，既是古树，又是名木，所以常放在一起来说。我国历史悠久，许多寺院庙宇、古典园林、风景名胜都留下了世界罕见的古树名木。因此，古树名木的养护管理也是园林绿地养护管理中极其重要的组成部分。

一、古树名木养护的意义

古树名木是活着的古董，是有生命的国宝，其本身具有其他生物无法替代的价值与意义。

1. 古树名木是历史的见证

周柏、秦松、汉槐、隋梅、唐杏（银杏）、唐樟、宋柳都是我国传说中树龄高达千年的树中寿星，不仅地域分布广阔，而且历史跨度大。更有一些树龄高达数千年的古树至今仍风姿卓然，如河北张家口 4700 年的“中国第一寿星槐”，山东莒县浮来山 3000 年以上树龄的“银杏王”，台湾高寿 2700 年的“神木”红桧，西藏寿命 2500 年以上的巨柏，陕西省长安县温国寺和北京戒台寺 1300 多年的古白皮松。它们记载着我国悠久的历史和丰富的文化，其中也有一些是与重要的历史事件相联系的，如北京颐和园东宫门内的两排古柏，在靠近建筑物的一面保留着火烧的痕迹，那是对八国联军纵火侵华的真实记录。

2. 古树名木具有丰富的文化艺术价值

我国各地的许多古树名木往往与历代帝王、名士、文人、学者相联系，有他们手植的，有被他们吟咏感怀的，有被作为绘画题材的，等等。特别是因它们而作的诗画为我国文化艺术宝库留下了珍品。“扬州八怪”中的李鳝，曾有名画《五大夫松》，是泰山名松的艺术再现；嵩阳书院的“将军柏”，更有明、清文人赋诗30余首之多。又如苏州拙政园文征明手植的明紫藤，其胸径22cm，枝蔓盘曲蜿蜒逾5m，旁立清光绪三十年（1905）江苏巡抚端方题写的“文征明先生手植紫藤”的青石碑，名园、名木、名碑，被朱德的老师李根源先生誉为“苏州三绝”之一，具极高的人文旅游价值。

3. 古树名木具有独特的景观价值

古树名木和山水、建筑一样具有景观价值，是重要的风景旅游资源。它们或苍劲挺拔、风姿多彩，镶嵌在名山峻岭和古刹胜迹之中，与山川、古建筑、园林融为一体；或独成一景，成为景观主体；或伴一山石、建筑，成为该景的重要组成部分，吸引着众多游客前往游览观赏，流连忘返。如黄山以“迎客松”为首的十大名松，泰山的“卧龙松”等均是自然风景中的珍品；而北京天坛公园的“九龙柏”、北海公园团城上的“遮阴侯”（油松），以及苏州光福的“清、奇、古、怪”4株古圆柏更是人文景观中的瑰宝，吸引着众多游客前往游览观光。又如苏州“国宝”景点雕花楼景区院内，分布着近百棵百年的古银杏，每当秋末冬初时，“满园尽是黄金叶”，吸引了众多慕名而来的海内外摄影爱好者，成为雕花楼秋季一道最为壮观的“活化石”生态旅游风景线。

4. 古树是古气候、古地质宝贵的研究资料

古树的生长与所经历生命周期中的自然条件，特别是气候条件的变化有着极其密切的关系。因为树木的年轮生长除了取决于树种的遗传特性外，还与当时的气候特点相关，表现为年轮有宽窄不等的变化，由此可以推算过去年代湿热气象因素的变化情况。尤其在干旱和半干旱的少雨地区，古树年轮对研究古气候、古地理的变化更具有重要的价值。

5. 古树是树木生理的研究材料

树木的生长周期很长，人们无法对它的生长、发育、衰老、死亡的规律用跟踪的方法加以研究，而古树的存在就把树木生长、发育在时间上的顺序展现为空间上的排列，使我们能以处于不同年龄阶段的树木作为研究对象，从中发现该树种从生到死的总规律，帮助人们认识各种树木的寿命、生长发育状况以及抵抗外界不良环境的能力。

6. 古树对于树种规划有极高的参考价值

古树多为乡土树种，生存至今的古树对当地的气候和土壤条件具有很强的适应性。因此，古树是树种规划的最好依据。景观规划师和园林设计师可以从中得到对该树种重要特性的认识，从而在树种规划时做出科学合理的选择，而不致因盲目决定造成无法弥补的损失。例如北京市在解放初认为刺槐是较适合北京干旱瘠薄种植环境的树种，但种植后发现早衰；20世纪60年代又认为油松比较适合，但到70年代，发现油松开始平顶，生长衰退。后来从北京故宫、中山公园等数量最多的古侧柏和古桧柏的良好生长得到启示，古侧柏和古桧柏才是北京的最适树种。

7. 古树名木具有较高的经济价值

有些古树虽已高龄，却毫无老态，仍可果实累累，生产潜力巨大。如素有“银杏之乡”之称的河南嵩县白河乡，树龄在三百年以上的古银杏树有210株，1986年产白果2.7万千克；新郑县孟庄乡的一株古枣树，单株采收鲜果达500kg；安徽砀山良梨乡一株300年的老梨树，不仅年年果实满树，而且是该地发展梨树产业的种质库。事实上，多数古树在保存优良种质资源方面具有重要的意义。如上海古树名木中的刺楸、大王松、铁冬青等都是少见的树种。

二、古树名木的基本管理

1. 调查摸底

调查摸底是对责任区域内的古树名木状况进行调查和分析，以便做到心中有数和有的放矢。调查内容主要包括树种、树龄、树高、冠幅、胸径、生长势、病虫害、立地条件（土壤、气候等情况）、株数、分布以及对观赏和研究的价值、养护现状等，同时还应搜集有关古树名木的历史、诗、画、图片及神话传说等其他资料。在详细调查的基础上分析它们各自的重要性和生长发育现状，并据此进行相应的等级划分，以便在日常管理时分级管理、突出重点。

2. 档案建设

为了管理工作的连续性和稳定性，古树名木的档案建设必不可少。档案内容不仅应该包括所有的调查内容和分析结果，更重要的是要根据古树名木的动态变化及时更新。为了便于存储和更新，最好采用电子档案方式，但要注意备份和保存的安全性。

3. 日常管理

主要包括广泛宣传、严格执法和生长环境保护三方面。

（1）广泛宣传　是为了培养和强化广大公民自觉保护古树名木的思想意识，对保护古树名木的作用与意义、毁坏古树名木的谴责与惩罚等相关内容要进行深入浅出的广泛宣传。宣传的形式应因地制宜，最常见的是给每株古树或名木悬挂宣传牌，在宣传牌上简要注明该树的种类、年龄、作用、主要分布、保护价值以及保护古树名木的相关法律法规。

（2）严格执法　尽管古树名木的保护以预防为主，但有时还是防不胜防。为了达到亡羊补牢的目的，一旦有损坏古树名木的事件发生就要及时制止和严格执法，对责任人（单位）要从快从严公开处理，并把处理结果作为典型事例来对广大公民进行宣传教育。

（3）生长环境保护　古树名木在一定的生境下已经生活了许多年，有些古树甚至成百上千年，说明它们十分适应其历史的生态环境，特别是土壤环境。因此，对其生长环境的保护就是对它们最好的保护。具体措施主要有以下几方面：

① 严禁在古树名木旁挖土、取石；

② 尽可能不要移植古树；

③ 不得向树根周围泼洒生活污水、工业废水；

④ 在树盘范围设置围栏或铺装环状保护台，以保护树盘土壤；

⑤ 给生长在高处、空旷地或树体庞大的古树名木安设避雷装置；

⑥ 在古树名木附近施工时，应提前采取措施保护树体和根系，以防机械损伤。

三、古树名木的复壮与养护

古树是经过几百年乃至上千年生长而成的，有着重要的生态、景观、科研以及经济价值，一旦死亡就无法再现。尽管古树不论能活多少年终究要结束其生命过程，不过在古树名木的养护管理中，一般要使其延缓衰老，必要时采取复壮措施延长寿命。古树的养护管理及复壮措施，保持和增强树木的生长势，提高古树的功能效益，并使其延年益寿。在进行古树复壮的时候要找到古树衰老加速的原因，根据具体情况采取必要的预防、养护与复壮措施。

1. 古树名木的养护及管理

（1）养护的基本原则

① 给予古树原有的生境条件。古树在特定的环境下生活了几百年，甚至数千年，十分适应其原油的生态环境，特别是土壤环境。因此，其生长环境的改变，尤其是土壤环境的改变，即使是微不足道的改变也可能对古树生长造成影响。在实际养护与管理工作中，如果古树的衰弱是因近年土壤及其他条件的剧烈变化所致的，则应该尽量恢复其原有的状况。例如消除挖方、填方、表土剥蚀及土壤污染等。否则，环境条件、尤其是土壤条件的剧烈变化可能使尚能正常生长的古树树体衰弱，甚至死亡。

② 安排符合树种的生物学特性的养护措施。任何树种都有特定的生长发育与生态学特性，如更新生长的特点，对土壤的养分要求和对光照变化的反应等。在古树养护中应尽量顺其自然，满足其生理及生态要求。

③ 养护措施要能够提高树木的生活力与增强树体的抗性。古树养护管理与那些新植树木养护管理不同之处在于古树已日渐衰老，其生长势渐弱，只有采取各种措施才能提高树木生活力与增强抗性才能保证其正常生长，延长寿命。这类措施一般包括灌水、排水、松土、施肥、树体支撑加固、树洞处理、防治病虫害、防止其他机械损伤与安装避雷器等。

（2）古树名木的养护管理

① 支撑加固。许多古树由于存活久远，很多树体主干中空，主枝常有死亡，造成树冠失去均衡，导致树体易倾斜而需要进行支撑加固。又因树体衰老，枝条容易下垂，因而需用他物支撑。现在多数景区都对古树进行了加固措施，一般树体用钢管呈棚架式支撑，钢管下端用混凝土基加固，干裂的树干用扁钢箍起。这一方法收效良好，但要注意不可直接用金属箍，之间要垫有缓冲物，放置造成韧皮部缢伤，加速古树的衰弱与死亡。

② 树干疗伤与树洞修补。古树名木处于衰老期时，对各种伤害的恢复能力减弱，因此，在养护和管理工作中，更应注意及时处理树干伤口。若古树名木的伤口长久不愈合，长期外露的木质部可受雨水浸渍，逐渐腐烂，最后形成树洞。树洞除了影响古树的观赏效果外，还影响树木生长，同时还使古树名木易倒伏，遇大风和地震灾害时伤害增多，甚至导致树木死亡。过去多采用砖头堵洞，外部加青灰封抹。但是，由于这些材料无弹性，而树洞又不能密封，雨水渗入反会加剧古树树干的腐朽，对古树生长十分不利。目前国外采用具弹性的聚氨酯作填充物，对古树的生长影响较小，是目前较理想的填充材料，不过价格稍贵。另外，还存在一种可行的方法是用金属薄板进行假填充或用网罩钉洞口，再将水泥混合物涂在网上，等水泥干后再涂一层紫胶漆和其他树涂剂加以密封，避免雨水流进洞内。

③ 灌水、松土、施肥。灌水、松土、施肥属于古树养护的重要内容。每年日常养护工作中，春、夏干旱季节灌水防旱，秋、冬季浇水防冻，在灌水后应及时松土，这样既能起到土壤保墒，又可以增加土壤的通透性。但是，古树施肥需要慎重，一般在树冠投影部分开深0.3m，宽0.7m，长2m或深0.7m、宽1m、长2m的沟，沟内施腐殖土还有稀粪，或适量施以化肥用来增加土壤的肥力，应注意严格控制肥料的用量。肥料过量可能造成古树生长过旺，特别是对原来树势衰弱的树木，如果在短时间内生长过盛会加重根系的负担，从而造成树冠和树干及根系的平衡失调，反而不利于古树生长。

④ 树体喷水。树体喷水往往是结合灌水进行的。由于城市地区空气浮尘污染大，古树的树体截留大量灰尘，尤其是侧柏、圆柏、油松、白皮松等常绿树种，枝叶部位积尘量很大。这非但影响观赏效果，还由于阻挡了叶片对光照的吸收而影响光合作用，不利于古树正

常生长。对此，在一些重点风景旅游区，一般采用高架喷灌方法进行清洗。因此项措施费工费水，通常很少采用，常见的是结合灌水对树体进行喷水。

⑤ 整形修剪。古树名木的整形修剪应慎重处置。不仅由于整形修剪改变其景观效果，也由于不适当的修剪可能对树木产生严重伤害，影响生长。一般情况下，古树修剪以基本保持原有树形的原则，尽量减少修剪量，避免增加伤口数。在对病虫枝、枯弱枝、交叉重叠枝进行修剪时，应注意修剪手法，以疏剪为主，以利通风透光，减少病虫害滋生。对于必须进行更新、复壮的古树进行修剪的话，可适当短截，促发新枝。古树的病虫枯死枝，需在树液停止流动季节抓紧修剪清理、烧毁，减少病虫滋生条件，同时美化树体。对槐、银杏等具潜伏芽、易生不定芽且寿命长的树种，当树冠外围枝条衰老枯梢时，一般用回缩修剪进行更新。有些树种根颈处有潜伏芽与易生不定芽，树木地上部死亡之后仍然能萌蘖生长者，可将树干锯除更新。但是，对于存在观赏价值的干枝，则应保留，并喷防水剂等进行保护。对无潜伏芽还有寿命短的树种，树木的修整形修剪则主要通过深翻改土，切断 1cm 左右粗的根，促进根系更新，可与肥水管理结合进行。

⑥ 防治病虫害。古树由于期限逐渐进入衰老期，容易招虫致病，加速死亡。对于树势渐弱的古树，要更加注意对病虫害的防治，要有专人看护监测，一旦发现，立即防治。危害松、柏、槐树等古树的虫害主要包括红蜘蛛、蚜虫，天牛、小蠹、介壳虫、树蜂、尺蠖、小叶蛾，病害主要有锈病。这些病虫害都能对造成毁灭性的危害，应及时防治。

a. 浇灌法。此法利用内吸剂通过根系吸收、经过输导组织送到全树从而达到杀虫、杀螨等目的。对于一般的因高大、分散、立地条件复杂等情况因此造成的喷药难的古树，这是一种必要的防治病虫害的方法。具体方法是，在树冠垂直投影边缘的根系分布区内挖 3～5 个深 20cm、宽 50cm、长 60cm 的弧形沟，然后把药剂浇入沟内，待药液渗完后封土。此法还能避免杀伤天敌、污染空气等问题。

b. 埋施法。此法是通过固体的内吸杀虫、杀螨剂埋施根部以达到杀虫、杀螨目的的方法。采用此法能达到较长时间保持药效的目的。埋施法的方法与浇灌法相同，要把固体颗粒均匀撒在沟内，然后覆土浇足水。

c. 注射法。对于周围环境复杂、障碍物较多，以及吸收根区很难寻找的古树，通常很难利用其他方法进行病虫害防治。这时，一般通过向树体内注射内吸杀虫、杀螨药剂，经过树木的输导组织送到树木全身，以达到杀虫、杀螨的目的。

⑦ 设围栏、堆土、筑台。在人为活动频繁的生存环境中，古树经常外露根脚，这种情况下古树根系易遭到游人踩踏而损伤。为了使古树根系生长正常及保护树体，可以采用设围栏、堆土、筑台的方法。在过往人多的地方，往往要设围栏进行保护，围栏一般要距树干 3～4m，或在树冠的投影范围之外。在人流密度大的地方，以及在树木根系延伸较长的情况下，对围栏外的地面也要作透气性的铺装处理。另外，在古树干基堆土或筑台可起保护、防涝及促发新根的作用。一般情况下，砌台比堆土收效更佳，不过要注意在台边留孔排水，不可由于砌台造成根部积水。

⑧ 设避雷针。千年古树大部分之前遭过雷击，雷电损伤对树木生长的影响很大，会使树势衰退。所以，高大的古树应加避雷针避免雷击。对于遭受雷击的古树，若不及时采取补救措施甚至可能很快死亡，故应立即将伤口刮平，并涂上保护剂。

⑨立标示牌。对于古树名木，通常应安装标志牌，标明树种、树龄、等级、编号，明确养护管理相关单位。或者设立宣传牌，介绍古树名木的重大意义与现状。这样可起到宣传

教育、发动人民保护古树名木的作用。

2. 古树复壮

我国对于古树复壮方面的研究一直处于较高的水平。早在20世纪80～90年代，北京、黄山等地在古树复壮的研究与实践方面就已取得较大的成果，抢救与复壮了不少古树。例如北京市园林科学研究所研究北京市公园、皇家园林中古松柏、古槐等生长衰弱的根本原因是土壤密实、营养及通气性不良、主要病虫害严重等原因导致，并针对这些原因进行了一些改善生长环境复壮措施，效果良好。

树龄较高、树势衰老属于古树名木的共同特点。因此而造成树体生理机能下降，根系吸收水分、养分的能力与新根再生的能力下降，树冠枝叶的生长速率也较缓慢，这种情况下，若遇外部环境的不适或剧烈变化，就会极易导致树体生长衰弱或死亡。所谓更新复壮，是指运用科学合理的养护管理技术，让原来衰弱的树体重新恢复正常生长，延缓其衰老进程。必须指出的是，古树名木更新复壮技术的应用是有一定前提的，它只是针对那些虽然年老体衰，对于仍在其生命极限之内的树体，还有已经达到正常寿限的古树则无法起到作用。

（1）改善地下环境　由于树木根系复壮是古树整体复壮的关键，所以对于一般因土壤密实、通气不良的古树，需首先采取改善地下环境的措施使其复壮。改善地下环境就是为了创造根系生长的适宜条件，提高土壤营养促进根系的再生与复壮，提高其吸收、合成和输导功能，同时为地上部分的复壮生长做好良好的基础准备。

① 土壤改良、埋条促根。许多古树根系范围土壤板结、通透性差。应在这些地方填埋适量的树枝、熟土等有机材料，以改善土壤的保水性、通气性以及肥力条件，同时也能起到截根再生复壮的作用。主要用放射沟埋条法和长沟埋条法。具体做法是：在树冠投影外侧挖放射状沟4～12条，每条沟长120cm左右，宽为40～70cm，深80cm。要先在沟内垫放10cm厚的松土，再把截成长40cm枝段的一部分作为营养物质的树枝缚成捆，平铺一层，每捆直径20cm左右，上撒少量松土。每沟施麻酱渣1kg、尿素50g，同时，为了补充磷肥应放少量动物骨头和贝壳等或拌入适量的饼肥、厩肥、磷肥、尿素及其他微量元素等。覆土10cm后放第二层树枝捆，最后覆土踏平。若树体相距较远，则通常采用长沟埋条，挖宽70～80cm，深80cm，长200cm左右的沟，再分层埋树条施肥、覆盖踏平。

还可以考虑采用更新土壤的办法。如北京市故宫园林科，从1962年起开始用换土的方法抢救古树，使老树复壮。位于皇极门内宁寿门外的一株古松，当时幼芽萎缩，叶片枯黄，似被火烧焦一般。工作人员在树冠投影范围内，对主根部位的土壤进行替换并随时将暴露出来的根用浸湿的草袋盖上，挖土深0.5m，以原来的旧土与沙土、腐叶土、锯末、粪肥、少量化肥混合均匀后填埋其中。在土壤替换半年之后，这株古松重新长出新梢，地下部分长出2～3cm的须根，表明复壮成功。至今，故宫里只要是经过换土的古松，均已返老还童，郁郁葱葱，生机勃勃。采用更新土壤的方式时，可同时深挖达4m的排水沟，下层垫以大卵石，中层填以碎石及粗沙，上面以细沙和园土覆平，以保证排水顺畅。

② 设置复壮沟、通气管和渗水井。城市及其公园中严重衰弱的古树，地下环境复杂，有些地方下部积水严重，有些甚至是污水，不利于树木生长。应用挖复壮沟、铺通气管和砌渗水井的方法，增加土壤的通透性，并将积水通过管道、渗井排出或用水泵抽出，方可使树木恢复生长。

复壮沟的位段往往在古树树冠投影外侧，一般要求挖掘沟深80～100cm，宽80～100cm，其长度与形状因地形而定，可以是直沟、半圆形或U字形沟。复壮沟内填物有复壮基质、各种树枝及其增补的营养元素，在回填处理时从地表往下纵向分层，表层为10cm厚原土，第二层为20cm厚的复壮基质，第三层为约10cm厚的树枝，第四层还是20cm厚的复壮基质，第五层是10cm厚的树枝，第六层为20cm厚的粗沙还有陶粒。

安置的管道通常是金属、陶土或塑料制品。一般管径10cm，管长80～100cm，管壁打孔，同时外围包棕片等物，以防堵塞。每棵树约置管道2～4根，垂直埋设，下端与复壮沟内的枝层相连，上部开口要有带孔的盖，以便于开启通气、施肥、灌水，同时又不会堵塞。

渗水井的构筑通常在复壮沟的一端或中间，深为1.3～1.7m、直径1.2m的井。井四周用砖垒砌而成，下部不用水泥勾缝，井口周围抹水泥，上面加铁盖。一般井比复壮沟深30～50cm，可以向四周渗水，所以可保证古树根系分布层内无积水。在雨季水大时，如不能尽快渗走，则应用水泵抽出。井底有时还应向下埋设80～100cm的渗漏管。

通过设置复壮沟、管道和渗水井，古树所在地下沟、井、管相连，形成一个非但可以通气排水，还能供给营养的复壮系统，为古树根系生长创造了优良的土壤条件，对古树的复壮与生长有利。

(2) 地面处理　要改变古树下的土壤表面受人为践踏的情况，使土壤能与外界保持正常的水汽交换，解决古树表层土壤存在的通气问题，可采用根基土壤铺梯形砖、带孔石板或种植地被的方法。一般在树下、林地人流密集的地方应加铺透气砖，铺砖时，下层用沙衬垫，砖与砖之间不勾缝，留足透气通道。在北京普遍采用石灰、沙子、锯末配制比例为1∶1∶0.5的材料为衬垫，在其他地方需要注意土壤pH值的变化，尽量不用石灰。大多数风景区采用铺带孔或有空花条纹的水泥砖或铺铁筛盖的方法处理古树的土壤表面，也能收到良好效果。在人流少的地方，还能种植苜蓿、白三叶等豆科植物或垂盆草、半支莲等地被植物，不仅可以改善土壤肥力，还能提高景观效果。

(3) 喷施或灌施生物混合制剂　对于古树，还能适当施用植物生长调节剂对其进行复壮。通常给根部及叶面施用一定浓度的植物生长调节剂，如将6-苄基腺嘌呤（6-BA）、激动素（KT）、玉米素（ZT）、赤霉素（GA3）及生长调节剂（2，4-D）等植物生长调节物质可用于古树复壮，具有延缓衰老的作用。据报道，对古圆柏、古侧柏则以“5406”细胞分裂素、农抗120、农丰菌、生物固氮肥相混合的生物混合剂的施放为主，对其进行叶面喷施和灌根处理，可明显促进古柏枝、叶与根系的生长，并增加了枝叶中叶绿素和磷的含量，也增强植物耐旱力。对古树施以植物生长调节剂和生物混合剂，应有理论依据且通过实践验证，其浓度要求应根据具体情况确定。

(4) 化学药剂疏花疏果　植物在缺乏营养或生长衰退时，会出现多花多果的现象，这是植物生长发育的自我调节。不过，大量结果也会造成植物营养失调，对古树来说，这种现象只要一出现会造成更为严重的后果。若采用药剂疏花疏果，一般能够降低古树的生殖生长，扩大营养生长量，恢复树势，可达到复壮的效果。

疏花疏果的关键在于疏花，一般在秋末、冬季或早春喷药进行疏花。一般国槐开花期喷施50mg/L萘乙酸加3000mg/L的西维因或200mg/L赤霉素，能够起到较好效果。对于侧柏与龙柏（或桧柏），若在秋末喷施，侧柏以400mg/L萘乙酸为好，龙柏以800mg/L萘乙酸为好，不过从经济角度出发，可喷施200mg/L萘乙酸，因为它对抑制二者第二年产生雌雄球花的效果也较为显著；若在春季喷施，一般800～1000mg/L萘乙酸、800mg/L 2,4-D、400～600mg/L吲哚丁酸最佳。若在春季对油松喷施，可采用400～1000mg/L萘乙酸。

（5）靠接小树复壮濒危古树　一些古树由于根系老化，更新能力差，造成生长衰弱。通过嫁接方法增加古树的新根数量，也是进行古树复壮的方式之一。研究表明，靠接小树复壮遭受严重机械损伤的古树，具有激发生理活性、诱发新叶、帮助复壮等作用。小树靠接技术主要是要掌握好实施的时期、刀口切及形成层的位置，实施时期除严冬、酷暑外都可以，且最好受创伤后能及时进行。实施时先把小树移栽到受伤大树旁并加强管理，促其成活。然后在靠接小树的同时，进行深耕、松土，可达到更好的效果。一般小树靠接治疗小面积树体创口，比桥接补伤效果更好，更稳妥，对于效果早日显现有所帮助。

第五章 绿篱、色带和色块的养护管理

第一节 概 述

一、绿篱、色带和色块的定义

绿篱是由灌木或小乔木以近距离的株行距密植，单行或双行排列组成的规则绿带，又叫植篱、生篱。常用的绿篱植物是黄杨、女贞、红叶小檗、龙柏、侧柏、木槿、黄刺梅、蔷薇、竹子等具萌芽力强、发枝力强、愈伤力强、耐修剪、耐阴力强、病虫害少的植物。色带和色块都是由绿篱进一步发展而成的（图 5-1）。

图 5-1 色带色块

色带是将各种观叶的彩叶树种（主要为小灌木）按照一定的排列方式组合在一起而形成的彩色的带状的篱。色带中常见的树种主要有金叶女贞、红叶小檗、黄杨和桧柏（绿色）等。

色块是由色带进一步变化而来的，主要用各种观叶的彩叶树种（主要为小灌木）组成具有一定意义的或具有一定装饰效果的图案或纹样，这些图案或纹样分有规则的圆形、长方形、正方形和椭圆形等几何形，以及自然形和由几何形变化而来的图形。色块的长宽比一般在（1∶1）～（1∶5）之间。色块无论大小，都各有其自身的艺术效果。一定要精心养护好这些景观篱，才能使其发挥自身的功效与价值。

二、绿篱的作用

在园林绿地中绿篱、色带和色块的功能丰富。一般具有以下几种作用。

(1) 用绿篱夹景，可强调主题，起到摒俗收佳的作用；

(2) 可作为花境、雕像、喷泉以及其他园林小品的背景；

(3) 可构成各种图案和纹样；也可结合地形、地势、山石、水池以及道路的自由曲线及曲面，运用灵活的种植方式和整形技术，构成高低起伏，绵延不断的绿地景观，具有极高的观赏价值；

(4) 可以隔离防护、防尘防噪、美化环境等。

三、绿篱的分类

绿篱应用广泛，其种类也相当多。常用的绿篱有以下两种分类方法及所分种类。

1. 根据绿篱的高度分

(1) 高绿篱　主要用于降低噪声、防尘、分隔空间，多为等距离栽植的灌木或小乔木，可单行或双行排列栽植。特点是植株较高，一般在1.5m以上，群体结构紧密，质感强，并有塑造地形、烘托景物、遮蔽视线的作用。

(2) 中绿篱　中绿篱在绿地建设中应用最广，高度不超过1.3m，宽度不超过1m，多为双行几何曲线栽植。中绿篱可起到分隔大景区的作用，达到组织游人、美化景观的目的。

(3) 矮绿篱　矮绿篱多用于小庭院，也可在大的园林空间中组字或构成图案。高度通常在0.4m以内，由矮小的植物带构成，游人视线可越过绿篱俯视园林中的花草景物。

2. 根据绿篱的观赏实用价值分

(1) 常绿篱　由常绿树组成，是最常用的类型。常用植物有松、柏、海桐、丁香、女贞、黄杨等。

(2) 花篱　由观花植物组成，为园林绿地中比较精美的绿篱，多应用在重点区域。常用植物有桂花、月季、迎春、木槿、绣线菊等。

(3) 观果篱　一些绿篱植物有果实，果熟时可以观赏，别具风格。常用植物有紫珠、枸骨、火棘等。

(4) 刺篱　在园林绿地中采用带刺植物作绿篱可起到防范作用，既经济又美观。常用植物有枸骨、枸杞、小檗等。

(5) 蔓篱　在园林或机关、学校中，为了能迅速达到防范或区分空间的作用，常常先建立格子竹篱、木栅围墙或是钢丝网篱，然后栽植藤本植物，使其攀缘于篱栅之上。常用植物有爬山虎、地锦等。

(6) 编篱　为了增强绿篱的防范作用，避免游人或动物穿行而把绿篱植物的枝条编结起来，制作成网状或格栅的形状。常用植物有木槿、雪柳、紫穗槐、杞柳等。

第二节　土肥水管理

一、土壤管理

1. 松土

绿篱种植后，土壤会逐渐板结，不利于植株根系的正常生长发育，以致影响萌发新梢、嫩叶。因此，必须进行松土。松土的时间和次数应根据土壤质地及板结情况而定，一般每月松土一次。松土时因绿篱多为密植型，为尽量减少伤害植株根系，首先要选择适当的工具，其次要耐心细致。

2. 培土

种植多年的绿篱，因地表径流侵蚀、浇灌水冲刷及鼠害等原因，根部土壤常出现凸凹、下陷、部分植株根系裸露等现象。这些现象既影响了植株生长，又破坏了美感，因此有必要进行培土。培土时要选用渗透性能好且无杂草种子的沙质壤土或壤土。培土量以达到护住根为宜，培土后同时辅于浇水湿透土壤。

3. 换土

对于质地差、受污染及过度板结的土壤可采取换土。换土方式有半换土和全换土。半换土即取出绿篱一侧旧土换填新土；全换土即将绿篱两侧土壤全部更换。换土应在秋季进行，这时是植株根系生长高峰，伤根易成活，容易发出新根。

换土过程中需掌握的几个主要环节：

(1) 挖取旧土时要防止因操作不当造成植株倒伏。取土到根部时，最好使用铁爪等工具，以不伤及植株根系为宜。

(2) 换填土要选用质地好、具有一定肥力的土壤。

(3) 换填时要做到即取即填，以免让植株根系过久暴露。

(4) 新土填入后要压实并浇透水，以促进根系与土壤结合。

(5) 换土后，土壤会出现一定程度的自然回落，这会导致个别植株倾斜，对此要注意观察加以扶正。

二、施肥管理

1. 施肥方式及施肥量

绿篱、色带和色块的施肥方式分基肥和追肥。一般施基肥在栽植前进行，需要肥料的种类为有机肥，包括植物残体、人畜粪尿和土杂肥等经腐熟而成的。有机肥可提高土壤孔隙度，使土壤疏松，有利于土壤积雪保墒，防止冬春土壤干旱，并可提高地温，减少根际冻害。施用量为1.05～2.0kg/m^2，具体操作是将有机肥均匀地撒于沟底部，使肥料与土壤混合均匀，然后再栽植。

追肥应该在2～3年后进行，因为绿篱、色带和色块栽植的密度较大，不易常常进行施肥。具体方法可分为根部追肥和叶面喷肥2种，根部追肥是将肥料撒于根部，然后与土掺和均匀，随后进行浇水，每次施混合肥的用量为100g/m^{2}左右，施化肥为50g/m^2。叶面施肥时，可以喷浓度为5%的氮肥尿素。使用有机肥时必须经过腐熟，使用化肥必须粉碎、施匀；施肥后应及时浇水。叶面喷肥宜在早晨或傍晚进行，也可结合喷药一起喷施。

2. 施肥时间

各地的情况不同，对绿篱、色带和色块施肥的时间也不同。一般来说，秋施基肥，有机质腐烂分解的时间较充分，可提高矿质化程度，第二年春天就能够及时供给树木吸收和利用，促进根系生长；春施基肥，肥效发挥较慢，早春不能及时供给根系吸收，到生长后期肥效才发挥作用，往往会造成新梢的2次生长，对植物生长发育不利。

三、灌水及排水

1. 灌水

在绿篱的养护过程中，足够的水分能使其长势优良。春季定植期间，风比较大，水分极易蒸发，为保证苗木成活，应定期浇水。一般3～5天一次，具体时间以下午或傍晚为宜，浇完水后待水渗入后亦应覆薄土一层。定植后每年的生长期都应及时灌水，最好采用围堰灌水法，在绿篱、色带和色块的周边筑埂围堰，在盘内灌水，围堰高度15～30cm，待水渗完以后，铲平围埂或不铲平，以备下次再用。浇灌时可用人工浇灌或机械浇灌，有时候也用滴灌。

对于冬春严寒干旱，降水量较少的地区，休眠期灌水十分必要。秋末冬初灌水（北京为11月上中旬），一般称为灌“冻水”或“封冻水”，可提高树木的越冬安全性，并可防止早春干旱，因此北方地区的这次灌水不可缺少。

2. 排水

对在水位过高、地势较低等不良环境下种植的绿篱要注意排水，尤其是雨季或多雨天。如果土壤水分过重、氧气不足，抑制了根系呼吸，容易引起根系腐烂，甚至整株植株死亡。对耐水力差的树种更要及时排水。绿篱的排水首先要改善排水设施，种植地要有排水沟（以暗沟为宜）。其次在雨季要对易积水的地段做到心中有数，勤观察，出现情况及时解决。

四、防寒管理

绿篱、色带和色块中的部分树木因寒冷天气而死亡是常有的事，特别是大（小）叶黄杨，经常出现栽植的第一年的春、夏、秋三季绿，冬季黄，第二年春季大面积死亡的现象。原因有苗源问题和栽植位置的问题，比如在我国，苗木的来源均为南方，在北方没有经过驯化就被使用，生长期间不能够适应北方的气候条件，所以被“冻死”；而当栽植位置处于风口处，冬季的严寒和多风会使其因缺水而被“抽死”。再就是灌冻水不及时，易在干旱的春季被“渴死”。

因此，苗木的防寒工作不可忽视，在选择好苗源的基础上，必须适时灌冻水。并且避免栽植在风口处。还有一种方法取得了较好的效果，就是冬季覆盖法，就是用彩条布将易受冻害的树木覆盖起来（图5-2）。时间不宜过早或过晚，应该结合当地气候条件来决定，最好在夜间温度为−5℃左右，或白天温度在5℃左右的时候。翌年春季要及时撤除覆盖物，以免苗木被捂。

图5-2 绿篱的防寒

第三节　修剪整形

绿篱、色带和色块的修剪整形至关重要，一方面能抑制植物顶端生长优势，促使腋芽萌发，侧枝生长，使整体丰满，利于加速成型。另外一方面还能满足设计欣赏效果，取得良好的景观价值。

一、修剪时间及次数

定植后的绿篱，应先让其自然生长一年，修剪过早，会影响地下根系的生长。从第二年开始按要求进行全面修剪。具体修剪时间主要根据树种确定。如果是常绿针叶树，因为新梢萌发较早，应在春末夏初完成第1次修剪。盛夏到来时，多数常绿针叶树的生长已基本停止，转入组织充实阶段，这时的绿篱树形可以保持很长一段时间。第2次全面修剪应在立秋以后，因为立秋以后，秋梢开始旺盛生长，在此时修剪，会使株丛在秋冬两季保持规整的形态，使伤口在严冬到来之前完全愈合。

如果是阔叶树种，在生长期中新梢都在加长生长，只在盛夏季节生长得比较缓慢，因此不能规定死板的修剪时间，春、夏、秋3季都可进行修剪。

如果是用花灌木栽植的绿篱，不会修剪得很规则，以自然式为主，通常在花谢以后进行修剪。这样做既可防止大量结实和新梢徒长而消耗养分，又可促进花芽分化，为翌年或下期开花做好准备。但要注意及时剪除枯死枝、病虫枝、徒长枝等影响观赏效果的枝条。

对于在整年中都要求保持规则式绿篱的理想树形，应随时根据它们的长势，把突出于树丛之外的枝条剪掉，不能任其自然生长，以满足绿篱造型的要求，使树膛内部的小枝越长越密，从而形成紧实的绿色篱体。

二、修剪原则及方法

1. 修剪原则

（1）按不同类型采取不同修剪方式　对整形式绿篱应尽可能使下部枝叶多见阳光，以免因过分荫蔽而枯萎，因而要使树冠下部宽阔，越向顶部越狭，通常以采用正梯形或馒头形为佳。对自然式植篱必须按不同树种的各自习性以及当地气候采取适当的调节树势和更新复壮措施。从小到大，多次修剪，线条流畅，按需成型。

（2）按其功能控制修剪高度　要让其起地域界限与地块分隔作用，就修剪50～120cm的中篱和50cm以下的矮篱；要让其起遮挡和防范功能，就修剪120～160cm的高篱和160cm以上的绿墙。

2. 修剪方法

绿篱修剪的方法主要是短截和疏枝。绿篱定植时栽植密度很大，苗木不可能带有很大的根团，为了保持其地上和地下部分的平衡，应对其主枝和侧枝进行重剪，一般将主枝截去1/3以上。第二年全面修剪时，最好不要使篱体上大下小，否则会给人以头重脚轻之感，下部的侧枝也会因长期得不到光照而稀疏。一般可剪成上部窄、下部宽的梯形，顶部宽度是基部宽度1/2至2/3。这样，下部枝叶能接受到较多的阳光。在修剪绿篱顶部的同时，一定不要忽视对两旁侧枝的修剪，这样才能使其整齐划一。一些道路两边的较长绿篱带，手动修剪往往会因为速度太慢而出现参差不齐的现象，可使用电动工具操作或专门的大型修剪机器进行修剪（图 5-3），不但可以节省体力和加快工作速度，而且易剪平剪齐。雨天时不宜修剪绿篱，因为雨水会弄湿伤口，使之不易愈合，且易感病害。修剪后也不宜马上喷水，以免伤口进水。短截与疏枝时，应注意两者结合，交替使用，以免因短截过多造成枝条密集，树冠内枯死枝、光腿枝大量出现，影响效果。

图 5-3　高速公路的绿篱修剪

三、修剪整形方式

组成绿篱色带和色块的植物种类不同，修剪的方式也不一样；另外，绿篱、色带和色块的立面和断面的形状也不尽相同，因此修剪时必须综合考虑。

1. 绿篱的整形方式

（1）自然式绿篱　就是不进行专门的整形，在成长的过程中仅作一般修剪，剔除老、枯、病枝，其他的任其自然生长。比如一些密植的小乔木，如果不进行规则式修剪，常长成自然式绿篱，因为栽植密度较大，侧枝相互拥挤、相互控制其生长，不会过分杂乱无章，但应选择生长较慢、萌芽力弱的树种。自然式绿篱多用于高篱或绿墙。

（2）半自然式绿篱　对这种类型的绿篱不进行特殊整形，但在一般修剪中，除剔除老枝、枯枝与病枝外，还要使绿篱保持一定的高度，下部枝叶茂密，使绿篱呈半自然生长状态。

（3）整形式绿篱　就是将篱体修剪成各种几何形体或装饰形体（图 5-4）。为了保持绿

图 5-4　整形式绿篱

篱应有的高度和平整而匀称的外形，应经常将突出轮廓线的新梢整平剪齐，并对两面的侧枝进行适当的修剪，以防分枝侧向伸展太远。修剪时最好不要使篱体上大下小，否则不但会给人以头重脚轻的感觉，而且会造成下部枝叶的枯死和脱落。在进行整体成型修剪时，为了使整个绿篱的高度和宽度均匀一致，应打桩拉线进行操作，以准确控制篱体的高度和宽度。

2. 整形式绿篱的配置形式与断面形状

绿篱的配置形式和断面形状可根据不同的条件而定。在确定篱体外形时，一方面应符合设计要求，另一方面还应与树种习性和立地条件相适应。通常多用直线形，但在园林中，为了特殊的需要，如便于安放坐椅和塑像等，也可栽植成各种曲线或几何图形。在整形修剪时，立面形体必须与平面配置形式相协调。根据绿篱横断面的形状可以分为以下几种形式。

(1) 方形　这种造型比较呆板，顶端容易积雪受压、变形，下部枝条也不易接受充足的阳光，以致部分枯死而稀疏。

(2) 梯形　这种篱体上窄下宽，有利于基部侧枝的生长和发育，不会因得不到阳光而枯死稀疏。篱体下部一般应比上部宽 15～25cm，而且东西向的绿篱北侧基部应更宽些，以弥补光照的不足。

(3) 圆顶形　这种绿篱适合在降雪量大的地区使用，便于积雪向地面滑落，防止篱体压弯变形。

(4) 柱形　这种绿篱需选用基部侧枝萌发力强的树种，要求中央主枝能通直向上生长，不扭曲，多用作背景屏障或防护围墙。

(5) 尖顶形　这种造型有 2 个坡面，适合宽度在 1m 以上的绿篱。绿篱的纵断面形状有长方式、波浪式、长城式等。

四、更新复壮与补植

1. 更新复壮

当绿篱衰老后，萌芽能力差，新梢生长势弱，年生长量很小，侧枝少，篱体就会空裸变形，失去观赏价值。因此，应该进行更新复壮。

(1) 绿篱衰老的原因

① 整枝修剪不当。绿篱内部枝叶过密，通风透光不良，特别是夏天，篱内温度湿度过高，造成霉烂病变等现象，枝干坏死，叶片脱落。

② 管理跟不上。浇水、施肥等日常养护管理做得不到位，植物生长必需的营养跟不上，造成绿篱生长不良，加速衰老。

③ 病虫害防治不及时。对病虫害的危害认识不深，不了解出现虫害用什么药；也有的是用药不当，力度不够，虫害控制不住而导致绿篱衰老。

④ 人为破坏。由于人为的破坏而导致绿篱的衰老速度加快。

(2) 更新复壮的时间及方法　进行更新复壮的时间应当适宜，阔叶树种可在秋末冬初进行，常绿树种可在 5 月下旬到 6 月底进行。更新所需要的时间一般为三年。第一年是疏除过多的老枝。这是因为绿篱经过多年生长，内部萌生了许多新主干，从而使主干密度增加。同时因每年短截新枝，促发了许多新枝条，造成整个绿篱内部不通风、不透光，特别处于里面的主干下部的叶片枯萎脱落，所以，应根据实际密度要求，疏除过多老主干，保留新主干，完善绿篱的生长环境。

平茬是更新常用的一种方法，主要针对萌发和再生能力强的阔叶树种。此法将绿篱从基部平茬，只留 4～5cm 的主干，其余全部剪去。一年之后侧芽大量萌发，重新形成绿篱的雏形，两年后恢复原貌。还有一种方法就是间伐，主要针对再生能力较弱的常绿针叶树种，它们不能采用平茬，只能通过间伐，加大植株行距，改造成非完全规整式绿篱。

2. 补植

如果绿篱因各种原因，而出现部分植株死亡或枝叶脱落等现象，必须进行补植。补植的时间一般在春季。补植的密度根据具体使用的功能、树种、苗木规格和栽植地带的宽度而定。一般情况下，矮篱和普通绿篱的株距为 30～50cm，行距为 40～60cm。双行补植时可用三角形交叉排列。

补植时，应对死苗或影响观赏的苗挖掉，然后根据原绿篱的高度、植物种类和宽度选择补植苗，补植苗应修剪到和原绿篱相同的高度。沟植法是常用的补植方法，沟深应比苗根深 30～40cm，补植后，及时浇水，次日扶正踩实。

第四节 绿篱、色带和色块病虫害防治

一、常见病害及其防治

绿篱、色带和色块的病害相对较少，最常见的是大叶黄杨褐斑病和金叶女贞叶斑病。

1. 大叶黄杨褐斑病

(1) 病症表现　主要侵染黄杨叶片，发病初期，叶片上出现黄色的小斑点，后变为褐色，并逐渐扩展成为近圆形或不规则形的病斑，直径为 5～10mm。发病后期，病斑变成灰褐色或灰白色，病斑边缘色深，病斑上有轮纹。再到后来，病斑可连接成片，严重时叶片发黄脱落，植株死亡。8～9 月份为发盛病期，并引起大量落叶。管理粗放、多雨、排水不畅、通风透光不良发病重，夏季炎热干旱、肥水不足、树势生长不良也会加重病害发生。

(2) 防治方法

① 加强肥水管理，增强植株的抗病能力。

② 及时清除枯枝、落叶等病残体，减少初侵染源。

③ 合理修剪，增强通风透光能力，提高植株抗性。

④ 在休眠期喷施 3 °Bé～5 °Bé的石硫合剂。发病初期喷洒 47%加瑞农可湿性粉剂 600～800 倍液、40%福星乳油 4000～6000 倍液、10%世高水分散粒剂 4000～6000 倍液、10%多抗霉素可湿性粉剂 1000～2000 倍液、6%乐比耕可湿性粉剂 1500～2000 倍液、70%甲基托布津可湿性粉剂 1000 倍液、75%百菌清可湿性粉剂 800 倍液。

2. 金叶女贞叶斑病

(1) 病症表现　发病叶片上产生近圆形的褐色病斑，常具轮纹，边缘外围常黄色。初期病斑较小，扩展后病斑直径 1cm 以上，有时病斑融合成不规则形。发病叶片极易从枝条上脱落，从而造成严重发病区域金叶女贞枝杆光秃的现象。病菌在病叶中越冬，由风雨传播。

(2) 防治方法　可参照大叶黄杨褐斑病。

二、常见虫害及其防治

绿篱、色带和色块中常见害虫有扁刺蛾、双斑锦天牛和卫矛矢尖蚧。

1. 双斑锦天牛

（1）形态特征　成虫栗褐色。头和前胸密被棕褐色绒毛。鞘翅密被淡灰色绒毛，每个鞘翅基部有1个圆形或近方形黑褐色斑，在翅中部有1个较宽的棕褐色斜斑，翅面上有稀疏小刻点。老熟幼虫圆筒形，浅黄白色。头部褐色，前胸背板有1个黄色近方形斑纹。一年发生一代，以幼虫在树木的根部越冬。卵产在离地面20cm以下粗枝杆上，产卵槽近长方形。

（2）危害特点　主要危害大叶黄杨、冬青、卫矛、狭叶十大功劳等。成虫羽化后，以咬食嫩枝皮层和叶脉作为补充营养，可造成被害枝上叶片枯萎。幼虫多在20cm以下的枝干内危害，形成弯曲不规则的虫道，严重时，可使枝干倒伏或死亡。

（3）防治方法

① 定期除草，清洁绿篱，尤其注意新栽植苗木是否带入该虫，一旦发现可人工拔除受害植株并将根茎处幼虫杀死。

② 成虫羽化期，可在树下寻找虫粪，看是否危害树干，寻找捕捉成虫，或利用成虫假死性，在树下放置白色薄膜，摇树捕捉成虫。

③ 可在成虫羽化初期至产卵期的5月份，用40%氧化乐果乳油1500倍液喷雾，树干及树下草丛必须喷湿；严重时，可用磷化锌毒毒杀幼虫。

2. 卫矛矢尖蚧

（1）形态特征　雌成虫介壳长梨形，前尖后宽，稍弯曲，长约1.7mm，暗褐色，背面有一不明显的中脊线。壳点2个，黄褐色，突出于头端。雄成虫介壳较狭长，长约1mm，白色；两侧平行，背面有3条脊线；壳点1个位于前端。一年发生2～3代，以受精雌成虫在寄主枝干上越冬。

（2）危害特点　主要危害大叶黄杨、卫矛等卫矛属植物，虫体寄生于茎、枝条和叶片上，严重者全株均布满虫体，以雌若虫群集吸食寄主汁液。致使植株枯死。

（3）防治方法

① 对过密枝条进行疏枝，剪除并烧毁以受害的枝叶。

② 在若虫孵化期，喷洒40.7%乐斯本800倍液、2.5%溴氰菊酯2000～3000倍液、10%吡虫啉可湿性粉剂2000～3000倍液、25%扑虱灵可湿性粉剂2000倍液和40%速扑杀乳油2000倍液等药剂。

③ 在休眠期喷洒5°Bé的石硫合剂，或在生长季喷洒3%的柴油乳剂。

第六章

垂直绿化与屋顶绿化的养护管理

第一节 垂直绿化的养护管理

垂直绿化，是指充分利用不同的立地条件，选择攀援植物及其他植物栽植并依附或者铺贴于各种构筑物及其他空间结构上的绿化方式。主要在墙面、坡面、栏杆、灯柱、假山、阳台和棚架等处进行绿化。垂直绿化占地少、投资小、绿化效益高，是园林绿地中一个重要的组成部分。

发展垂直绿化，不仅能够弥补平地绿化之不足，而且能丰富绿化层次，增加城市及景观建筑的艺术效果。除此之外，垂直绿化可减少墙面辐射热，增加空气湿度和滞尘，大大改善了城市的生态环境。要保证栽植在这些立体空间上的植物能够成活，且能够发挥其最大功效，就急需要我们采取一些合理的养护管理措施。

一、垂直绿化的植物种类及形式

1. 垂直绿化植物的种类

垂直绿化选用的植物种类很多，主要是攀缘、缠绕、攀附、钩刺类植物。

（1）攀缘类　通俗地说，就是能抓着东西爬的植物。在植物分类学中，并没有攀缘植物这一门类，这个称谓是人们对具有类似爬山虎这样生长形态的植物的形象叫法。如扁豆、丝瓜、茑萝、葛藤、铁线莲、葡萄、葫芦等。主要适用于篱墙、棚架和垂挂等。

（2）缠绕类　也称旋卷植物。指茎在支持物上，靠缠绕运动和侧向地性，以一定角度呈螺旋状缠绕而进行生长的植物。缠绕的方向取决于植物的种类。从正面看，有沿顺时针方向缠绕的称为右旋（如啤酒花、山草薢等）。与此相反的称为左旋（如菜豆、牵牛花、薯蓣等）。缠绕运动的方向与侧向地性的方向是一致的。另外还有紫藤、金银花，适用于栏杆、棚架等。

（3）攀附类　攀附类植物的触须末端生有吸盘，吸附在岩石或墙壁上进行攀援，岩石或墙壁就是它们的攀附物，它们在生长初期会向四方生长，一旦接触到岩壁类物体就沿着攀爬上去。还有如扶芳藤、常春藤等，适用于墙面。

（4）钩刺类　钩刺类植物，其生于植物体表面的向下弯曲的镰刀状枝刺，将植株钩附在其他物体上向上攀缘。如蔷薇、爬蔓月季、木香等。主要适用于篱墙、栏杆和棚架等。

2. 垂直绿化常见的形式

（1）附壁式　附壁式垂直绿化是指将藤本植物的蔓藤，沿墙面或灯柱上扩张生长，枝叶布满攀附物，形成绿墙和绿柱。一般选择生命力强的吸附类植物，以便在各种墙面上快速生长，如爬山虎、紫藤、凌霄、络石等都是首选。当然，墙面朝向不同，采用的植物材料也不同。通常，朝南、朝东的墙面光照较充足，应选择喜光、耐旱和适应性强的树种，如凌霄、木香、藤本月季等。而朝北和朝西的日照时间短，墙面温度低，较潮湿，应选择耐阴湿的植物，如地锦、常春藤、络石、扶芳藤等。

（2）篱垣式　篱垣式垂直绿化是借助于各种栅栏、篱笆、矮墙、铁丝网等构件生长并划隔空间区域的一种绿化形式。宜选用钩刺类和缠绕类植物，如藤本月季和蔷薇、香豌豆、牵牛等，使其爬满棚栏篱笆，必要时，将其加工整形成具有艺术性的几何形或动物图形，不仅起绿色围墙防护作用，还富于生动活泼的立体绿化效果。

（3）棚架式　棚架式垂直绿化，有时也叫花架式。通常在庭院、天井、公园内，用竹木、铁、混凝土构件等搭成各式棚架，将紫藤、木香、葡萄等牵引其上，任其布满棚架，即可形成各种形式的花繁果茂的绿色棚架。庭院里最简单的建筑就是棚架，它们不但起着遮蔽作用，而且还有分隔功能。

（4）框状式　框状式就是按门窗大小做成梯形架侧立两旁，上部用竹竿横置成一框，将植物引上，顺梯向上生长，布满门、窗四周。

（5）遮檐式　遮檐式是指在门窗两旁立竹竿，门窗顶部做一框架伸出，用蔓性植物布满后，形成绿色缀花的檐，夏日既能遮阴又能观赏，也不影响视线。

二、垂直绿化的日常养护管理

1. 施肥

（1）施肥时间　施基肥，应于秋季植株落叶后或春季发芽前进行；施用追肥，应在春季萌芽后至当年秋季进行，特别是6～8月雨水勤或浇水足时，应及时补充肥力。

（2）施肥方法　垂直绿化植物施肥的方法主要也是施基肥和追肥。基肥应使用有机肥，施用量宜为每延长米施0.5～1.0kg。追肥可分为根部追肥和叶面追肥两种，根部施肥又可分为密施和沟施两种。每两周一次，每次施混合肥每延长米100g施化肥为每延长米50g。叶面施肥时，对以观叶为主的攀缘植物可以喷浓度为5%的氮肥尿素，对以观花为主的攀缘植物喷浓度为1%的磷酸二氢钾。叶面喷肥宜每半月一次一般每年喷4～5次。

（3）注意事项　有机肥使用时必须经过腐熟，使用化肥必须粉碎、施匀；施用有机肥不应浅于40cm，化肥不应浅于10cm；施肥后应及时浇水。叶面喷肥宜在早晨或傍晚进行，也可结合喷药一并喷施。

2. 浇水

新栽的植株和近期移植的各类垂直绿化植物，应连续浇水，直到成活为止。栽植后在24h内必须浇足第一遍水，2～3天后应浇灌第二遍水，再隔5～7天后浇灌第三遍水。浇水时如遇跑水、下沉等情况，应随时填土补浇。

必须掌握好3～7月份植物生长关键时期的浇水量。做好冬初冻水的浇灌，以有利于防寒越冬。由于垂直绿化的植物根系浅、占地面积少，因此在土壤保水力差或天气干旱季节应适当增加浇水次数和浇水量。

3. 修剪整形

(1) 整形方法

① 棚架式整形。可先在近地面处重剪，促其发出数条强壮主蔓，然后诱引主蔓垂直生长，均匀分布侧蔓，很快便可成为阴棚。

② 凉廊式整形。不宜过早将植株引至廊顶，否则侧面易空虚。

③ 篱壁式整形。可将侧蔓进行水平引诱，每年对其进行短截，以形成整齐的篱垣形式。

④ 附壁式整形。只需将藤蔓引于墙面，使其自行逐渐布满墙面，一般不剪蔓。整形完成后，应适当对下垂枝和弱枝进行修剪，促进植物生长，防止因枝蔓过厚而脱落或引发病虫害。

(2) 修剪方法　对垂直绿化植物的修剪，主要是为了防止枝条脱离依附物，使植株通风透光，防止病虫害，达到整形过后的观赏效果。就使用的修剪方法来说，对于生长过旺的枝条应适当短截，控制其生长速度，并促进侧枝的生长；对于已经种植多年的攀缘类植物应进行适当间移，使植株正常生长，减少修剪量。

(3) 修剪时间　修剪在植株秋季落叶后和春季发芽前进行。剪掉多余枝条，减轻植株下垂的重量；为了整齐美观也可在任何季节随时修剪，但主要用于观花的种类，要在落花之后进行。间移应在植物的休眠期进行。

4. 牵引

垂直绿化植物的牵引应受到重视，最好设专人负责。尤其注意栽植初期的牵引，新植苗木发芽后应做好植株生长的引导工作，使其向指定的方向生长。牵引时，应依攀缘植物种类不同、时期不同，使用下列不同的方法。

(1) 斜支架式　用木棍或竹竿斜支到墙壁上，越过散水，植株通过支架，即可上墙，支架为15°～30°角，如角度过大，下部形成空当，即使顶端吸住墙壁，也易被风吹落。

(2) 直立架式　在散水的外侧直立木杆约3m高，在它上面搭横杆与墙面相接，杆与杆间用铁丝相连，形成棚架式通道，植株通过棚架爬上墙体，形成绿色长廊。

(3) 粘接附着物　对表面光滑的墙体用黏性较强的粘接剂，将钉有铁钉的木块按一定距离均匀地粘接在墙面上，并用铁丝或线绳连接起来，便于牵引，有效地解决攀缘植物的脱落现象。

5. 病虫害防治

垂直绿化植物的主要病虫害有：白粉病、蚜虫、螨类、叶蝉、天蛾、虎夜蛾、斑衣蜡蝉等。在防治上应贯彻“预防为主、综合防治”的方针。加强病虫情况检查，发现主要病虫害应及时进行防治。在防治方法上要因地、因树、因虫制宜，采用人工防治、物理防治、生物防治、化学防治等各种有效方法。

首先，栽植时应选择无病虫害的健壮苗，勿栽植过密，保持植株通风透光，防止或减少病虫发生。栽植后应加强攀缘植物的肥水管理，促使植株生长健壮，以增强抗病虫的能力。还应及时清理病虫落叶、杂草等，消灭病源虫源，防止病虫扩散、蔓延。

化学防治时，要根据不同病虫对症下药。喷洒药剂应均匀周到，应选用对天敌较安全，对环境污染轻的农药，既控制住主要病虫害的侵染，又注意保护天敌和环境。具体措施可参照第四章第五节园林树木病虫害防治。

第二节　屋顶绿化的养护管理

屋顶绿化是指在各类古今建筑物、构筑物、城围、桥梁（立交桥）等的屋顶、露台、天台、阳台或大型人工假山山体上进行造园和绿化。屋顶绿化与露地绿化最大的不同是它的种植土是人工合成堆筑，并不与自然大地土壤相连，最重要的是一切绿化材料都在建筑物或构筑物之上。

就目前城市境况而言，人口稠密，高楼成群，寸土难寻，绿化面积难以扩大。而屋顶绿化不需占用土地，不需增加建筑面积，却能有效提高绿化覆盖率，丰富城市绿貌，改善城市环境。屋顶绿化对于现代城市和人类有着不可忽视的现实意义。具体来说，可以增加单位区域面积中的绿化面积；改善城市环境面貌，保持生态平衡；缓解大气浮尘，净化空气；保温隔热，减少空调使用，节约能源；消弱城市噪声；美化环境等。

一、屋顶绿化植物的选择及设计形式

1. 屋顶绿化植物的选择

屋顶生态环境具有土层薄，土壤蓄水性能差，夏季气温高、风大、太阳辐射强，暴冷暴热，昼夜温差大等特点。所以，宜选用植株低矮的灌木、草坪、地被植物、攀缘植物和草本花卉等。植物具体选择时需要选择耐瘠薄、根系浅、抗逆能力强、喜光、常绿、耐修剪、耐移植、生长缓慢、养护要求低、适应粗放管理的植物。例如：

（1）灌木和小乔木　红枫、南天竹、紫薇、木槿、贴梗海棠、蜡梅、月季、玫瑰、山茶、桂花、牡丹、结香、八角金盘、金钟花、栀子、金丝桃、八仙花、迎春花、棣棠、石榴、六月雪等。

（2）草坪及地被植物　天鹅绒草、虎耳草、三叶草等。

（3）攀缘植物　常春藤、牵牛花、紫藤、木香、凌霄、蔓蔷薇、金银花、常绿油麻藤等。

（4）草本花卉　天竺葵、球根秋海棠、风信子、郁金香、菊花、金盏菊、石竹、一串红、旱金莲、凤仙花、鸡冠花、大丽花、金鱼草、雏菊、羽衣甘蓝、翠菊、千日红、含羞草、紫茉莉、虞美人、美人蕉、萱草、鸢尾、芍药等。

2. 屋顶绿化的设计形式

屋顶绿化的设计形式很多，主要依据屋顶绿化的荷载等级以及其他综合条件。

（1）花园型屋顶绿化　其荷载能力在500kg/m^{2}左右，对房屋的承重和防水要求很高，一般在建筑设计时就应考虑到屋顶绿化的承重能力。花园型屋顶绿化设施比较齐全，以植物造景为主，采用乔、灌、草结合的复层植物配植方式，可参照地面游园、庭院的布局，修建园亭、花架、山石、浅水池、园路、小桥等较重的构筑物。此类绿化形式同样可达到地面绿化的生态效益和景观效果。

（2）地毯型绿化　其荷载能力不超过100kg/m^2，承载力较弱，是事前没有绿化设计的超轻型屋顶，用浅土层覆盖屋顶（土壤厚度在10～20cm左右即可），栽植耐旱草坪、地被、灌木或可匍匐的攀缘植物进行地毯式屋顶绿化。

（3）花坛、棚架型绿化　其荷载能力在350～400kg/m^{2}左右，适用于具有一定承重能

力，可在屋顶的承重墙上修建棚架立柱、棚架种植槽和较浅的花坛，然后在花坛和种植槽内种植低矮灌木或攀缘植物。

（4）盆栽、盆景型绿化　其荷载能力不超过 $200kg/m^2$，适用于渗水条件相对较差的建筑屋顶，用轻型盆栽容器种植各种时令植物，再进行合理的布置，种植容器可大可小，可高可低，再定制高低不同的花架，形成层次分明，高低错落的盆栽植物景观，还可根据季节不同随时变化组合，形成一个小花园。也可用各种类型的盆景组成盆景观赏园。这种类型的屋顶绿化具有组合方便、简单安全、季节性强、管理方便等特点。

二、屋顶绿化的日常养护管理

屋顶绿化树木的养护管理与地面绿化树木的养护管理基本原则相同，但由于屋顶环境的特殊性，养护和管理还应做到以下几点。

1. 肥水管理

（1）施肥　屋顶绿化的养护具有特殊性，为了避免植物生长过旺而增加建筑物的荷载，导致维护成本的加大，应采取控制水肥的方法或生长抑制技术。但是，要使其发挥改善生态环境和美化环境的作用，还是要保证植物的健康生长。特别是屋顶绿化的土壤多为人工合成土，容积小，营养元素极易枯竭。因此应少施氮肥，多施缓释磷、钾肥，以增强植物抵抗逆境的能力为主，方式多采用叶面追肥，总体施肥量少，施肥次数少。在植物生长较差时，可在植物生长期内按照 $30\sim50g/m^2$ 的比例，每年施 1～2 次长效氮、磷、钾复合肥。

（2）灌溉与排水

① 屋顶绿化宜选择滴灌、微喷灌、渗灌等灌溉系统，既方便操作又经济节能。喷头的设计应当保证水分喷洒到所有树木生长的区域。也可根据需要配以手工浇灌，人工浇水最好以喷淋方式均匀浇灌。

② 屋顶绿化土层薄，加之日照好，风力大，植物蒸腾作用强烈，浇水量一定要控制好，以勤浇少浇为主。灌溉间隔一般控制在 10～15 天，也可根据不同种类和季节，适当增加灌溉次数。一天内的灌溉时间安排在上午十点之前和下午五点之后。方式多采用叶面喷洒，既可保持植物水分平衡，又降低温度。

③ 灌溉水分不应超过种植边界，不应超过屋面防水层在墙上的高度。

④ 种植层要设置 1%以上的坡度，避免土壤积水，出现烂根现象。定期检查屋顶排水系统，保证排水管道畅通，大雨、暴雨后要及时排涝。

2. 修剪整形

屋顶绿化植物的修剪与一般植物不同，主要以景观为主，而不是以高大茂盛为主。由于栽培基质较薄，根系较浅，为了防止植物过大过高造成的倒伏和减少对屋顶的荷载，除按照一般植物的修剪技术要求外，需要严格控制树木高度，及时疏剪和缩剪枝条，以缩小树冠，并控制其株高、形态和生长速度。

另外，适当进行断根处理，保持适宜根冠比及水分养分平衡，使树木须根增多，避免树木粗壮的直根系穿刺隔离层，破坏楼顶结构，保证屋顶绿化的防水性能和安全性能。

修剪后，及时清理枯枝落叶，减少建筑物荷载，并防止其堵塞排水孔，造成屋顶积水。

3. 其他养护管理措施

（1）补植　及时对缺失苗木进行补植，并根据季节，及时更换植物种类，以增加屋顶绿化的景观效果。

（2）培土 浇水和雨水的冲淋会使人造种植土流失，导致种植土厚度不足，一段时期后应适当培土，土壤来源和配制方法见前文屋顶绿化中栽培基质的配制及比例。对于根系过密过多重叠使之超过标高的，应采取局部换土的方法。

（3）防风固土 屋顶绿化栽植植物的土壤层薄，根系浅，且屋顶风力大。为防止植物倒伏，可采取支撑、牵引等方式对其进行固定，并定期对植物固定措施和周边护栏进行检查。并且在树木之间的空隙种植地被植物、覆盖草坪或铺撒约 3cm 厚的树皮屑、树皮纤维等覆盖材料，有效保护土壤，防止土壤表面干燥、飞散而造成水土流失和大气粉尘，还能抑制杂草生长。

（4）防寒越冬 应根据植物耐寒性的不同，采取搭风障、支防寒罩和包裹树干等措施进行防寒处理。使用材料应具备耐火、坚固和美观的特点。冬季下雪后，及时清除积雪减轻屋顶荷载。另外，对灌溉设施进行覆盖使其安全越冬。

（5）病虫害防治 屋顶绿化植物由于修剪次数比较频繁，树冠生长受限，所以，病虫害相对较少。一旦发现，应立即选择相应措施，将病虫害消灭在“点片”时期，并且应采用对环境无污染或污染较小的防治措施。

第七章

园林绿地的各种危害及防治

第一节 自然灾害及防治

对于园林绿地来说，来自自然的各种危害不可避免，要保证景观植物的健壮生长，必须做好保护措施。发生较频繁的自然灾害主要有低温、高温、雷击、风害等。

一、低温灾害及防治

低温灾害既可损伤景观植物的地上或地下组织与器官，又可改变景观植物与土壤的正常关系，它轻则降低景观植物的观赏价值及生长发育，重则导致景观植物的死亡。所以，低温灾害必须受到重视，发生前和发生后都应做到及时有效的防御和挽救措施。

1. 低温灾害的类型

（1）冻害　冻害是指景观植物受到0℃以下的气温时，细胞和组织受伤，甚至出现死亡的现象。具体来说是植物组织内部结冰引起，植物组织内形成冰晶后，随着温度的继续降低，冰晶不断扩大，致使细胞进一步失水，细胞液浓缩，细胞发生质壁分离现象。冻害对景观植物的引种威胁最大，直接影响到引种成败的关键。温度变化的特点、景观植物所处的位置、树种对冻害的敏感程度及同一树种的不同生长发育状况等都会影响景观植物遭受冻害的程度。在冷空气容易堆积的山谷洼地最容易发生冻害。遭遇冻害时，植物最易表现出的情况有以下几种。

① 冻裂。就是在气温低且气温变化剧烈的冬季，有的树木主干形成纵裂，树皮沿裂缝与木质部脱离，严重时还向外翻的现象（图7-1）。冻裂与温度的变化幅度、景观植物种类、树皮光滑程度以及景观植物栽植疏密程度等有关。如果温度起伏变动大，冻裂就容易发生。由于温度降低0℃以下冻结，使树干表层附近木细胞中的水分不断外渗，导致外层木质部的干燥、收缩。同时又由于木材的导热性差，内部的细胞仍然保持较高的温度和水分。因此，木材内外收缩不均引起巨大的张力，最终导致树干的纵向开裂。这种现象常常发生在夜间，随着温度的下降，裂缝还会增大。冻裂一般不会直接引起景观植物的死亡，但是由于树皮开裂，木质部失去保护，容易招致病虫，特别是木腐菌的危害，会造成树干的腐朽形成树洞。

不同的树发生冻裂的概率也是不同的，耐寒树种对温度的下降反应不敏感，不易发生冻裂，皮厚而粗糙的阔叶树，易发生冻裂。如孤立树、林缘树、行道树等因受阳光的强烈照

图 7-1　树干冻裂

射，昼夜温差过大，比林植树易发生冻裂；旺盛生长年龄阶段的景观植物比幼树或老龄树敏感。此外，生长在排水不良土壤上的景观植物也易受害。

② 冻拔。又称冻举。在纬度高的寒冷地区，当土壤含水量过高时，由于昼夜温差较大，当夜间温度在0℃以下，土壤冻结并与根系联为一体后，由于水结冰体积膨胀，使根系与土壤同时抬高。到气温回升解冻时，土壤下沉而植物留在原位造成植物根部裸露死亡。冻拔的发生与景观植物的年龄、扎根深浅、立地、土质等有很密切的关系。幼苗和新栽的景观植物由于根系浅，因此易受害；洼地上的冻拔害甚于山坡，阳坡、半阳坡的甚于阴坡、半阴坡；黏重湿润土尤易发生。

③ 溃疡。指低温导致树皮组织的局部坏死的现象。症状范围较小，一般只发生于树干、枝条或分杈位置。开始时，受冻部分微微变色下陷，挑开后皮部已经变为褐色，接着干枯死亡，皮部裂开脱落。这种现象主要发生在一个生长季后。

冻害程度与溃疡变色部位息息相关。在成熟枝条的各种组织中，形成层最抗寒，皮层次之，木质部、髓部最不抗寒。轻微冻害会使髓部变色，中等冻害时木质部变色，严重冻害时韧皮部会发生变色，接着枝条就会失去恢复能力。成熟度较差或抗寒性不好的枝条，冻害可能加重，特别枝条木质化程度低的部分更容易受到冻害。

景观植物根系由于受土壤保护，冬季冻害较少，但土壤一旦解冻，许多细小的根系就会遭到冻害。根系受冻后，一般变为褐色，皮层与木质部分离。根系受冻害程度受多方面条件的影响，一般粗根较细根耐寒；表层根系较深层根系受冻害重；疏松土壤由于温度变幅大，其中的根系比板结土壤根系受冻厉害。

(2) 霜害　霜害就是指植物在生长季由于温度急剧下降至0℃，甚至更低，空气中的饱和水汽与树体表面接触，凝结成冰晶，使幼嫩组织或器官受损的现象（图 7-2）。

图 7-2　霜冻

霜害有早霜和晚霜之分，其主要根据霜冻发生时间以及与景观植物生长的关系而定。早霜又称秋霜，由于秋季往往有异常寒潮袭击，而此时的植物小枝和芽都未及时成熟，木质化程度低，所以极易遭受秋霜冻的危害，严重时可导致大量的景观植物死亡。晚霜又称倒春寒，当景观植物萌动以后，气温突然下降至0℃或更低，导致阔叶树的嫩枝、叶片萎蔫，变黑和死亡，针叶树的叶片变红和脱落。在北方，晚霜较早霜具有更大的危害性。一般，从萌芽至开花期，抗寒力越来越弱，甚至在极短的低温下也会给幼嫩组织带来致命的伤害。不同树种在花蕾期、开花期和幼果期的受霜冻临界温度也是不同的，具体可参照表7-1。

表7-1 树木物候期与受冻临界温度 单位：℃

树种	花蕾期	开花期	幼果期
苹果	−3.8(−2.8)	−2.2(−1.7)	−1.6(−1.1)
洋梨	−3.8(−2.2)	−2.2(−1.7)	−1.1(−1.7)
桃	−3.8(−1.7)	−2.7(−1.1)	−1.1(−1.1)
杏	−3.9(−1.1)	−2.2(−0.6)	−6(0)
李	−5.0(−1.1)	−2.7(−0.6)	−1.1(−0.6)
西洋樱桃	−2.2(−1.7)	−2.2(−1.1)	−1.1(−1.1)
葡萄	−1.1(−0.6)	−0.5(−0.6)	−0.5(−1.1)
核桃	−1.1	−1.1	−1.1
梅	−3.8	−2.2	−1.1

霜冻发生的程度受多方面条件的影响，春天，当低温出现的时间推迟时，新梢生长量较大，伤害最严重。生长在低洼地或山谷的景观植物比生长在较高处的景观植物受害严重。不同树种对霜冻的敏感性也不同，如黄杨、火棘和朴树等，当早春的温暖天气使其过早萌发，就会使景观植物易遭寒潮和夜间低温的伤害。同一树种不同的发育阶段及其不同器官和组织，抗寒的能力有很大差别。景观植物在生殖阶段的抗寒性最弱，营养生长阶段次之，休眠期最强。茎、叶、花对低温的敏感性以花最易受冻害，其次为叶，最后是茎。

(3) 冻旱 在寒冷地区，由于冬季土壤结冻，景观植物根系不能从土壤中吸收水分，但是景观植物地上部分的枝、芽、叶痕及常绿景观植物的叶子仍不断进行着蒸腾作用，水分不断地散失，一段时间后，植物的水分代谢失衡，导致细胞死亡，枝条干枯，甚至整个植株死亡。这种因土壤冻结而发生的生理性干旱的现象叫冻旱。一般情况下，冬季气温低，枝叶蒸腾量小，生理干旱危害较轻；初春气温回暖快，地上部分萌动后蒸腾作用增强，枝条易干枯，甚至整个植株死亡，危害较严重。常绿景观植物由于叶片的存在，遭受冻旱的可能性较大，常绿阔叶树叶尖和叶缘焦枯，叶片趋于褐色。常绿针叶树尖端向下逐渐变褐，顶芽易碎，小枝易折断。

(4) 寒害 主要指热带、亚热带植物在冬季生育期间温度不低于0℃时，因气温降低引起植物生理机能障碍，甚至死亡的一种灾害。我国华南地区冬季时，常遭受冷空气影响，造成强烈降温，当环境温度低于景观植物进行正常生理活动所能忍耐的最低温度时，就会造成景观植物酶系统的紊乱，影响光合作用暗反应的进行。寒害轻则部分枝条受害，重则全株死亡。树种不同，所耐低温不同，如橡胶树等在温度低于5℃时即可出现不同程度的寒害。寒害的发生还与景观植物所处的位置有关，如路灯下的园林植物，由于灯光延长的光照，使路灯下的植物处在长日照条件，脱落酸合成少，不能及时进入休眠，因此易受寒害。

2. 园林绿地低温灾害发生的原因

发生低温灾害时，首先应多方面观察与分析，找出植物受害的原因，然后采取有效措施。景观植物低温灾害发生的因素很复杂，从内因来说，与植物种类、植物年龄、生长势、当年枝条的成熟度及枝条休眠有密切关系；从外因来说，与气象、地势、坡向、水体、土壤、栽培管理等因素分不开。以下进行具体的讲述。

（1）抗寒性与植物种类的关系　不同的景观植物种类，其抗冻能力是不同的。如樟子松比油松抗冻，油松比马尾松抗冻。同是梨属的秋子梨比白梨和沙梨抗冻。一般原产于北方的植物种类比原产于南方的抗冻能力强，原产于高海拔地区的比原产于低海拔地区的抗冻能力强。

（2）抗寒性与组织器官的关系　同一种植物的不同器官，以及同一枝条的不同组织，对低温的承受力不同。新梢、根颈、花芽抗寒力弱，叶芽形成层抗寒力强，皮层次之，木质部、髓部抗寒力最弱。抗寒力弱的器官和组织，极易受低温危害。

（3）抗寒性与枝条成熟度的关系　木质化程度高，含水量降低，细胞液浓度增加，积累淀粉多，枝条的成熟度就高。枝条越成熟其抗寒性越强。在低温来临之际，还未停止生长的植物，即枝条还未成熟的植物，极易遭受低温灾害。

（4）抗寒性与枝条休眠的关系　通常处在休眠状态的植株抗寒力强，植株休眠越深，抗寒力越强。枝条及时停止生长，进入休眠，就不容易受到过早来临的低温威胁。如果枝条不能及时停止生长，低温骤降，枝条因组织不充实，又没经过抗寒锻炼，就会受害。解除休眠早的植物受早春低温威胁大，解除休眠晚的，可避开早春低温威胁。

（5）低温来临的状况与低温危害的发生有很大关系　当低温到来的时期早并且突然时，在没有采取防寒措施时，很容易发生冻害。此外，树木受低温影响后，如果温度急剧回升，则比缓慢回升受害严重。

（6）栽培管理方式与低温灾害发生的关系　如果不耐寒的植物在秋季栽植而不是春季栽植，并且栽植技术不到位，冬季就很容易遭受冻害；同一品种的实生苗比嫁接苗耐寒，因为实生苗根系发达，根深抗寒力强，同时实生苗可塑性强，适应性就强；不同的砧木，其抗寒性也不同，桃树在北方以山桃为砧木，在南方以毛桃为砧木，因为山桃的抗寒性比毛桃强；施肥不足的比肥料施得很足的抗寒性差，因为施肥不足，植株长得不充实，营养积累少，抗寒力就低；植物遭受病虫危害时容易发生低温危害，而且病虫危害越严重，低温危害也就越严重。

（7）地势与坡向与低温灾害发生的关系　地势与坡向不同，温度的差异也不同。一般说来，纬度越高，无霜期越短。在同一纬度上，我国西部大陆性气候明显，无霜期较东部短，受霜害的威胁也较大；在同一地区海拔越高，无霜期越短。坡地较洼地、南坡较北坡受霜冻轻。

（8）水体与低温灾害发生的关系　水体对低温危害发生的影响，在同一地区位于水源较近的树木比离水远的受害轻，因为水的热容量大，白天水体吸收大量热，到晚上周围空气温度比水温低时，水体又向外放出热量，因而使周围空气温度升高。例如，江苏东山山北面的柑橘每年一般不发生冻害的其中一个原因就是离太湖很近。

3. 低温灾害的防治

近年来，低温灾害在我国发生的频率是越来越高，对景观植物的威胁相当大，严重影响景观的观赏效果。因此，必须对诸多景观植物进行防寒措施，减少低温灾害的发生，使其发挥最大功效。主要措施如下：

(1) 适地适树，选择抗寒的树种、品种　根据本地区的温度条件选择适合当地的树种，尽可能栽植在当地抗寒力强的树种和品种，在小气候条件好的地方种植边缘树种。这是防寒最根本而有效的方法。当需要引进新的树种时，一定要经过试种，才能推广。另外，利用抗寒力强的砧木进行高接也可以减轻树木的冻害，目前在寒冷地区已经广泛推广。

(2) 加强栽培管理，提高景观植物抗寒性　加强栽培管理，有助于贮备植物体内的营养物质，使植物健壮生长，增强抵抗力。春季加强肥水供应，可以促进新梢生长和叶片增大，提高光合效能，增加营养物质的积累，保证树体健壮。景观植物生长后期适当控制灌水，及时排水，适量施用磷、钾肥，勤锄深耕，可促使枝条及早结束生长，有利于组织充实，延长营养物质积累的时间，提高木质化程度，增加景观植物的抗寒性能。正确的松土施肥，不但可以增加根量，而且可以促进根系深扎土壤，有助于减少低温灾害。

此外，夏季适时摘心，促进枝条成熟；冬季修剪，减少蒸腾面积以及人工落叶等，均对预防低温伤害有良好的效果。同时在整个生长期中必须加强病虫害的防治。

(3) 加强树体保护，减少低温危害　对景观植物的自身防寒保护可有多种措施可供选择，不同的种类和不同的条件可以选择不同的方法。以下为常见用保护措施。

① 灌溉法。有灌“冻水”和浇“春水”两种常用措施，晚秋景观植物进入休眠期到土地封冻前，灌足一次冻水。灌冻水的时间不宜过早，掌握在霜降以后，小雪之前。一般以“日化夜冻”期间灌水最为适宜，这样土壤封冻以后，树根周围就会形成冻土层，使景观植物根部温度能够保持相对稳定，不会因外界温度骤然变化而使植物受害。最好冻水灌完后结合封堰，在树根部培起直径 80～100cm，高 30～50cm 的土堰，防止冻伤树根。早春土壤解冻后，开始浇灌“春水”，常常使土壤保持湿润，有效地降低土温，能够延迟花芽萌动与开花，避免晚霜危害。

② 覆土、培土堆法。树木根颈部对低温袭击最为敏感，所以在冬季宜采用覆土、培土法，保护根颈部及根系。一般在 11 月中、下旬，土地封冻以前，可将枝干柔软、树身不高的乔灌木压倒固定，盖一层干树叶（或不盖），覆细土 40～50cm，轻轻拍实（图 7-3）。这样不仅可防冻，还能保持枝干湿度，防止枯梢。多适用于耐寒性差的树苗和藤本植物，如月季、葡萄、牡丹等。对不便压弯覆土防寒的植株，可在土壤封冻前，在树木的根颈部培高 30～40cm 的土堆（图 7-4）。用于反射和累积热量使穴土提早化冻，减少土壤的水分蒸发，

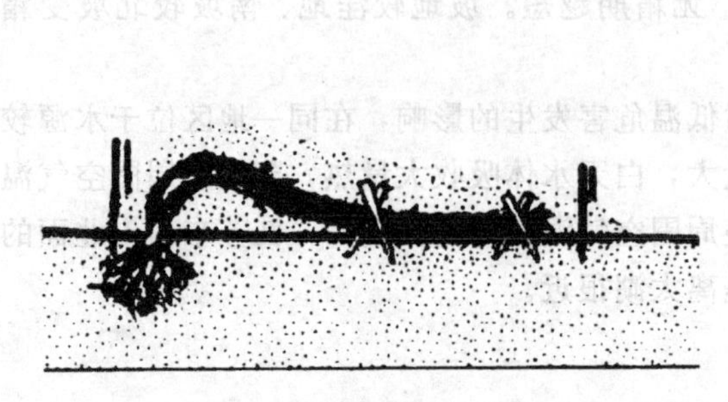

图 7-3　树木覆土防寒法

图 7-4　树木根颈部培土法

使根系提早吸水和生长，可避免冻旱的发生。

③ 树干保护法。有包裹树体的方法，即在寒流到来前，用稻草绳缠绕主干、主枝，或用草捆好树干，进行包裹御寒，在其外表覆一塑料薄膜则效果更佳（图 7-5）。这种方法应在晚霜后拆除，不宜拖延。还有枝干涂白或喷白法（图 7-6），此法可以减少温差骤变的危害，还能杀死一些越冬病虫害。所使用的材料通常为石灰加石硫合剂，为黏着牢固可适量加盐。

图 7-5　树干缠绳覆膜包裹法

图 7-6　树干涂白法

④ 搭设风障法。为减低寒冷、干燥的冷风吹袭造成树木枝条的伤害，可以在风向上方架设风障，如风向不易确定或有多个风向，可用风障围住树木（图 7-7）。风障的材料多用草帘、芦席等，风障高度要超过树高，用木棍、竹竿等支撑牢固，以防大风吹倒。对一些植株比较矮小珍贵的露地花卉，也可采用扣筐、扣盆等方法进行防护。

图 7-7　搭设风障法

⑤ 熏烟法。熏烟法是我国 1400 年前就已经发明的有效防霜方法。因简单易行，现在还广泛使用。具体操作是：根据天气预报，事先在地上每隔一定距离设置一个发烟堆，烟堆大

小一般不高于 1m，发烟堆可用秸秆、野草、锯末等材料，放置后，外面覆上一层土，中间插上木棒，在即将发生霜冻的凌晨及时点火发烟。发烟形成的烟幕能减少土壤热量的辐射散发，同时烟粒吸收湿气，使水汽凝成水滴放出热量，提高了地表温度，保护树体。但是在多风或降温到−3℃以下时，效果不好。

⑥ 喷水法。利用人工降雨或喷雾设备在即将发生霜冻的黎明，向树冠上喷水，可以防止霜冻危害。因为据实验证明，1m³ 的水温度降低 1℃，可使相应的 3300 倍体积的空气温度升高 1℃。所以，喷到植物上的水温比周围的气温要高，能放出很多热量，提高周围空气的温度，同时还增加了近地地表层的空气湿度，减少地面辐射热的散失，起到防霜的作用。此法虽对设备条件的要求高，但随着我国喷灌的发展，喷水法依旧被使用。

(4) 加强已受冻植物的养护管理　受冻后景观植物的输导组织受树脂状物质的淤塞，导致根的吸收、输导及叶的蒸腾、光合作用以及景观植物的生长等均遭到破坏，为了使受低温伤害的树体尽快恢复生机，应采取适当的措施。对受冻植物要晚剪或轻剪，给枝条充足的恢复时期，明显受冻枯死的部分应剪除；要保证受冻后恢复生长的植物的肥水供应，补足养分，必要时还可喷洒蒸腾抑制剂或增施植物保暖肥。植物保暖肥又称植物旱冻营养膜制剂，增施植物保暖肥可有效缓解植物因冻、旱引起的生理性病害。

二、高温灾害及防治

高温灾害是指景观植物在异常高温影响下，造成酶功能失调，核酸和蛋白质的代谢受干扰，可溶性含氮化合物在细胞内大量积累，并形成有毒的分解产物，最终导致细胞死亡的一种灾害。一般仲夏和初秋最常见，当气温达到 35～40℃时，高温破坏其光合作用和呼吸作用的平衡，使呼吸作用加强，而光合作用减弱甚至停滞，养分的消耗大于积累，使植物处于“饥饿”状态难以继续生长。当温度达到 45℃以上时，能使植物细胞内的蛋白质凝固变性而死亡。应及时了解气温变化，在高温到来时进行有效防御措施。

1. 高温灾害的类型

(1) 日灼类伤害　日灼又叫日烧，是由太阳辐射热引起的生理病害，夏秋高温干旱季节，日光直射裸露的果树枝干和果实，使表面温度达 40℃以上时，致使树体温度难以调节，造成枝干的皮层或其他器官表面的局部温度过高，皮层组织或器官溃伤、干枯。严重时，受日灼伤害的枝干或叶片脱落，或干裂，果实表皮先变白呈水烫状斑块，继而褐变至果实开裂或干枯。冬季幼树枝干的日灼，与树皮温度剧变、冻融交替有关，因此都发生在向阳面的枝、干上。日灼危害对于景观植物的外部表现有以下几种。

① 皮烧（图 7-8）。又称皮焦。树皮灼伤与树木种类、年龄及其位置有关。多发生于树皮光滑的成年树上，如冷杉、云杉等。一般向阳的林缘木，其树干由于太阳辐射强烈，局部温度过高而较易发生皮烧现象。景观植物受害后，形成层和树皮组织局部死亡，树皮呈现斑点状或片状脱落，甚至造成植株死亡。

② 根颈灼烧。又称干切，是指土壤表面温度过高，灼烧幼苗根颈的现象。当强烈的太阳辐射使地表温度达 40℃以上时，幼苗皮层组织嫩弱容易受害。受害的根颈有一个几毫米宽的环带，一般称为灼环，里面的输导组织和形成层因高温灼烧致死，灼烧部位分布在土表下 2mm 至土表上 2～3mm 之间。一般认为松科和柏科树木容易在土表温度超过 40℃时

受害。

图 7-8　皮烧

图 7-9　叶焦

③ 叶焦（图 7-9）。即嫩叶、嫩枝烧焦变褐，由于叶片受强光照射下的高温影响，叶脉之间或叶片边缘变成褐色星散分布的区域，且很不规整。当大部分叶片出现这种现象时，整个树冠表现出干枯景象。

（2）代谢类伤害　主要表现在呼吸加速和水分平衡失调。当植物在达到临界高温以后，光合作用开始迅速降低，呼吸作用继续增加，消耗了本来可以用于生长的大量碳水化合物，使生长下降。高温引起蒸腾速率的提高，也间接降低了植物的生长和加重了对植物的伤害。干热风的袭击和干旱期的延长，蒸腾失水过多，根系吸水量减少，造成叶片萎蔫，气孔关闭，光合速率进一步降低。严重时，导致叶片或新梢枯死或整个植株死亡。

2. 高温灾害的防治措施

根据景观植物耐高温能力的不同，以及高温对植物伤害的规律，选择相应的方法抵抗高温灾害。

（1）选择耐高温的树种以及树种的合理配置　根据绿化地的条件，选择适合当地温度条件的树种或品种栽培。比如原产热带的景观植物耐热能力远强于产于温带和寒带的景观植物。所以要在温暖地区引种时要进行抗性锻炼和区域试验。如逐步疏开树冠和遮阴树，以便逐渐适应强光和高温环境。在树林中，树种若进行了合理配置，则可以避免灼伤，一般将怕灼伤的阴性树与耐灼伤的阳性树混交搭配，可保护阴性树。

（2）加强景观植物的科学管理　在移栽时，尽量保持植株较完整的根系，让土壤与根系密切接触，以便顺利吸水。在整形修剪时，适当降低主干高度，多留向阳面的辅养枝，避免枝干裸露，以改善树体结构；干旱季节，应适时灌水，保证叶片正常进行蒸腾作用；另外，及时增加磷钾肥的施入；防治病虫危害。

（3）树体的外部防高温保护　最常用的是树干涂白，树干涂白可以反射阳光，缓和树皮温度的剧变，对减轻日灼有明显的作用。涂白剂的配方为：72%的水、22%的生石灰、3%的石硫合剂和食盐，将其混合均匀即可涂刷。也可以对树干进行缚草、涂泥、搭建阴棚等防止日灼。

对于已经遭受高温伤害的景观植物应及时进行修剪。皮焦区域进行割除、消毒、涂漆，甚至进行桥接或靠接修补。同时加强水肥管理，促使其尽早恢复生活力。

三、风害及防治

一些具有多风、强风的地区，特别是沿海和北方的冬季及其早春，景观植物常常会出现偏冠和偏心现象，这是风害所致。偏冠会给植物整形修剪带来困难，影响景观植物功能作用的发挥。偏心的植物易遭受冻害和日灼，影响植物的正常生长发育。严重时，使树木枝梢抽干枯死或是将新梢嫩叶吹焦，吹干柱头，不利于授粉受精，并缩短花期。

夏秋季，我国东南沿海地区的台风对园林树木的影响非常大，常使枝叶折损，果实脱落，甚至大枝折断，全树吹倒，即使将吹倒的树木及时扶起，也不能恢复到原来的状态，严重影响树木的生长与发育，更有碍于观赏。不仅如此，还会造成经济损失，例如江浙一带的桃树、梨树，广东沿海的香蕉、荔枝、柑橘等，常因风害而减产，甚至全年无收成。

1. 影响风害形成的因素

（1）风向、地势以及土壤质地　如果风向与街道的走向平行，风力聚集成风口，风压迅速增加，行道树及路旁的植物所受的风害会随之加大。

园林绿地的局部地势低洼，雨后积水，排水不畅，造成土壤松软，一遇大风，风害就很容易发生。

如果园林绿地的土质偏沙，或者是煤渣土、石砾土等疏松薄土，抗风力差，则风害就极易发生；如果是壤土或偏黏土等紧实厚土则抗风性强，风害小。

（2）树种特性与风害的关系　一般来说，根系浅、树干高、树冠大、枝叶密的树种，其抗风力比较弱，如刺槐、悬铃木、加杨等。相反，根系深、树体矮、树冠小、枝叶稀疏而坚韧的树种抗风力比较强，如垂柳、乌桕等。从枝条组织构造和健壮程度上看，髓心大，机械组织不发达，生长又很迅速，枝叶茂密的树种，受风害较重。一些受蛀干虫害的枝干最易发生风折，健壮的树木在一般情况下遭受风害相对要少得多。

（3）景观植物栽植养护技术与风害的关系　苗木栽植时，特别是移植大树，如果根盘起得小，则因树身大而重，易遭风害；栽植时，要注意树木的株行距，株行距不可过小，如果过小就会留给树木根系生长发育的空间很小，致使根系生长发育不好，再加上其他养护管理措施不及时合理，则风害会显著增加；在多风地区，还应注意适当加大种植穴，如果种植穴过小，树木会因根系不舒展，生长发育不好，重心不稳，风害易发生。不合理的修剪也会加大风害，比如对树冠的下半部进行修剪，而对树冠中上部的枝叶不进行修剪，其结果增强了树木的顶端优势和枝叶量，使树木的高度、冠幅与根系分布不相均衡适应，头重脚轻，很容易遭受风害。

2. 风害的防治措施

（1）改善景观植物生长地环境　对地势低洼的地方及时排水，避免形成积水，使土壤松软；改良栽植地的土壤质地，对偏沙土质的地方进行培土、换土，及时施肥，或是选择黏性土壤；在风大的地方，对景观植物立支柱或采用钢绞线斜拉进行防风固定。

（2）选择抗风力强的树种　对景观植物进行规划设计时，须考虑在风口、风道等易遭风害的地方选择深根性、耐水湿、抗风力强的树种，如枫杨、无患子、香樟、枫香、柳树、悬铃木、乌桕等。株行距要适度，采用低干矮冠整形。此外，要根据当地特点，建立防护林或风障，尽可能地降低风速，免受损失。

（3）科学合理的栽培养护管理　苗木移栽时，必须按规定要求起苗，绝不能使盘根小于规定的尺寸，移栽大树时，要立支柱，以免树身吹歪；在多风地区栽植，采取大穴换土，适当深栽；合理修枝整形，使树冠不偏斜，冠幅体量不过大，叶幕层不过高和避免V形杈的形成；定植后立即立支柱对结果多的树及早吊枝或顶枝，减少落果；对幼树、名贵树种可设置风障等。另外，对不合理的违章建筑要令其拆除，绝不能在树木生长地形成狭管效应，防止大树倒伏。

（4）对已遭受风害的景观植物的及时护理　应根据受害情况，及时维护已受大风危害的而造成折枝、损坏树冠或被风刮倒的树木。可对风倒树及时顺势扶正，折断的根加以修剪填土压实，进行馒头形培土（图7-10），修去部分或大部分枝条，并立支柱（图7-11）。对裂枝要捆紧基部伤面，涂药膏促其愈合，及时顶起或吊起，同时加强肥水管理，促进树势的恢复。对已经无法补救的可以直接清除，秋后重新栽植新株。

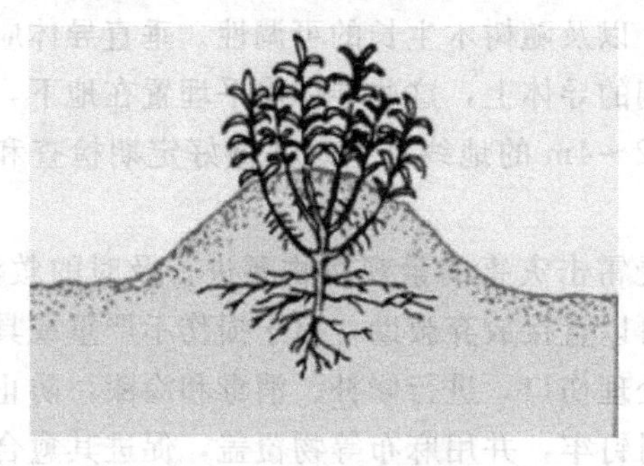

图7-10　馒头形培土

图7-11　三角支柱

四、雷击灾害及防治

1. 雷击灾害的表现

景观植物遭受雷击后，木质部和表皮可能会被完全破碎或烧毁，内部组织可能被严重灼伤而无外部症状，部分或全部根系可能致死。常绿树（特别是云杉、铁杉等）上部枝干可能全部死亡，而较低部分不受影响。在群状配置的树木中，直接遭雷击者的周围植株及其附近的禾草类和其他植被也可能死亡。

一般情况下，超过1370℃的“热闪电”将使整棵树燃起火焰，而“冷闪电”则以3200km/s的速度冲击树木，使之炸裂（图7-12）。有时两种类型的闪电都不会损害树木的外貌，但数月以后，由于根和内部组织被烧而造成整棵树木的死亡。

2. 影响雷击灾害的因素

景观植物遭受雷击的次数、类型和程度差异极大，而且与植物种类及其含水量有关。例如树体高大，生长在空旷的地方，生长在湿润土壤以及沿水体附近生长的树木最易遭受雷击。乔木树种不易遭受雷击，如水青冈、桦木和七叶树等。这些树对雷击的敏感度低，其原因尚不明确，但已有研究成果认为与树木组织结构和油脂含量高有关，油脂是电的不良导体；而银杏、皂荚、榆树、槭树、栎树、松树、杨树、云杉和美国鹅掌楸等较易遭受雷击，原因是淀粉含量高，是电的良导体。

3. 雷击灾害的防治措施

（1）装置避雷器，预防雷击　对于容易遭受雷击的植物，特别是高大珍稀的古木，以及

图 7-12 受“冷闪电”冲击的树木

具有特殊价值的树木，应尽早安装避雷器以消除雷击伤害的危险。安装在树木上的避雷器必须采用柔韧的电缆，并要考虑树干与枝条的摇摆，以及随树木生长的可调性。垂直导体应沿树干进行固定，导线接地端应连接在几个辐射排列的导体上，这些导体水平埋置在地下，并延伸到根区以外，再分别连接在垂直打入地下长 2～4m 的地线杆上。并做好定期检查和调整避雷系统，及时将上端延伸至新梢以上。

(2) 对已遭受雷击植物的养护管理　对于遭受雷击灾害的景观植物要进行及时的救治，首先要仔细检查其伤口，对于没有恢复希望的，可以直接放弃救助，对于损伤不严重或具有特殊价值的景观植物应立即采取措施治疗。及时处理伤口，进行修补、消毒和涂漆，防止雨水浸泡腐烂滋生病虫害；撕裂或翘起的边材应及时钉牢，并用麻布等物覆盖，促进其愈合和生长；劈裂的大枝要复位加固，并进行合理修剪；在植物根区应施用速效肥，促进其恢复生长。

五、涝害及防治

涝害，即是植物水分过多造成的危害。我国各地降水不均，南多北少，东多西少，北方降水多集中于 6～8 月，南方集中于 4～9 月。一到雨季，大雨极易积水成灾，所以要避免低洼地或地下水位高的地段排水不良而使景观植物被淹。植物被淹后，轻者早期出现黄叶、落叶、落果和裂果现象，或是发生二次枝、二次花，细根因窒息而死亡，并逐渐涉及大根，出现朽根现象。重者皮层脱落，木质变色，树冠出现枯枝或叶片失绿等现象，再严重时树势下降，甚至全株枯死。

1. 涝害产生的机理

植物被淹是因为土壤中水分处于饱和状态而发生缺氧，植物根系的呼吸作用随之减弱，时间长了根系就会停止呼吸，导致植物死亡。积水使土壤氧气剧减的同时，由于二氧化碳的积累抑制好气细菌的活动，并使嫌气细菌活跃起来，因而产生多种有机酸和还原物等有毒物质，使植物根系中毒。中毒和缺氧都会引起植物根系腐烂，导致死亡。

2. 影响景观植物涝害的因素

(1) 植物耐淹力与涝害的关系　植物发生涝害的轻重程度与植物自身的耐淹力有关，耐淹的植物受危害的程度较轻，而喜干旱的植物对水反应敏感，危害症状明显，若不及时采取救治措施会致树木快速死亡。一般情况下，能耐 1～3 个月以上的深水浸淹的植物属于耐淹力强的种类，如垂柳、杜梨、紫穗槐、水松、棕榈、紫藤、乌柏、水杉、水竹、迎春等。这类植物受淹后，还能够恢复正常生长，有时会出现叶片变黄、脱落，或是枝梢枯萎现象，但是仍有萌芽的能力。耐淹力弱的植物有马尾松、杉木、枇杷、桂花、木芙蓉、罗汉松、刺柏、冬青、紫荆、南天竹等，这类植物遭水淹，最多忍耐2～3周，或者极短的时间也不行，退水后不能恢复生长势，很快会趋于枯萎。

（2）植物自身特性与涝害的关系　根系的呼吸强度与抗涝性有密切关系，根的呼吸强度越弱的植物则抗涝性越强，根系呼吸强度高的树种则抗涝性弱。树木在高温缺氧的死水中，其涝害现象更严重。抗涝性与年龄也有关系，成龄树较幼树抗涝性强。

（3）栽培养护与涝害的关系　植物的栽植深度和土壤类型对涝害程度也有影响，一般嫁接繁殖的树木，将接口埋于地下易发生涝害，在沙质土壤上栽植的树木受涝害较轻，在黏质土壤和未风化的心土上的树木受害较重。此外，养护管理的好坏，树势强弱，病虫害的发生与否对树木的抗涝性都有影响。

3. 涝害的防治措施

（1）规划设计时的预防措施　景观植物栽植前需要进行规划设计，此时应考虑地形，在地势低的地方挖湖或建水池，或者填土，耙平，或者作微地形，从根本上减少地面积水现象。如果不能应用土方工程解决，应该选用抗涝性强的和耐水湿的植物种类。比如常绿树不如落叶树抗涝，所以，在低洼地或地下水位过高的地段，适当少种常绿树。必须种植时，可做微地形或建立排水设施，增加土层厚度以利排水。

另外，在低洼易积水和地下水位高的地段，栽植树木前必须修好排水设施，同时注意选择排水好的沙性土壤，树穴下面有不透水层时，栽植前一定要打破。

（2）对已遭受涝害植物的养护管理

① 及时、及早地排除积水，同时应疏通水道，人工清扫排水，扶正冲倒植物，设立支柱防止摇动，铲除根际周围的压沙淤泥，对于裸露根系要培土，及早使树木恢复原状，将涝害损失减少到最低程度。

② 翻土晾晒，以利土壤中的水分很快散发，加强通气促进新根生长，同时施用有机肥，为翌年生长打好基础。

③ 遮阴。因积水危害严重的树木，特别是新栽的树木，有条件采取遮阴处理措施的小乔木和灌木，应当立即进行遮阴处理，目的是在树木根系受积水危害的情况下，减少地上部分水分蒸腾作用，防止树木地上部分因缺水枝叶黄化枯萎，使之安全地度过积水危害期。

④ 修剪。树木受涝后大量须根受损伤，吸收水分的能力降低，会出现根系供水不足的现象。应对其地上部分可以根据受害程度和树木本身生长状况进行短截或疏剪，目的是为了减少地上部分水分和养分的消耗，以维持地上部分和地下部分水分代谢的平衡。对抗涝能力弱的树种，可以进行重回缩；对发生的干枯枝，可以随时剔除。并保护好剪口和锯口，促进根系的恢复，以尽快促进树木的复壮生长。

六、雨凇、雪害及防治

1. 雨凇及其防治

雨凇又称冻雨，是超冷却雨滴在温度低于0℃的物体上冻结而形成玻璃状的透明或无光泽的表面粗糙的冰覆盖层，多形成于景观植物的迎风面上（图7-13）。由于冰层不断地冻结

图 7-13 雨凇

加厚，常压断树枝，对景观植物造成严重破坏。中国大部分地区雨凇都在 12 月至次年 3 月出现。雨凇以山地和湖区多见，以及潮湿地区多见（尤以高山地区雨凇日数最多）。中国年平均雨凇日数在 20～30 天以上的台站，差不多都是高山站。而平原地区绝大多数台站的年平均雨凇日数都在 5 天以下。

虽然雨凇使植物银装素裹，晶莹剔透，美轮美奂，但雨凇却是一种灾害性天气，不易铲除，破坏性强，它所造成的危害是不可忽视的。会将景观植物枝梢、叶片冻伤，影响植物的正常生长发育。

对于雨凇的防治，应采取人工落冰、竹竿打击枝叶上的冰、设立支柱支撑等措施，减轻雨凇危害。已被冻伤的植物按遭受寒害的植物一样进行养护管理。

2. 雪害及防治

一般的降雪，可增加土壤水分，保护土壤防止土温过低，有利于植物过冬。但是降雪过多，积雪过厚，超过植物承载量就会造成雪压、雪折危害。受害程度因纬度、地形、降雪量和降雪特性，以及树种、林龄、密度而有不同。一般高纬度甚于低纬度，湿雪甚于干雪，针叶树甚于阔叶树。遭受雪害的主要原因是深厚雪层下温度较高，光合作用微弱而呼吸作用旺盛，植物体内糖分大量消耗，形成饥饿状态。同时，雪层下的植株还易受病菌的危害，使叶片及基部组织腐败而全株死亡。

因此，在多雪的地区与季节，应在雪前对景观植物大枝设立支柱；过密枝条进行适当修剪；在雪后及时振落积雪，并将受压的枝条提起扶正；必要时扫除植株周围的积雪。

第二节 酸雨、融雪盐、煤气及污水的危害及防治

一、酸雨的危害及防治

酸雨是指 pH 值小于 5.6（雨水中二氧化碳达到饱和时的 pH 值）的降水。降水的酸度是由降水中酸性和碱性化学物质间的平衡决定的。降雨的酸化主要是由于人类大量使用矿物燃料，向大气中排放有害气体，如二氧化硫和氮氧化物与大气中的水分经大气化学反应而造成的。国外酸雨中硫酸与硝酸之比为 2∶1，我国酸雨以硫酸为主，硝酸量不足 10%。所以，酸雨对景观植物的危害不容小觑。

1. 酸雨对景观植物的危害表现

（1）危害叶片的表现 酸雨对景观植物的危害首先反映在叶片上，受到酸雨侵蚀的叶

子，其叶绿素含量降低，光合作用受阻，叶片就会出现失绿、坏死斑、失水萎蔫和过早脱落症状，严重时导致植株死亡。其症状与其他大气污染症状相比，伤斑小而分散，很少出现连成片的大块伤斑，多数坏死斑出现在叶上部和叶缘（图 7-14）。

图 7-14　酸雨危害的树木

（2）对生理活性的影响　受酸雨危害的景观植物，其光合作用、呼吸作用、营养代谢、水分代谢等一系列生理活性下降，致使长势较弱，容易导致病原菌的大量侵染，造成景观植物病虫害的滋生。

（3）对土壤的影响　酸性雨水降到地面而得不到中和时，就会使土壤酸化。主要是酸雨中过量氢离子的持久输入，使土壤中的钙、镁、钾、锰等营养元素大量转入土壤溶液并遭淋失，最终导致土壤更加贫瘠。如果土壤的 pH 值过低，大部分植物是无法继续生长的，甚至因强酸而死亡。另外，土壤微生物尤其是固氮菌，只生存在碱性条件下，而酸化的土壤影响细菌、酵母菌、放线菌、固氮菌等微生物的活性，造成枯枝落叶和土壤有机质分解缓慢，养分和碱性阴离子返回到土壤有机质表面过程也变得迟缓。

2. 酸雨的防治措施

（1）控制和缩减 SO_2 的排放量　使用低硫燃料和改进燃烧装置是减少 SO_2 排放量最直接、最有效的方法，特别是使用含硫量低的煤和燃油作燃料。据相关资料，原煤经过洗选之后，SO_2 排放量可减少 30%～50%，灰分去除约 20%。改烧固硫型煤、低硫油，或以煤气、天然气代替原煤，也是减少硫排放的有效途径。此外，还可以转换能源结构，提高能源利用率，减少任何燃烧产生的 SO_2，例如利用核能、风能和太阳能等。

减少车辆，提倡使用公共交通，减少汽车尾气排放，降低空气污染，也能控制 SO_2 的排放量。一般柴油车用的含硫量达 0.4%，为工厂所用燃料含硫量的 3 倍。另外，汽车尾气中含有氮氧化物，使用改良汽车发动机和催化剂可以减少氮氧化物的排放量。

（2）选择耐铝植物　铝毒是酸性土壤中植物生长最重要的限制因素。不同植物或同种植物不同基因型对铝毒的耐性有显著的差异。在酸雨较多的地区，选育和利用耐铝的植物种类是最经济、最有效的措施。现今就有很多学者对草类耐铝性进行研究，耐铝性强的草类植物根系生长正常，植株强壮，可以较好地适应干旱、寒冷、病虫害等逆境。表 7-2 是国外研究人员对部分草坪草耐铝性的评价。

（3）施用石灰降低土壤酸度　施用石灰是酸化土壤的改良和消除铝毒的最有效、最经典的方法。施用石灰可以降低土壤酸度，提高土壤肥力，增加土壤微生物数量和增强土壤酶的活性，从而导致植物生长势良好。

表 7-2 部分草坪草耐铝性评价

类别	属名	种名	评价结果
冷季型草坪草	羊茅属	高羊茅	不同品种间的耐铝性存在差异,选育出耐铝性品种
		硬羊茅	较耐铝
		邱氏羊茅	较耐铝
		匍匐紫羊茅	对铝毒较敏感
	剪股颖属	匍匐剪股颖	对16个品种的耐铝性存在差异
		细弱剪股颖	非常耐铝
	早熟禾属	草地早熟禾	不同品种间存在差异
		一年生早熟禾	比较耐铝
		仰卧早熟禾	在5个早熟禾种中最耐铝
	黑麦草属	多年生黑麦草	不同品种间存在差异
		一年生黑麦草	耐铝性比多年生黑麦草强
暖季型草坪草	狗牙根属	种子型狗牙根	不同品种间的根长和根的生物量存在差异
	结缕草属	结缕草	土培情况下,不同品种间存在差异
	雀稗属	海滨雀稗草	对酸性土壤有一定的耐性

二、融雪盐的危害及防治

冬季下雪后，为了防止积雪结冰影响交通或是其他正常的生活，而使用融雪盐促进冰雪融化。目前使用的融雪盐主要是氯化钠（NaCl）约占95%，还有氯化钙（$CaCl_2$）、氯化镁（$MgCl_2$）等，使用较少。融雪盐的盐分无论是溅到植物的枝、干、叶上，还是渗入到土壤侵染根系，都会对植物造成严重伤害。受盐危害的植物春天萌动晚、发芽迟、叶片变小，叶缘和叶片有棕褐色的枯斑，甚至脱落；秋季落叶早、有枯梢，甚至整枝或整株死亡。

1. 融雪盐对景观植物的影响

（1）对景观植物根系吸水的影响　盐水渗入土壤中，造成土壤溶液浓度升高，植物根系从土壤溶液中吸收的水分就会减少，引起植物原生质脱水，造成不可逆转的伤害。因为0.5%的氯化钠溶液对水的牵引力为4.2Pa；1%的浓度则可达20Pa。

（2）氯化钠中氯离子、钠离子的毒害作用　氯化钠的积累还会削弱氨基酸和碳水化合物的代谢作用，阻碍根部对钙、镁、磷等基本养分的吸收，导致土壤板结，通气和供水状况恶化，导致景观植物生长不良，甚至死亡。除此之外，由于钠离子被黏粒或腐殖质颗粒吸收，而排除其他正离子也致使土壤结构破坏，出现土壤板结，造成土壤通气不良，水分缺少，影响植物的生长。

2. 融雪盐危害的防治措施

（1）选择抗盐性强的景观植物　在接近融雪盐的地段，应选用耐盐能力大的景观植物。景观植物的抗盐性因不同树种、树龄大小、树势强弱、土壤质地和含水量不同而不同。一般来说，落叶树耐盐能力大于针叶树，当土壤中含盐量达0.3%时，落叶树才会遭受伤害，而土壤中含盐量仅达0.18%～0.2%时，针叶树就已引起伤害。另外，幼树的耐盐能力小于大树的；浅根性树种的耐盐能力小于深根性树种。目前对盐最敏感的树种有松类、椴树属、七叶树属、柠檬、李、杏、桃、苹果等。

(2) 控制融雪盐的用量　融雪盐不能无控制地运用，因为景观植物吸收盐量中仅一部分随落叶转移，多数贮存于植物木质部、枝干和根内，翌年春天，又会随蒸腾流而被重新输送到叶片。盐分贮存会使植物抗盐性减弱，在连续使用融雪盐的地段，盐分积累，即使在盐分浓度较低的情况下也会引起伤害。一般来说，盐的喷洒量在 15～25g/m^2 比较合理，绝不要超过 40g/m^2。

此外，应及时消除融化雪水，改善行道树土壤的透气性和水分供应，增施硝态氮、钾、磷、锰和硼等肥料，以利于淋溶和减少对氯化钠的吸收而减轻危害。在土壤排水能力较好的情况下，充分的降水和过量的灌溉可把盐分淋溶到根系以下更深的土层中而减轻融雪盐对景观植物的危害。

(3) 人工保护植物，阻止融雪盐接触　可以在树池周围筑高出地面的围堰，以免融雪盐溶液流入；也可通过改进现有的路牙结构并将路牙缝隙封严以阻止化雪盐水进入植物根区，以及对绿化景观植物采用雪季遮挡，不让融雪剂跟植物接触等方法保护植物不受伤害。

(4) 开发融雪盐的替代物　无毒的融雪盐或其他能够化雪的材料既能融解冰和雪，又不会伤害景观植物，如在铺装地上铺撒一些粗粒材料，同样能加快冰和雪的溶解。应当依靠科学技术开发更简单有效的化雪材料或工具。

三、煤气的污染及防治

现今，天然气已经被人们广泛使用，在便利人们生活的同时，由于各式各样的原因，造成煤气泄漏的事例也不少。如不合理的管道结构和不良的管道材料，因震动使管道破裂或管道接头松动等导致管道煤气泄漏。煤气会对景观植物造成伤害，轻者表现为叶片逐渐发黄或脱落，枝梢逐渐枯死，重者一夜之间几乎所有的叶片全部变黄，枝条枯死。如果不及时采取措施解除煤气泄漏，其危害就会扩展到整个植株，使真菌侵入，危害症状加重。

1. 煤气对景观植物危害的机理

天然气中的成分主要是甲烷，泄漏的甲烷被土壤中的某些细菌氧化变成二氧化碳和水。细菌可使每一个被氧化的甲烷分子从土壤空气中吸收两个氧分子，同时放出二氧化碳（$CH_4+2O_2 = CO_2+2H_2O$）。这就使树木生长地的土壤通气条件进一步恶化，二氧化碳浓度增加，氧气含量下降。泄漏的煤气可以沿着地下的各种管道（如地下电缆等）传散很远距离，最后向没有管道的地方慢慢扩散，往往使景观植物受害致死。1968～1972 年间，荷兰每年因天然气伤害致死的街道树木高达 20%以上。土壤被天然气污染后，必须经过几年才能重新栽植树木，也就是说，要使土壤氧气恢复到 12%～14%时才能栽树。这一过程对于不同质地或疏松程度的土壤有所差异。疏松的沙质土壤中，在泄漏的煤气管道修好后，立即就可以栽树。

2. 煤气危害的防治措施

当发现煤气渗漏对景观植物造成的伤害不太严重时，立即修好渗漏的地方，同时在离渗漏点最近的植物一侧挖沟尽快换掉被污染的土壤；也可以用空气压缩机以 700～1000kPa（7～10 个大气压）将空气压入 0.6～1.0m 的土层内，持续 1h 即可收到良好的效果。在危害严重的地方，要按 50～60cm 距离打许多垂直的透气孔，以保持土壤通气。除此之外，日常的养护管理也能减轻煤气对植物的伤害。例如给树木灌水有助于冲走有毒物质；合理的修剪、科学的施肥都是行之有效的方法。

四、污水的危害及防治

随着经济的不断发展，城市生活用水和工厂用水越来越多，大量的污水对景观植物的生长具有很大的危害。因为未经处理过的污水含有大量的盐碱，这些盐碱入土后会提高土壤含盐量，使土壤含盐量达到0.3%～0.8%，土壤水分含盐碱量加大后就会加大其浓度，根系难以吸收，这时植物不但得不到适量的水分补充，反而会使根部的水分渗出，致使植物缺水而生长不良。总之，造成景观植物不能正常生长，严重时烂根、焦叶而死。

因此，必须重视污水处理厂的建设，禁止工厂排出污水。并且大力提高全民素质，遵纪守法，爱护环境，讲究卫生，不乱倒脏水和不乱排废水，防治污染，改善环境。对于已经遭受污水伤害的植物，应立即采取适时合理的养护措施，严重的可直接剔除，较轻的进行充足的肥水管理以及修剪整形。

第三节 填土、挖土、地面铺装的危害及防治

一、填土的危害及防治

1. 填土对景观植物的危害

填土指因各种需求由人类活动而堆积的土，一般人工填埋深度在1～5m之间。植物的根系在土壤中生长，对土层厚度是有一定要求的，过深或过浅都会造成植物生长发育不良。人工填土过深导致填充物阻滞了空气和水分的正常运动，根际微生物的功能受到干扰，使根系受到毒害，然后逐渐影响到植株的地上部分，出现生长量减少、某些枝条死亡、树冠变稀和各种病虫害发生等现象。

多数景观植物的根系深度在地下2m左右，其中行道树、分车带等景观植物由于土壤密实度和地下设施等影响，根系多集中分布在1m左右。要确定土层是否过深或过浅，应了解各类植物生长所需的土层厚度，根据调查大部分景观植物生长需要的土层厚度见表7-3。

表7-3 植物生长所必需最低限度的土层厚度

种别	植物生存的最小厚度/cm	植物栽培的最小厚度/cm
短草	15	30
小灌木	30	45
大灌木	45	60
浅根性乔木	60	90
深根性乔木	90	150

2. 影响填土危害程度的因素

人工填土对景观植物危害的程度与树种、年龄、长势、填土类型、填土深度有关。槭树、山毛榉、栎木、栎类等受害最重，大约填10cm土，就会使生长量降低，并且永不恢复；桦木、山核桃及铁杉等受害较少；榆树、杨树、柳树等受害最小。同一树种幼树比老树、长势强的树比长势弱的树适应性更强，受害较轻。如果填的土黏性大，通透性差，则易

受害；如果填的土疏松、多孔，则受害小。填土越深，危害越大。

3. 填土危害防治措施

根据不同情况采用不同的处理方式。如果必须在景观植物栽植地进行填土，而填土较浅时，对由于细粒太少而持水能力差的土壤，应将大粒径的固体夹杂物挑出，保留夹杂物占土壤总容积的比例不超过1/3，并可掺入部分细粒进行调整；对由于粗粒太少而透气、渗水、排水能力差的土壤，可掺入部分粗粒加以改良。对已经栽植的景观植物，如果填土不深，可以在铺填之前，在不伤或少伤根系情况下疏松土壤、施肥、灌水，并用沙砾、沙或沙壤土进行填充。对于填土过深的景观植物，需要采取完善的工程与生物措施进行预防。一般景观植物可以设立根区土壤通气系统。

对已经发生填土危害的景观植物，在填土很浅的地方，定期翻耕土壤；在填土很深的地方需要安装地下通气排水系统；在填土深度中等的地方，在树干周围筑一个可以通气透水的干井。

二、挖土的危害及防治

1. 挖土对景观植物的危害

挖土对景观植物的危害不及人工填土的危害大，但挖土去掉含有大量营养物质和微生物的表土层，使大量吸收根裸露、折断，破坏了根系与土壤之间的平衡。挖土对景观植物的影响与挖土深浅、树种等关系较大，当挖土较浅时，如几厘米或十几厘米，景观植物能够很快适应和恢复；挖土对浅根系树种危害较深根系树种危害更为严重，甚至会导致植株死亡。

2. 挖土危害的防治措施

(1) 根系保湿　对挖土暴露出来和切断的根系应进行消毒、涂漆或用草炭等保湿材料覆盖其上，防止根系干枯。

(2) 修剪　如果挖土致使大根切断或主要根系损伤较大时，为减少地上部分枝叶的蒸腾，保持根系吸收与枝叶蒸腾水分的平衡，应在不影响树势和观赏的条件下，对其进行适当修剪。

(3) 土壤改良　在保留的土壤中施入完全腐熟的有机肥、草炭、腐叶土等，可以改良土壤的结构，调节土壤保水、保肥性。

(4) 做土台　对于古树和较珍贵的树木，在挖土时应在其干基周围留有一定大小的土台，如果土台太小，取土较深时，不但伤根多，而且会限制根系生长发育。另外，根系分布近树者浅，远树者深，所以留的土台最好是内高外低，还可以修筑成台阶式。土台的四周应砌石头挡墙，以增加观赏性。

三、地面铺装的危害及防治

地面铺装是市政工程经常进行的项目，使用的材料主要是水泥、沥青和砖石等。为了美观，有时候在不该铺装的地面也用各种材料进行铺装，或是在有园林树木的地方铺装，却不留树池。这些都对植物的生长发育造成不利影响。

1. 地面铺装对景观植物危害的表现

(1) 影响自然降水的渗入，导致景观植物的水分代谢失衡　地面铺装使自然降水很难渗入土壤中，大部分排入下水道，导致自然降水量无法充分供给景观植物以满足其生长需要。而地下建筑又深入地下较深的地层，从而使景观植物根系很难接近和吸收地下水，也造成土壤含水量不足。总体使景观植物的水分代谢失衡，表现出生长不良，早期落叶，甚至死亡。

(2) 使土壤密实，影响景观植物根系生长　地面铺装阻碍土壤与大气的气体交换，使土壤密实，贮气的非毛管孔隙减少，土壤含氧量少。植物根系是靠土壤氧气进行呼吸作用产生能量来维持生理活动的。由于土壤氧气供应不足，根呼吸作用减弱，对根系生长产生不良影响。据调查，如果土壤通气孔隙度减少到15%时，根系生长受阻，土壤通气孔隙度减少到9%以下时，根严重缺氧，进行无氧呼吸而产生酒精积累，引起根中毒死亡，对通气性要求较高的景观植物，如油松、白皮松等树种尤为明显。同时，由于土壤氧气不足，土壤内微生物繁殖受到抑制，靠微生物分解释放养分减少，降低了土壤有效养分含量和植物对养分的利用，直接影响植物生长。

(3) 改变下垫面的性质　地面铺装加大了地表及近地层的温度变幅，使景观植物的表层根系和根颈附近的形成层极易遭受高温或低温的伤害。铺装材料越密实、比热容越小、颜色越浅，导热率越高，景观植物的危害越严重，甚至导致植物死亡。

(4) 干基环割　如果地面铺装靠近树干基部，随着干径的生长增粗，会逐渐逼近铺装。如果铺装材料质地脆而薄，则会导致铺装圈的破碎、错位和突起，甚至破坏路牙或挡墙；如果铺装材料质地厚实，则会导致树干基部或根颈处皮部和形成层受到铺装物的挤伤和环割，造成植物生长势下降，严重时输导组织彻底失去输送养分功能而死亡。

2. 地面铺装危害的防治措施

(1) 树种选择　选择较耐土壤密实和对土壤通气要求较低及抗旱性强的树种。一般来说，国槐、绒毛白蜡、栾树等较耐土壤密实和对土壤通气要求较低，在地面铺装的条件下较能适应生存；云杉、白皮松、油松等不耐密实和对土壤通气要求较高，适应能力较低，不适宜在这类树种地面进行铺装。

(2) 合理设计，改进铺装方式　为了减少地面铺装对景观植物造成的伤害，首先应进行合理设计，不该铺装的地面绝不铺装；若一定要铺装，应给种植树木的地方留出一定大小的树池（图 7-15）。还应改进铺装方式，采用通气透水的步道铺装方式。目前常采用上宽、下窄的倒梯形水泥砖铺设人行道。铺装后砖与砖之间不加勾缝，下面形成纵横交错的三角形孔隙，利于通气；砖下衬砌的灰浆含有大量空隙，透气透水，再下面是富含有机质的肥土。另外，在人行道上采用水泥砖间隔留空铺砌，空当处填砌不加沙的砾石混凝土的方法，也有较

图 7-15　树池

好的效果。也可以将砾石、卵石、树皮、木屑等铺设在行道树周围，在上面盖有艺术效果的圆形铁格栅，既对园林植物生长大有裨益，又具美学效应。

(3) 改进铺装材料　选用各种透气透水性能好的优质铺装材料，促进土壤与大气的气体交换，使景观植物正常生长。一般应不用水泥整体浇注，而采用混合石料或块料，如各类型灰砖、倒梯形砖、彩色异型砖、图案式铸铁或带孔的水泥预制砖等。在砖的下面用1∶1∶0.5的锯末、白灰和细沙混合物作垫层，以防砖下沉。

参考文献

[1] 陈远吉．园林绿地养护管理．北京：化学工业出版社，2013.
[2] 陈远吉．景观草坪建植与养护．北京：化学工业出版社，2013.
[3] 陈远吉．园林树木栽培与养护．北京：化学工业出版社，2013.
[4] 陈远吉．园林花卉栽培与管理．北京：化学工业出版社，2013.
[5] 陈远吉．景观植物病虫害防治技术．北京：化学工业出版社，2013.
[6] 刘振宇，邵金丽．园林植物病虫害防治手册．北京：化学工业出版社，2009.
[7] 刘慧民．风景园林树木资源与造景学．北京：化学工业出版社，2011.
[8] 张东林．初级园林绿化与育苗工培训考试教程．北京：中国林业出版社，2005.
[9] 农业部农民科技教育培训中心，中央农业广播电视学校．园林绿化工程．北京：中国农业大学出版社，2007.
[10] 胡长龙，戴洪，胡桂林．园林植物景观规划与设计．北京：机械工业出版社，2010.
[11] 杨秀珍，王兆龙．园林草坪与地被．北京：中国林业出版社，2010.
[12] 赵燕．草坪建植与养护．北京：中国农业大学出版社，2007.
[13] 李国庆．草坪建植与养护．北京：化学工业出版社，2011.
[14] 郑长艳．草坪建植与养护．北京：化学工业出版社，2009.
[15] 鲁朝辉，等．草坪建植与养护．重庆：重庆大学出版社，2009.
[16] 赵和文．园林树木选择·栽植·养护．北京：化学工业出版社，2009.
[17] 佘远国．园林植物栽培与养护管理．北京：机械工业出版社，2007.
[18] 张秀英．园林树木栽培养护学．北京：高等教育出版社，2005.
[19] 成海钟．观赏植物生成技术．苏州：苏州大学出版社，2009.
[20] 梁永基，王莲清．机关单位园林绿地设计．北京：中国林业出版社，2002.
[21] 王鹏，贾志国，冯莎莎．园林树木移植与整形修剪．北京：化学工业出版社，2010.
[22] 李月华．园林绿化实用技术．北京：化学工业出版社，2009.
[23] 张养忠，郑红霞，张颖．园林树木与栽培养护．北京：化学工业出版社，2006.
[24] 王玉凤．园林树木栽培与养护．北京：机械工业出版社，2010.
[25] 白瑞琴，郭秀辽，安世兵．园林绿地中植物色彩的合理应用．内蒙古农业科技，2000，(5)：32-33.
[26] 张玲慧，夏宜平．地被植物在园林中的应用及研究现状．中国园林，2003，(9)：54-57.
[27] 张朝阳，许桂芳．色块布置在园林设计中的应用．湖南省怀化职业技术学院，2004.
[28] 北京林业大学园林系花卉教研组．花卉学．北京：中国林业出版社，1990.
[29] 包满珠．花卉学．北京：中国林业出版社，1998.
[30] 邓解悟．观赏植物资源与中国园林．中国园林，1996，12 (4)：46-47.
[31] 陈树国．观赏园艺学．北京：中国农业出版社，1991.
[32] 邵忠．中国盆景制作图说．上海：上海科学技术出版社，1996.